面向新工科普通高等教育系列教材

U0221208

单片机原理与应用
——基于 Proteus 仿真

李 芳 荆 珂 白晓虎 等编著

机械工业出版社

本书以培养高技能型人才、加强技术应用能力培养为目的，以知识目标、技能目标为主线，突出了针对性和应用性，强化了实践能力的培养。在内容的组织上，以应用为导向，以完成任务为目标，软硬件结合，使知识点和技能点相结合，既实现了知识的全面性和连贯性，又做到了理论与实践内容的融会贯通，体现了单片机教材的新特色。

全书共 12 章，以 AT89S51 单片机为核心来讲述单片机的原理及应用，同时将先进的单片机系统设计与仿真平台 Proteus 引入教材中，将单个 LED 闪烁、延时控制彩灯闪烁、中断系统应用、中断优先控制、60s 倒计时装置电路设计、按键显示电路设计、存储器的扩展、双机通信、具有记忆功能的计数器的设计、数字电压表设计、波形发生器、电子时钟设计、步进电动机控制系统的设计、直流电动机控制系统的设计等多个案例贯穿全书，利用仿真电路代替实际电路，使读者在学习过程中更容易入门，真正给读者带来学习单片机的乐趣。本书每章都给出了相应的思考题与习题，便于教学和读者自学。同时介绍了当前应用广泛的器件，如 I^2C 总线、DS18B20、DS1302 等。

本书可作为应用型本科自动化、电气自动化、电子技术、计算机、机械专业的教学用书，以及高职相关专业和培训班的教材，同时可以作为电子爱好者学习单片机的自学用书和相关工程技术人员的参考用书。

图书在版编目（CIP）数据

单片机原理与应用：基于 Proteus 仿真／李芳等编著 . —北京：机械工业出版社，2021.4
面向新工科普通高等教育系列教材
ISBN 978-7-111-67884-7

Ⅰ.①单… Ⅱ.①李… Ⅲ.①单片微型计算机-高等学校-教材
Ⅳ.①TP368.1

中国版本图书馆 CIP 数据核字（2021）第 057992 号

机械工业出版社（北京市百万庄大街22号 邮政编码 100037）
策划编辑：尚 晨   责任编辑：尚 晨
责任校对：张艳霞   责任印制：常天培
北京盛通商印快线网络科技有限公司印刷

2021 年 4 月第 1 版·第 1 次
184mm×260mm·18.25 印张·448 千字
0001-1500 册
标准书号：ISBN 978-7-111-67884-7
定价：69.00 元

电话服务   网络服务
客服电话：010-88361066   机 工 官 网：www.cmpbook.com
          010-88379833   机 工 官 博：weibo.com/cmp1952
          010-68326294   金 书 网：www.golden-book.com
封底无防伪标均为盗版   机工教育服务网：www.cmpedu.com

前　言

单片机因其体积小、质量轻、应用灵活及性价比高等优点，在仪器仪表、机电设备、车辆船舶、过程控制、航空航天和家用电器等领域得到了广泛的应用。20 世纪 80 年代中期，Intel 公司将 MCS-51 单片机的内核使用权以专利互换或出售的形式转让给世界著名集成电路制造厂商，如 ATMEL、PHILIPS、DALLAS 等公司，发展出上百个品种，成为一个大家族。正是由于 MCS-51 系列单片机技术的成熟和广泛应用，51 系列单片机已经成为人们学习单片机技术的理想选择。本书主要介绍 ATMEL 公司的 AT89S51 单片机的结构、原理和扩展技术。

本书以培养高技能型人才、加强技术应用能力培养为目的，以知识目标、技能目标为主线，突出了针对性和应用性，强化了实践能力的培养。在内容的组织上，以应用为导向，以完成任务为目标，使读者能熟悉运用相关知识，通过完成案例对相关知识理解得更透彻，做到理论与实践的融会贯通。同时将先进的单片机系统设计与仿真平台 Proteus 作为主要教学手段，利用电路仿真图代替电路原理图，可以十分直观地看到单片机的功能，加深学生对于单片机的认识，让他们爱学单片机，从而给学生带来学习的乐趣。

全书共 12 章，第 1 章为单片机概述，第 2 章介绍单片机的硬件结构，第 3 章介绍 51 系列单片机的指令系统，第 4 章介绍汇编语言程序设计，第 5 章介绍 AT89S51 中断系统与定时/计数器，第 6 章介绍单片机人机交互通道的接口技术，第 7 章介绍单片机的存储器及 I/O 口扩展技术，第 8 章介绍 AT89S51 单片机串行通信接口技术，第 9 章介绍 AT89S51 单片机的串行扩展技术，第 10 章介绍 AT89S51 单片机与 A/D 及 D/A 转换器接口技术，第 11 章介绍单片机的应用设计，第 12 章介绍单片机 C 语言应用设计。

本书教学安排 48~64 学时，注重在教学中强化学生动手能力，将理论与实践结合。第 1~5 章作为基础，主要讲述单片机的内部结构和系统指令。第 6 章让学生了解与单片机相关的常用人机交互通道接口技术，可做重点介绍。第 7 章让学生了解并行总线扩展技术，可根据学时取舍。第 8~9 章的串行通信技术和串行扩展技术是目前广泛应用的技术，可做重点介绍。第 10 章的 A/D 及 D/A 转换器接口技术可选择性介绍。第 11~12 章留给学生自学。

本书由辽宁石油化工大学李芳、营口理工学院荆珂及沈阳农业大学白晓虎等编著。辽宁石油化工大学李芳、于水、闫兵、王宏宇、孙延辉共同编写第 2 章、第 3 章、第 4 章、第 7 章、第 8 章、第 9 章和第 10 章。营口理工学院荆珂、霍凤伟共同编写了第 1 章、第 5 章、第 6 章及附录部分。沈阳农业大学白晓虎编写了第 11 章、第 12 章。沈阳爱尔泰科技有限公司邱笑工程师对本书部分章节提出了修改建议。全书由李芳、荆珂统稿。同时，编者还参考和引用了参考文献中有关作者的部分资料，在此一并向他们表示衷心的感谢。

由于编者水平有限，书中难免有疏漏和不妥之处，恳请读者通过电子邮箱（happy-lifang@163.com）进行联系，提出宝贵意见和建议。

编　者

目　　录

第1章　单片机概述

【知识目标】

　　1. 熟悉单片机的基础知识。
　　2. 了解单片机的特点及发展概况。
　　3. 了解单片机的发展趋势及其应用领域。
　　4. 熟悉单片机的主流机型。
　　5. 掌握数制与编码。

【技能目标】

　　1. 能够根据系统要求选择单片机。
　　2. 学会查 ASCII 码表。

1.1　什么是单片机

　　单片机也称为微控制器（MCU），它是将中央处理器（CPU）、程序存储器、数据存储器、输入输出接口、定时器/计数器、串行口、系统总线等集成在一个半导体芯片上的微型计算机，因此又称为单片微型计算机，简称为单片机。

　　单片机按其用途可分为通用型和专用型两大类。

　　通用型单片机具有比较丰富的内部资源，性能全面且适应性强，可满足多种应用需求。通用型单片机把可开发的内部资源（如 RAM、ROM、I/O 等功能部件）全部提供给用户。用户可以根据实际需要，充分利用单片机的内部资源，设计一个以通用单片机芯片为核心，再配以外部接口电路及其他外围设备，组成满足各种需要的测控系统。

　　专用型单片机是针对某些特定用途而制作的单片机。例如，打印机、家用电器以及各种通信设备中的单片机等。这种单片机的最大特点是针对性强且数量巨大。为此，单片机芯片制造商常与产品生产厂家合作，设计和生产专用的单片机芯片。这种专用单片机芯片是为特定产品或某种测控系统而专门设计的。在设计中，已经对系统结构最简化、可靠性和成本最佳化等方面都做了全面的考虑，所以专用型单片机具有十分明显的综合优势，也是今后单片机发展的一个重要方向。但是，无论专用型单片机在用途上有多么"专"，其基本结构和工作原理都是以通用单片机为基础的。

1.2　单片机的特点及发展概况

　　（1）单片机的特点

　　单片机作为控制系统的核心部件，除了具备通用微机 CPU 的数值计算功能外，还具备灵活、强大的控制功能，并且其可靠性高，应用广泛，单片机的具体特点如下。

1）单片机体积小，应用系统结构简单，能满足很多应用领域对硬件功能的要求。同时单片机的应用有利于产品的小型化、多功能化和智能化，有助于提高劳动生产效率，减轻劳动强度，提高产品质量等。

2）单片机可靠性高。由于单片机的应用环境比较恶劣，电磁干扰、电源波动、冲击震动、高低温等因素都会影响系统工作的稳定。所以稳定性和可靠性在单片机的应用中具有格外重要的意义。

3）单片机的指令系统简单，易学易用。

4）单片机发展迅速，特别是最近几年，单片机的内部结构越来越完善。

（2）单片机的发展历史

单片机作为微型计算机的一个分支，它与微处理器的产生和发展过程大体同步，主要分为以下几个阶段。

预备阶段（1971~1974）：1971年11月美国Intel公司设计集成度为2000多只晶体管/片的4位微处理器Intel 4004，并且配有随机存储器RAM、只读存储器ROM和移位寄存器等芯片，构成第一台MCS-4微型计算机。随后又研制成功8位微处理器Intel 8008。这些微处理器虽还不是单片机，但从此拉开了研制单片机的序幕。

第一阶段（1974~1978）：初级单片机阶段。以Intel公司的MCS-48为代表，这个系列的单片机在片内集成了8位CPU、并行I/O接口、8位定时器/计数器、RAM等，无串行I/O口，寻址范围不大于4 KB。

第二阶段（1978~1983）：高性能8位单片机阶段。以MCS-51系列为代表，这个阶段的单片机均带有串行I/O口，具有多级中断处理系统，定时器/计数器为16位，片内RAM和ROM容量相对增大，且寻址范围可达64 KB。这类单片机的应用领域极其广泛，由于其优良的性能价格比，在相当一段时间处于主流产品地位。

第三阶段（1983~1988）：8位单片机巩固发展及16位单片机推出阶段。16位单片机除了CPU为16位外，片内RAM增加为232 B，片内ROM增加到8 KB，且带有高速输入/输出部件、多通道10位A/D转换器和8级中断等。允许用户采用面向工业控制的专用语言。

第四阶段（1988年至今）：32位单片机阶段。继16位单片机出现后不久，几大公司先后推出了代表当前最高性能和技术水平的32位单片机系列。32位单片机具有极高的集成度，内部采用新颖的RISC（精减指令系统计算机）结构，CPU可与其他微控制器兼容，主频率可达32 MHz以上，指令系统进一步优化，运算速度可动态改变，设有高级语言编译器，具有性能强大的中断控制系统、定时/事件控制系统和同步/异步通信控制系统。

1.3　单片机的应用领域

由于单片机软硬件结合，体积小，很容易嵌入到应用系统中，因此，以单片机为核心的控制系统在工业控制、智能仪表等各个领域中得到了广泛的应用。

（1）工业控制

在工业领域，单片机的主要应用领域有：各种测控系统、数据采集系统、工业机器人、机电一体化产品等。其中机电一体化产品是指集机械技术、微电子技术、自动化技术和计算机技术于一体，具有智能化特征的机电产品。例如，数控机床。

（2）智能仪表

单片机广泛地应用于实验室、交通运输工具、计量等各种仪器仪表之中，使仪器仪表智能化，提高测量精度，强化功能，简化结构，便于使用、维护和改进，加速仪器仪表向数字化、智能化、多功能化方向发展。

（3）消费类电子产品

单片机在家用电器中的应用已经非常普及。目前家电产品的一个重要发展趋势是智能化。例如，洗衣机、电冰箱、热水器、微波炉、消毒柜等。在这些家用产品的控制系统中嵌入单片机后，其功能和性能大大提高，并实现了智能化控制，给人们的生活带来了很大的方便。

（4）国防工业

由于单片机的可靠性高、温度范围宽、能适应各种恶劣环境的特点，其广泛应用于飞机、军舰、坦克、导弹、智能武器装备、航天飞机导航系统等领域。

（5）分布式多机系统

在比较复杂的多节点测控系统中，常采用分布式多机系统。多机系统一般由若干台功能各异的单片机组成，各自完成特定的任务，它们通过串行通信相互联系、协调工作。在这种系统中，单片机往往作为一个终端机，安装在系统的某些节点上，对现场信息进行实时测量和控制。

（6）汽车电子设备

单片机已经在汽车安全系统、智能驾驶系统、自动泊车系统、导航系统及汽车防撞监控系统等电子设备中广泛应用。

综上所述，从工业自动化、自动控制、智能仪器仪表、消费类电子产品等方面直至国防尖端技术领域，单片机都发挥着十分重要的作用。

1.4 MCS-51 系列与 AT89S5×系列单片机

（1）Intel 公司的 51 单片机

MCS-51 系列单片机是 Intel 公司于 1980 年推出的 8 位单片机。基本型产品主要包括 8031、8051 和 8751；增强型产品包括 8032、8052 和 8752，详细参数见表 1-1。它们的片内 RAM 和 ROM 容量、I/O 功能的扩展能力以及指令系统都很强。MCS-51 系列产品在我国已经得到了广泛的应用。

表 1-1 MCS-51 系列的典型产品

型号	片内存储器			寻址范围 /KB	I/O 口线		中断源	定时/计数器
	ROM/KB	EPROM/KB	RAM/B		并行	串行		
8031	—	—	128	64	4 个×8 位	1 个	5	2 个×16 位
8051	4	—	128	64	4 个×8 位	1 个	5	2 个×16 位
8751	—	4	128	64	4 个×8 位	1 个	5	2 个×16 位
8032	—	—	128	64	4 个×8 位	1 个	6	3 个×16 位
8052	8	—	128	64	4 个×8 位	1 个	6	3 个×16 位
8752	—	8	128	64	4 个×8 位	1 个	6	3 个×16 位

（2）AT89 系列单片机

ATMEL 公司是全球著名的半导体公司之一，20 世纪 90 年代初，ATMEL 把 MCS-51 系列单片机的内核与其擅长的 Flash 技术相结合，推出 AT89 系列单片机。AT89 系列单片机与 MCS-51 系列单片机软硬件均兼容，典型产品见表 1-2。

表 1-2　AT89 系列单片机典型产品

| 型号 | 片内存储器 | | f_{max}/MHz | V_{cc}/V | 定时/计数器 | 中断源 | I/O 口线 | | WDT | ISP |
	Flash ROM/KB	RAM/B					并行口	串行口		
AT89C51	4	128	24	4.0~6	2 个×16 位	5	4 个×8 位	1 个	×	×
AT89C52	8	256	24	4.0~6	3 个×16 位	8	4 个×8 位	1 个	×	×
AT89S51	4	128	33	4.0~5.5	2 个×16 位	5	4 个×8 位	1 个	√	√
AT89S52	8	256	33	4.0~5.5	3 个×16 位	8	4 个×8 位	1 个	√	√

1.5　其他的 51 单片机

1.5.1　C8051F×××单片机

C8051F×××系列单片机是完全集成的混合信号系统级芯片，具有与 8051 兼容的微控制器内核，与 MCS-51 指令集完全兼容。此外片内还集成了数据采集和控制系统中常用的模拟部件和其他数字外设及功能部件，部分元件参数见表 1-3。

表 1-3　C8051F×××系列单片机参数

型号	FLASH 存储器/KB	片内 RAM/B	外部存储器接口	SPI	UART	定时器（16 位）	可编程计数器阵列	数字 I/O 端口	ADC 分辨率/位	ADC 输入	温度传感器	DAC 分辨率/位
C8051F000	32	256	–	1	1	4	1	32	12	8	1	12
C8051F005	32	2304	–	1	1	4	1	32	12	8	1	12
C8051F007	32	2304	–	1	1	4	1	8	12	8	1	12
C8051F010	32	256	–	1	1	4	1	32	12	4	1	12
C8051F016	32	2304	–	1	1	4	1	16	10	8	1	12
C8051F020	64	4352	√	1	2	5	1	64	12	8	1	12
C8051F021	64	4352	√	1	2	5	1	32	12	8	1	12
C8051F206	8	1280	–	1	1	3	–	32	12	32	–	–
C8051F300	8	256	–	–	1	3	1	8	12	8	–	–

1.5.2　ADμC812 单片机

ADμC 类芯片是美国 ADI 公司生产的高性能单片机，其把 ADC、DAC 以及 8051 单片机

第2章 单片机的硬件结构

【知识目标】

  1. 熟悉 AT89S51 单片机的片内硬件基本结构和各功能部件的作用。

  2. 掌握 AT89S51 单片机各引脚的功能。

  3. 掌握 AT89S51 单片机的存储器结构。

  4. 熟悉 AT89S51 单片机的特殊功能寄存器功能。

  5. 了解 4 个并行 I/O 口的结构，熟悉其特点。

  6. 熟悉单片机时序的相关概念。

  7. 了解节电工作模式。

【技能目标】

  1. 掌握 AT89S51 单片机的存储器分配。

  2. 掌握 AT89S51 单片机的 4 个并行 I/O 口的使用方法。

  3. 熟悉复位电路和时钟电路的设计。

【导入项目】

  一般来说，正常点亮 LED 需要 5 ~ 20 mA 电流，LED 的亮度取决于电流的大小。如图 2-1 所示为 LED 驱动与键盘电路，如果点亮 D1，只要在 D1 的阴极加一个低电平，它就会发光。当 KEY1 按下时，P2.4 端为低电平，否则，为高电平。如果应用单片机，读取 KEY1 和 KEY2 状态，控制 D1 和 D2 的点亮和熄灭，该如何实现呢？

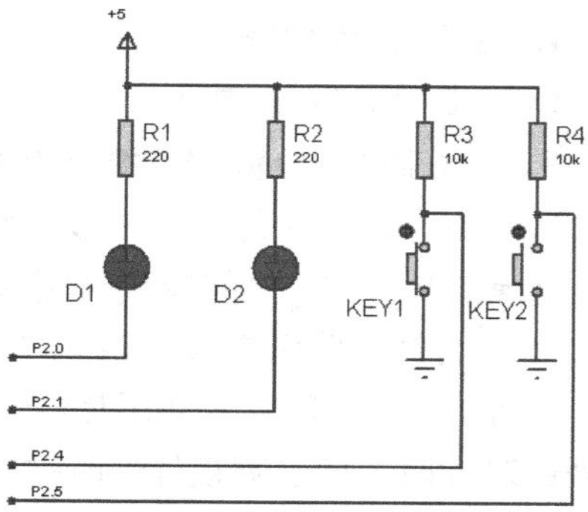

图 2-1　LED 驱动与键盘电路

【相关知识】

  AT89S51 是美国 ATMEL 公司生产的低功耗，高性能 CMOS 8 位单片机，采用 ATMEL 公司的高密度、非易失性存储技术生产，兼容标准 8051 指令系统及引脚。

2.1　AT89S51 单片机的引脚功能

  AT89S51 单片机与 MCS-51 系列单片机中各种型号芯片的引脚是互相兼容的，AT89S51 单片机多采用 40 引脚双列直插封装（DIP）方式，引脚排列和逻辑符号如图 2-2 所示。另外还有采用 PLCC 封装方式的芯片，44 引脚中有 4 只引脚是无用引脚；TQFP 封装方式的芯片，44 引脚中有 3 只引脚是无用引脚，有 2 只接地引脚。

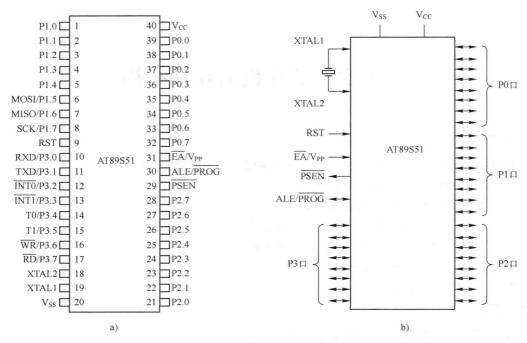

图 2-2 AT89S51 双列直插封装（DIP）方式的引脚图和逻辑符号

a）引脚图 b）逻辑符号

1. 电源及时钟引脚

（1）电源引脚 V_{cc} 和 V_{ss}

V_{cc}（40 脚）：电源端，接+5 V 电源。

V_{ss}（20 脚）：接地端，接数字地。

通常，V_{cc} 和 V_{ss} 之间应接高频和低频滤波电容。

（2）时钟电路引脚 XTAL1 和 XTAL2

XTAL1（19 脚）：当使用片内振荡器时，该引脚接外部石英晶振和微调电容一端。若使用外部时钟时，该引脚接外部时钟信号。

XTAL2（18 脚）：当使用片内振荡器时，接外部石英晶振和微调电容的另一端。若使用外部时钟时，该引脚悬空。

2. 控制引脚

RST（9 脚）：复位信号输入端，高电平有效。当振荡器工作时，RST 引脚出现两个机器周期以上高电平将使单片机复位。WDT 溢出也使该引脚输出高电平，设置特殊功能寄存器 AUXR 的 DISRTO 位（地址 8EH，将在本章后面介绍）可打开或关闭该功能。DISRTO 位默认为 RST 输出高电平打开状态。

ALE/$\overline{PROG}$（30 脚）：ALE 为该引脚的第一功能，为地址锁存控制信号。当访问外部程序存储器或数据存储器时，ALE 输出脉冲用于锁存低 8 位地址。即使不访问外部存储器，ALE 仍以时钟振荡频率的 1/6 输出固定的正脉冲信号，因此它可对外输出时钟或用于定时目的。要注意的是：每当访问外部数据存储器时将跳过一个 ALE 脉冲。

$\overline{PROG}$ 为该引脚的第二功能，对 Flash 存储器编程期间，该引脚用于输入编程脉冲。

如有必要，可通过对特殊功能寄存器（SFR）区中的 AUXR 的 D0 位置位，可禁止 ALE 操作。该位置位后，只有执行一条 MOVX 或 MOVC 指令 ALE 才会被激活。此外，该引脚会被微弱拉高，单片机执行外部程序时，应设置 ALE 无效。

$\overline{PSEN}$（29 脚）：外部程序存储器的读选通信号，低电平有效。当 AT89S51 单片机 从外部程序存储器取指令时，每个机器周期两次$\overline{PSEN}$有效，即输出两个脉冲。当访问外部数据存储器时，不会出现两次有效的$\overline{PSEN}$信号。

$\overline{EA}/V_{PP}$（31 脚）：$\overline{EA}$为该引脚的第一功能，为访问程序存储器控制信号。当$\overline{EA}$接低电平时，对程序存储器的读操作限定在外部程序存储器；而当$\overline{EA}$接高电平时，则对程序存储器的读操作是从内部程序存储器开始，并可延续至外部程序存储器。

V_{PP}为该引脚的第二功能，在对片内 Flash 进行编程时，V_{PP}引脚接入编程电压。

3. 并行 I/O 口引脚

1）P0.0~P0.7（39 脚~32 脚）：P0 口，为双向 8 位三态 I/O 口。当 AT89S51 单片机扩展片外存储器或扩展 I/O 端口时，P0 口作为地址总线低 8 位及数据总线分时复用端口。除此之外，P0 口也可以作为通用的 I/O 端口使用。

2）P1.0~P1.7（1 脚~8 脚）：P1 口，为 8 位准双向 I/O 口，作为通用的 I/O 端口使用。

MOSI、MISO 和 SCK 也可用于对片内 Flash 存储器串行编程和校验，它们分别是串行数据输入、串行数据输出和移位脉冲引脚。

3）P2.0~P2.7（21 脚~28 脚）：P2 口，为 8 位准双向 I/O 口，当作为通用 I/O 口使用时，可直接连接外部 I/O 设备；当扩展外部存储器或 I/O 端口时，P2 口作为地址总线的高 8 位，输出高 8 位地址。

4）P3.0~P3.7（10 脚~17 脚）：P3 口，为 8 位准双向 I/O 口，可作为通用 I/O 口使用，还可以将每位用于第二功能。P3 口的第二功能定义见表 2-1。

表 2-1　P3 口的第二功能定义

引　　脚	第 二 功 能	名　　称
P3.0	RXD	串行口输入端
P3.1	TXD	串行口输出端
P3.2	$\overline{INT0}$	外部中断 0 输入端口
P3.3	$\overline{INT1}$	外部中断 1 输入端口
P3.4	T0	定时/计数器 0 外部计数脉冲输入端口
P3.5	T1	定时/计数器 1 外部计数脉冲输入端口
P3.6	$\overline{WR}$	写选通输出口
P3.7	$\overline{RD}$	读选通输出口

【想一想】

1）AT89S51 单片机的$\overline{EA}$和 ALE 引脚的功能是什么？$\overline{EA}$引脚接高电平和接低电平时各有何种功能？

2）AT89S51 单片机的 P3 口具有哪些功能？

2.2 AT89S51 单片机的硬件组成

如图 2-3 所示，AT89S51 单片机由单一总线集成 CPU、RAM、ROM、定时/计数器和 I/O 端口等功能部件组成。

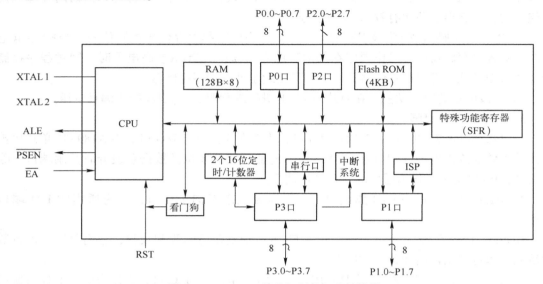

图 2-3　AT89S51 单片机硬件组成结构图

1) 中央处理器（CPU）。AT89S51 单片机的中央处理器是 8 位，负责完成运算和控制操作。

2) 内部数据存储器。实际上 AT89S51 单片机中共有 256 字节 RAM 单元，但其中后 128 单元被特殊功能寄存器占用，供用户使用的只是前 128 单元，用于存放可读写的数据。因此，通常所说的内部数据存储器是指前 128 单元，简称"内部 RAM"。

3) 内部程序存储器。AT89S51 单片机共有 4 KB Flash ROM，用于存放程序和原始数据，简称"内部 ROM"。

4) 定时器/计数器。AT89S51 共有两个 16 位的定时/计数器，以实现定时或计数功能，并以其定时或计数结果对单片机进行控制。

5) 并行 I/O 口。AT89S51 共有 4 个 8 位的 I/O 端口（P0、P1、P2、P3），以实现数据的并行输入输出。

6) 串行口。AT89S51 单片机有一个全双工的串行口，以实现单片机和其他数据设备之间的串行数据传送。

7) 中断系统。AT89S51 单片机有五个中断源、两个中断优先级。

8) 开门狗定时器 WDT。WDT 提供了当 CPU 由于干扰使程序陷入死循环或跑飞状态时而使程序恢复正常运行的有效手段。

9) 特殊功能寄存器（SFR）。AT89S51 单片机 CPU 对各功能的控制是采用特殊功能寄存器（SFR）的集中控制方式，共有 26 个特殊功能寄存器，对片内各功能部件进行管理、控制和监视。特殊功能寄存器实际上是片内各个功能部件的控制寄存器和状态寄存器，这些特殊功能寄存器映射在片内 RAM 区 80H ~ FFH 的地址区间内。

10）在线可编程功能（ISP）。程序代码存储阵列可以通过串行 ISP 接口编程。

【想一想】

AT89S51 单片机内部包含哪些主要功能部件？它们的作用是什么？

2.3 AT89S51 单片机的 CPU

中央处理器（CPU），是单片机的核心，包括运算器和控制器，用于完成运算和控制的功能。

2.3.1 运算器

运算器主要是对操作数进行算术运算、逻辑运算和位操作运算。它以算术逻辑运算单元 ALU 为核心，包括累加器 A、寄存器 B、程序状态字寄存器 PSW、位处理器等部件。

（1）算术逻辑运算单元 ALU

算术逻辑运算单元 ALU 不仅能进行加、减、乘、除等基本运算，还可以对 8 位变量进行逻辑"与"、"或"、"异或"、循环移位、求补、清零等操作。单片机的 ALU 还可以对位变量置 1、清 0、求补、逻辑与和逻辑或等功能。

（2）累加器 A

累加器 A 又称为 ACC，它通过暂存器和 ALU 相连，它是 CPU 中工作最繁忙的寄存器，因为在进行算术、逻辑运算时，运算器的一个输入多为累加器 A，而运算结果大多数也要送到累加器 A 中。

（3）寄存器 B

寄存器 B 在作乘除运算时用来存放一个操作数，它也用来存放乘除运算后的一部分结果，若不作乘除操作时，寄存器 B 可用作通用寄存器使用。

（4）程序状态字寄存器 PSW

PSW 是 8 位寄存器，属于特殊功能寄存器，字节地址是 D0H，用来存放运算结果的一些特征，PSW 各位的定义见表 2-2。

表 2-2　PSW 各位的定义

D7	D6	D5	D4	D3	D2	D1	D0
CY	AC	F0	RS1	RS0	OV	F1	P

CY（PSW.7）：进位标志位，常用 C 表示。在进行加法（或减法）运算时，若运算结果最高位有进位（或借位）时，C 置"1"，否则清"0"；在位处理器中，C 作为位累加器。

AC（PSW.6）：半进位标志位。在进行加法（或减法）运算时，若低半字节向高半字节有进位（或借位）时，AC 置"1"，否则清"0"；AC 还可作为 BCD 码运算调整时的判别位。

F0（PSW.5）：用户标志位，由用户置 1、清零。在编写程序时，用户可以充分的使用该位。

RS1（PSW.4）、RS0（PSW.3）：工作寄存器指针，用来选择当前工作的寄存器组。由用户用指令改变 RS1、RS0 的组合，以选择当前的工作寄存器组。工作寄存器共有 4 组，其对应关系见表 2-3。单片机复位时，RS1＝RS0＝0，CPU 选中第 0 组为当前工作寄存器。

表 2-3　RS1、RS0 与工作寄存器组的关系

RS1	RS0	所选的寄存器组	片内 RAM 地址
0	0	第 0 组	00H~07H
0	1	第 1 组	08H~0FH
1	0	第 2 组	10H~17H
1	1	第 3 组	18H~1FH

OV(PSW.2)：溢出标志。反映运算结果是否溢出，溢出时 OV 为 "1"，否则为 "0"。当有符号数的两个数进行加减法运算时，结果超出了 $-128 \sim +127$，此时运算结果是错误的，则 OV＝1。如果 OV＝0，说明运算结果是正确的。

当乘法运算中，当乘积大于 255 时，OV＝1，否则 OV＝0；当除法运算时，如果除数为 0，则 OV＝1，否则 OV＝0。

当有符号数进行加减法运算时，常用的判别方法是：两个有符号数在进行加法（或减法）运算时，第六位或第七位中仅有 1 位发生进位（或借位），则 OV＝1；第六、七位都没进位（或借位）或都有进位（或借位），则 OV＝0。

F1(PSW.1)，保留位，未用。

P(PSW.0)：奇偶标志。反映累加器 A 中 1 的个数的奇偶性。若累加器 A 中有奇数个 "1"，则 P 置 "1"，否则 P 清 "0"。此标志位对串行口通信中的数据传输有重要的意义，在串行通信中，常用奇偶校验的方法来检验数据传输的可靠性。

例如：

```
    01010110  （+86）              11001000  （-56）
+)  01111010  （+122）        +)   11000111  （-57）
 0  11010000  →A              1   10001111  →A
```

则：

(A)＝0D0H　CY＝0　AC＝1　　　(A)＝8FH　CY＝1　AC＝0
OV＝1　　　　P＝1　　　　　　 OV＝0　　　P＝1

2.3.2　控制器

控制器是 CPU 的大脑中枢，它包括定时控制逻辑、指令寄存器、指令译码器、双数据指针及程序计数器 PC、堆栈指针 SP 以及地址寄存器、地址缓冲器等。它的功能是逐条对指令进行译码，并通过定时和控制电路在规定的时刻发出各种操作所需的内部和外部控制信号，协调各部分的工作，完成指令规定的操作。下面介绍控制器中主要部件的功能。

（1）程序计数器 PC（Program Counter）

PC 是控制器中最基本的寄存器，是一个独立的计数器，存放着下一条要执行的指令在程序存储器（ROM）中的地址，是不可访问的，即用户不能直接使用指令对 PC 进行读或者写的操作。在 AT89S51 单片机中，PC 是一个 16 位的计数器，故可对 64 KB（64 K＝2^{16}＝65536）的程序存储器进行寻址。

程序计数器 PC 的工作过程是：CPU 读指令时，PC 的内容作为所取指令的地址输出给程序存储器，然后 ROM 按此地址输出指令字节，同时 PC 本身内容自动增加，指向下一条指令在 ROM 中的首地址。

（2）堆栈指针 SP（Stack Pointer）

所谓堆栈就是只允许在其一端进行数据插入和数据删除操作的线性表。数据写入堆栈称为入栈（PUSH）。数据从堆栈中读出称为出栈（POP）。堆栈是按照"后进先出"的规则读取数据。这里所说的进与出就是数据的入栈和出栈。即先入栈的数据由于存放在栈的底部，因此后出栈；而后入栈的数据存放在栈的顶部，因此先出栈。

堆栈主要是为子程序调用和中断操作而设立的，主要功能有两个：保护断点和保护现场。在计算机转去执行子程序或中断服务之前，必须考虑其返回问题和现场保护问题。为此应预先把主程序的断点和单片机中各有关寄存器单元的内容保护起来，为程序的正确返回做准备。此外，堆栈也可用于数据的临时存放，在程序设计中时常用到。

由于单片机的单片结构特点，堆栈只能开辟在芯片的内部数据存储器中，操作速度快，但堆栈容量有限，通常设置在内部 RAM 30H~7FH 区间。堆栈结构有两种类型：向上生长型和向下生长型，AT89S51 单片机的堆栈结构属向上生长型的堆栈，如图 2-4 所示。向上生长型堆栈，栈底在低地址单元。随着数据进栈，地址递增。

不论是数据进栈还是数据出栈，都是对堆栈的栈顶单元进行的，即对栈顶单元的写和读操作。为了指示栈顶地址，

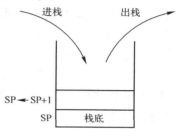

图 2-4　向上生长型堆栈

所以设置堆栈指针 SP，SP 用来存放栈顶的地址。进栈时，堆栈指针 SP 自动加 1，然后将数据压入 SP 所指定的地址单元；出栈时，先将 SP 所指向单元中的数据弹出，然后 SP 自动减 1。

【想一想】

1）堆栈有哪些功能？堆栈指针（SP）的作用是什么？

2）程序状态字寄存器（PSW）的作用是什么？

3）程序计数器（PC）有多少位？它的主要功能是什么？

2.4　AT89S51 单片机的存储器结构

通用微机系统采用的是程序存储器和数据存储器统一编址的普林斯顿结构，而单片机中使用的是程序存储器和数据存储器相互独立编址的哈佛结构，如图 2-5 所示为 AT89S51 单片机存储器结构图。

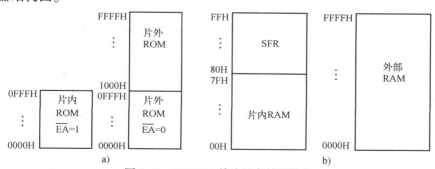

图 2-5　AT89S51 单片机存储器结构

a）程序存储器　b）数据存储器

15

如图 2-5 所示，AT89S51 单片机的存储器分为程序存储器和数据存储器，其中程序存储器为片内片外统一编址，数据存储器分为内部数据存储器和外部数据存储器。

2.4.1 程序存储器空间

程序存储器主要用于存放程序和常数。AT89S51 单片机的程序存储器从空间上分为片内程序存储器和片外程序存储器，但是片内程序存储器和片外程序存储器是统一编址。片内程序存储器是 4 KB，地址范围为 0000H~0FFFH。片外程序存储器根据用户需要扩展，最大可以扩展 64 KB，地址范围为 0000H~FFFFH。CPU 访问片内程序存储器和片外程序存储器有单片机$\overline{EA}$引脚的电平决定。当$\overline{EA}$接低电平时，CPU 从片外程序存储器 0000H 开始读取指令，而片内 ROM 中的内容不会被理会。当$\overline{EA}$接高电平时，CPU 从片内程序存储器 0000H 开始读取指令，但是当 PC 的值大于 0FFFH 时，PC 自动读取片外 ROM 1000H~FFFFH 空间内的指令，而片外程序存储器 0000H~0FFFH 存储器空间中的内容不会被读取。

AT89S51 单片机复位后，程序计数器 PC 为 0000H，系统从 0000H 开始执行程序。AT89S51 单片机的程序存储器中有 5 个地址单元被固定用于中断源的中断服务子程序的入口地址，见表 2-4。

表 2-4　5 个中断源的中断入口地址

中　断　源	中断入口地址
外部中断 0	0003H
定时/计数器 0 溢出中断	000BH
外部中断 1	0013H
定时/计数器 1 溢出中断	001BH
串行中断	0023H

中断程序响应后，系统自动转到各个中断入口首地址执行程序，但是由于两个中断入口地址之间只有 8 个单元，通常情况下，8 个单元很难存储一个中断服务子程序。因此通常在该地址区的开始存放一条无条件转移指令，跳向中断服务子程序实际入口地址。用户的主程序一般存储在程序存储器 0030H 单元以后。

2.4.2 数据存储器空间

数据存储器主要用来存储输入/输出数据，中间结果等信息。AT89S51 单片机的数据存储器分为片内数据存储器、片外数据存储器和特殊功能寄存器，如图 2-5b 所示。

1. 片内数据存储器

片内数据存储器共有 128 B，地址为 00H~7FH，分为工作寄存器区、位寻址区和用户RAM 区，如图 2-6 所示。

1）00H~1FH 为工作寄存器区，共 32 个单元，分为 4 组，每组有 8 个寄存器（R0~R7）。任意一刻，CPU 只能使用其中的一组寄存器，称当前正在使用的寄存器组为当前寄存器。具体使用哪组寄存器由 PSW 中的 RS1 和 RS0 位决定，CPU 复位后使用的是 0 组寄存器。如果在程序的运行过程中不使用的寄存器也可以作为 RAM 使用。

2）20H~2FH 为位寻址区，共 16 个单元。这 16 个单元可以作为字节单元使用，同时这

（1）AUXR 寄存器

AUXR 是辅助寄存器，位地址为 8EH，其各位定义见表 2-6。

表 2-6　AUXR 的各位定义

D7	D6	D5	D4	D3	D2	D1	D0
—	—	—	WDIDLE	DISRTO	—	—	DISALE

DISALE：ALE 禁止/允许位。DISALE = 0，ALE 以时钟振荡频率的 1/6 输出脉冲。DISALE = 1，ALE 仅在执行 MOVX 或 MOVC 指令期间输出脉冲。

DISRTO：禁止/允许 WDT 溢出时的复位输出。DISRTO = 0，在 WDT 溢出时复位引脚输出高电平；DISRTO = 1，复位引脚仅为输入。

WDIDLE：WDT 在空闲模式下的禁止/允许位。WDIDLE = 0，在空闲模式下 WDT 继续计数。WDIDLE = 1，在空闲模式下 WDT 停止计数。

（2）AUXR1 寄存器

AUXR1 是辅助寄存器，字节地址为 A2H，此寄存器中只定义了 D0 位，见表 2-7。

表 2-7　AUXR1 的各位定义

D7	D6	D5	D4	D3	D2	D1	D0
—	—	—	—	—	—	—	DPS

DPS：数据指针选择位。DPS = 0，选择数据指针 DPTR0；DPS = 1，选择数据指针 DPTR1。

（3）数据指针 DPTR0 和 DPTR1

与 AT89C51 单片机不同的是，AT89S51 单片机是双数据指针寄存器，即 DPTR0 和 DPTR1。DPTR0 为 AT89C51 单片机原有的数据指针，DPTR1 为 AT89S51 单片机新增的数据指针。通过设置 AUXR1 的 DPS 位选择使用两个数据指针中的一个。当 DPS = 0 时，选用 DPTR0；当 DPS = 1 时，选用 DPTR1；默认选用 DPTR0。

在实际使用中，统一用 DPH 表示 DPTR 的高 8 位，用 DPL 表示 DPTR 的低 8 位。DPTR 可以对 16 位进行整体操作，也可以分开使用。

（4）WDT 看门狗定时器

WDT 是为了解决 CPU 程序运行时可能进入混乱或死循环而设置，它由一个 14 位计数器和看门狗复位 WDTRST 位构成。外部复位时，WDT 默认为关闭状态，要打开 WDT，用户必须按顺序将 1EH 和 E1H 写到 WDTRST 寄存器，当启动了 WDT，它会随晶体振荡器在每个机器周期计数，除硬件复位或 WDT 溢出复位外没有其他方法关闭 WDT，当 WDT 溢出，将使 RST 引脚输出高电平的复位脉冲。

4. 位地址空间

AT89S51 单片机共有 211 个寻址位，其中 128 位在内部 RAM 位寻址区，如图 2-5 所示。另一部分 83 个可寻址位分布在特殊功能寄存器区，见表 2-8。

表 2-8　特殊功能寄存器中位地址的分布

SFR	位地址/位定义								字节地址
	D7	D6	D5	D4	D3	D2	D1	D0	
B	F7H	F6H	F5H	F4H	F3H	F2H	F1H	F0H	F0H

SFR	位地址/位定义								字节地址
	D7	D6	D5	D4	D3	D2	D1	D0	
Acc	E7H	E6H	E5H	E4H	E3H	E2H	E1H	E0H	E0H
PSW	D7H	D6H	D5H	D4H	D3H	D2H	D1H	D0H	D0H
	CY	AC	F0	RS1	RS0	OV	F1	P	
IP	BFH	BEH	BDH	BCH	BBH	BAH	B9H	B8H	B8H
	—	—	—	PS	PT1	PX1	PT0	PX0	
P3	B7H	B6H	B5H	B4H	B3H	B2H	B1H	B0H	B0H
	P3.7	P3.6	P3.5	P3.4	P3.3	P3.2	P3.1	P3.0	
IE	AFH	AEH	ADH	ACH	ABH	AAH	A9H	A8H	A8H
	EA	—	—	ES	ET1	EX1	ET0	EX0	
P2	A7H	A6H	A5H	A4H	A3H	A2H	A1H	A0H	A0H
	P2.7	P2.6	P2.5	P2.4	P2.3	P2.2	P2.1	P2.0	
SCON	9FH	9EH	9DH	9CH	9BH	9AH	99H	98H	98H
	SM0	SM1	SM2	REN	TB8	RB8	TI	RI	
P1	97H	96H	95H	94H	93H	92H	91H	90H	90H
	P1.7	P1.6	P1.5	P1.4	P1.3	P1.2	P1.1	P1.0	
TCON	8FH	8EH	8DH	8CH	8BH	8AH	89H	88H	88H
	TF1	TR1	TF0	TR0	IE1	IT1	IE0	IT0	
P0	87H	86H	85H	84H	83H	82H	81H	80H	80H
	P0.7	P0.6	P0.5	P0.4	P0.3	P0.2	P0.1	P0.0	

【小知识】

bit：位。存储器的最小单元，每个位有 2 个状态 0 或者 1。

byte：字节，B。在 8 位单片机中，1 个字节由 8 位组成，1 个字节能表示的数的最小值为全 0，最大值为全 1，二进制表示为 00000000B ~ 11111111B，十六进制表示为 00H ~ FFH，十进制表示为 0 ~ 255。

【想一想】

1）内部 RAM 低 128 单元划分为哪三个主要部分？说明各部分的使用特点。

2）AT89S51 单片机如何实现工作寄存器组 R0 ~ R7 的选择？

3）在 AT89S51 单片机的 26 个特殊功能寄存器中，哪些具有位寻址能力？

4）AT89S51 单片机的 ROM 空间中，这 6 个地址（0000H、0003H、000BH、0013H、001BH、0023H）有什么特殊的意义和用途？用户应怎样合理安排？

5）位地址 30H 和字节地址 30H 有何区别？位地址 30H 具体在片内 RAM 中哪个字节？

2.5 AT89S51 单片机的并行 I/O 口

AT89S51 单片机有 4 个 8 位的 I/O 接口，分别为 P0、P1、P2、P3。

2.5.1 P0 口

P0 口的字节地址为 80H，位地址为 80H～87H。P0 口的各位口线具有完全相同但又相互独立的逻辑电路，如图 2-7 所示为 P0 口的位结构图。

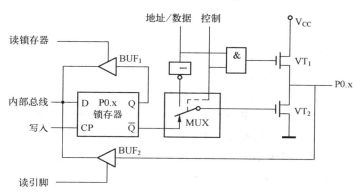

图 2-7　P0 口位结构图

如图 2-7 所示，P0 口位结构主要包括一个数据输出锁存器、两个三态输入缓冲器 BUF$_1$ 和 BUF$_2$、一个多路转换开关 MUX 及两只场效应晶体管 VT$_1$ 和 VT$_2$组成。设置多路开关是因为 P0 口既可以作为地址/数据线使用，又可以作为通用 I/O 口线使用。由图 2-7 可知，MUX 由控制信号实现锁存器的输出或地址/数据线的输出。

当 P0 口作为地址/数据线输出时，控制信号为高电平，MUX 接反相器的输出。如果输出的地址/数据为 "1"，场效应晶体管 VT$_2$ 截止，场效应晶体管 VT$_1$ 导通，此时 P0.x 引脚输出的是 "1"。如果输出的地址/数据为 "0"，场效应晶体管 VT$_1$ 截止，场效应晶体管 VT$_2$ 导通，此时 P0.x 引脚输出的是 "0"。P0 口的各个引脚上的状态跟随着地址/数据线的状态变化。输出驱动电路由于两个 FET 处于反相，形成推拉式电路结构，大大提高了负载能力。

当 P0 口作为地址/数据线输入时，控制信号为低电平，MUX 接锁存器的 $\overline{Q}$ 端，场效应晶体管 VT$_1$ 截止。P0 口作为地址/数据线访问外部存储器时，CPU 自动向 P0 口写入 FFH，使场效应晶体管 VT$_2$ 截止。此时，数据信息高阻抗输入，外部数据信息从 P0.x 引脚经过输入缓冲器 BUF$_2$ 进入内部总线。由此可见，P0 口作为地址/数据线时具有高电平、低电平和高阻抗三种状态，是双向口。

当 P0 口作为通用 I/O 口使用时，控制信号为低电平，MUX 接锁存器的 $\overline{Q}$ 端，场效应晶体管 VT$_1$ 截止。当 P0 口作为输出端口时，当内部总线输出的是 "1"，那么 $\overline{Q}$ 端为 "0"，使场效应晶体管 VT$_2$ 截止。由于 P0 口输出为漏极开路，若使 P0.x 引脚输出为高电平，P0 口必须外接上拉电阻；当内部总线输出的是 "0"，那么 $\overline{Q}$ 端为 "1"，使场效应晶体管 VT$_2$ 导通。P0.x 输出为 "0"。

当 P0 口作为输入端口时，由于该电平信号既加到了场效应晶体管 VT$_2$，又加到了三态缓冲器 BUF$_2$ 上，如果此端口上一个状态输出锁存数据 "0"，则 VT$_2$ 导通，引脚上的电位就被场效应晶体管 VT$_2$钳在 "0" 电平上，使输入的 "1" 无法读入。因此，当 P0 口作为输入端口时，在输入数据前，应先通过内部总线使锁存器 $\overline{Q}$ 端为 "0"，使 VT$_2$截止，即 CPU 向锁存器写入 "1"。

综上所述，P0 口作为地址/数据线是双向口，作为通用 I/O 端口使用时是准双向口；P0 口作为通用 I/O 端口使用时，如果作为输出口线，需外接上拉电阻；作为输入口线，应首先向锁存器写入"1"。P0 口常用作地址/数据线，也可以作为通用 I/O 端口，P0 口可以驱动 8 个 LS（Low-power Schottky）型 TTL（Transistor Transistor Logic）负载。

2.5.2 P1 口

P1 口的字节地址为 90H，位地址为 90H~97H。P1 口的位电路结构如图 2-8 所示。

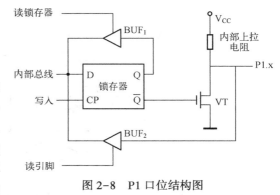

图 2-8 P1 口位结构图

P1 口位结构主要包括一个数据输出锁存器、两个三态输入缓冲器 BUF₁ 和 BUF₂、一个场效应晶体管 VT 和一个上拉电阻组成。P1 口是一个准双向口，专供用户作通用 I/O 端口使用，其内部有上拉电阻与电源相连，故不必再外接上拉电阻。当作输入时，必须先向对应的锁存器写"1"，使 VT 截止。P1 口可以驱动 4 个 LS 型 TTL 负载。

2.5.3 P2 口

P2 口的字节地址为 A0H，位地址为 A0H~A7H。P2 口的位电路结构如图 2-9 所示。

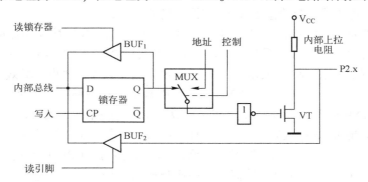

图 2-9 P2 口位结构图

P2 口位结构主要包括一个数据输出锁存器、一个多路转换开关 MUX、两个三态输入缓冲器 BUF₁ 和 BUF₂、一个场效应晶体管 VT 和一个上拉电阻组成，结构与 P0 口类似。

P2 口可以作为地址线的高 8 位和通用 I/O 端口使用。当 P2 口输出地址时，多路转接开关 MUX 接"地址"端，P2 口作为通用 I/O 口使用，MUX 接 Q̄ 端，使输出的数据送到 P2 的引脚上。由图 2-9 可知，P2 口作为通用 I/O 口输入时，应对锁存器写入"1"，使场效应晶体管 VT 截止。P2 口可以驱动 4 个 LS 型 TTL 负载。

2.5.4 P3 口

P3 口的字节地址为 B0H，位地址为 B0H~B7H。P3 口的位电路结构如图 2-10 所示。

P3 口位结构主要包括一个数据输出锁存器、一个多路转换开关 MUX、三个三态输入缓冲器、一个场效应晶体管 VT、一个上拉电阻及一个与非门组成。

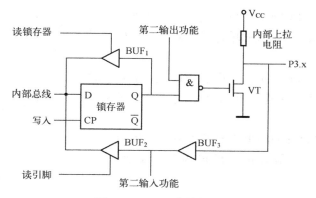

图 2-10 P3 口位结构图

P3 口可以作为通用 I/O 口使用，但在实际应用中它的第二功能信号更为重要。当输出第二功能信号时，将锁存器应预先置"1"，使与非门对第二功能信号的输出是畅通的，从而实现第二功能信号的输出。对于第二功能为输入信号的引脚，在口线的输入通路上增加了一个缓冲器，输入的信号就从这个缓冲器的输出端取得。当作为通用 I/O 口使用时，电路中的第二输出功能信号线应保持高电平，与非门开通，以维持从锁存器到输出端数据畅通。

综上所述，P3 口作为第二功能或者作为通用 I/O 口线输入时，必须将锁存器置"1"。如果某些口线不用作第二功能，可以作为通用 I/O 使用。P3 口可以驱动 4 个 LS 型 TTL 负载。

【小知识】

上拉电阻：如图 2-11 所示，电阻 R1 的一端接电源正端，一端接按键，当没有按下按键 KEY1 时，P10 为确定的高电平，当按下按键 KEY1 时，P10 为确定的低电平，在这个电路中，电阻 R1 被称为上拉电阻，这种电路被称为上拉电阻电路。

下拉电阻：如图 2-12 所示，电阻 R2 的一端接电源地，一端接按键，当没有按下按键 KEY1 时，P10 为确定的低电平，当按下按键 KEY1 时，P10 为确定的高电平，在这个电路中，电阻 R2 被称为下拉电阻，这种电路被称为下拉电阻电路。

如果电路中既没有上拉电阻也没有下拉电阻，如图 2-13 所示按下按键 KEY1 时，P10 为确定的高电平，没有按键时，在正常的情况下 P10 的状态为高阻态，近似在 P10 这一点接了一个无穷大的上拉电阻，同时又接了一个无穷大的下拉电阻，使得 P10 这一点的点位处于一个不确定的状态，很容易受到环境电路的影响。

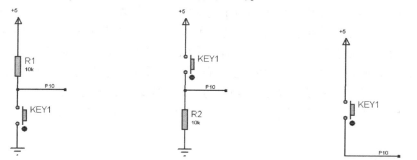

图 2-11 上拉电阻电路　　图 2-12 下拉电阻电路　图 2-13 无上拉和下拉电阻电路

灌电流：如图 2-14 所示，当引脚 P1.0 为低电平时 LED1 点亮，电流 i_1 从 LED1 流向单片机，对于单片机来说电流 i_1 称为灌电流。

拉电流：如图 2-14 所示，当引脚 P1.1 为高电平时 LED2 点亮，电流 i_2 从单片机流向 LED2，对于单片机来说电流 i_2 称为拉电流。

一般来说单片机允许的灌电流比拉电流大，因此，当外设需要较大电流时，最好按照灌电流的形式来设计电路。

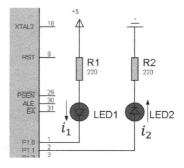

图 2-14　拉电路与灌电流示例图

【想一想】

1）AT89S51 单片机的 P0、P2、P3 口各有哪些第二功能，试分别说明。

2）AT89S51 单片机的 P0、P1、P2、P3 口分别对应哪些功能？

3）AT89S51 单片机的 I/O 口作为通用 I/O 口时要注意哪些呢？

2.6　时钟电路及复位电路

时钟电路用于产生 AT89S51 单片机工作时所必需的时钟控制信号，使单片机能严格地按时序执行指令进行工作。

在执行指令时，CPU 首先到程序存储器中取出需要执行的指令操作码，然后译码，并由时序电路产生一系列控制信号完成指令所规定的操作。CPU 发出的时序信号有两类，一类用于对片内各个功能部件的控制，用户无须了解；另一类用于对片外存储器或 I/O 口的控制，这部分时序对于分析、设计硬件接口电路至关重要。

2.6.1　时钟电路与时序

1. 时钟电路

常用的时钟电路有两种方式，一种是内部时钟，另一种是外部时钟。

（1）内部时钟

AT89S51 单片机内部有一个用于构成振荡器的高增益反相放大器，该高增益反相放大器的输入端为芯片引脚 XTAL1，输出端为引脚 XTAL2。这两个引脚跨接石英晶体振荡器（简称晶振）和微调电容，构成一个稳定的自激振荡器，如图 2-15 所示。

电路中的电容 C1 和 C2 典型值约为 30 pF。晶振的振荡频率范围通常在 1.2~12 MHz。晶振的频率越高，则系统的时钟频率也就越高，单片机的运行速度也就越快。但反过来运行速度快对存储器的速度要求就高，对印刷电路板的工艺要求也高，即要求线间的寄生电容要小；安装晶振和电容应尽可能与单片机芯片靠近，以减少寄生电容，更好地保证振荡器稳定、可靠地工作。同时为了提高温度稳定性，应采用温度稳定性能好的电容。

AT89S51 单片机常用的晶振频率为 6 MHz、12 MHz 以及 11.0592 MHz，最高频率可达到 33 MHz。

（2）外部时钟

外部时钟方式是使用外部振荡脉冲信号，常用于多片 AT89S51 单片机同时工作，以便于多片 AT89S51 单片机之间的同步，一般为低于 12 MHz 的方波。

外部的时钟信号直接接到 XTAL1 端，通过 XTAL1 端输入到片内的时钟发生器上，电路如图 2-16 所示。

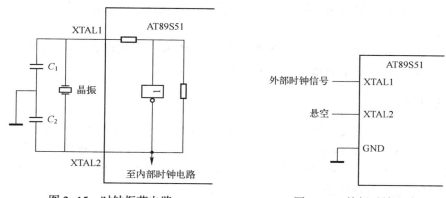

图 2-15　时钟振荡电路　　　　　　图 2-16　外部时钟电路

2. 时序

单片机执行的指令均是在 CPU 控制器的时序控制电路的控制下进行的，各种时序均与时钟周期有关，如图 2-17 所示。

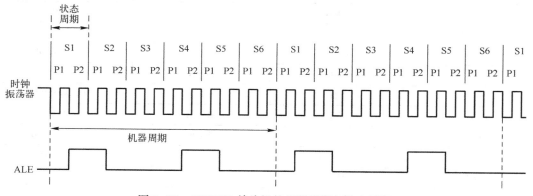

图 2-17　AT89S51 单片机的机器周期与状态周期

（1）时钟周期

时钟周期也称为振荡周期，是为单片机提供定时信号振荡源的周期，是单片机的基本时间单位。若时钟晶振的振荡频率为 f_{osc}，则时钟周期 $T_{osc} = \dfrac{1}{f_{osc}}$。

（2）状态周期

状态周期是 CPU 从一个状态转换到另一状态所需的时间。在 AT89S51 单片机中，1 个状态周期由 2 个时钟周期组成，它分为 P1 节拍和 P2 节拍。

（3）机器周期

CPU 完成一个基本操作所需要的时间称为机器周期。单片机中常把执行一条指令的过程分为几个机器周期。每个机器周期完成一个基本操作，如取指令、读或写数据等。AT89S51 单片机中 1 个机器周期由 12 个时钟周期组成，分为 6 个状态：S1~S6。

（4）指令周期

指令周期是执行一条指令所需的时间。AT89S51 单片机按字节可分为单字节、双字节和三字节指令。因此，执行一条指令的时间也不同。对于简单的单字节指令，取出指令立即执行，只需 1 个机器周期的时间。而有些复杂的指令，如转移、乘、除运算指令则需 2 个或 4 个机器周期。

从指令的执行速度看，单字节和双字节指令一般为单机器周期和双机器周期，三字节指令都是双机器周期，只有乘除指令占用 4 个机器周期。

2.6.2 复位电路

复位是令单片机初始化的操作，其主要功能是初始化单片机的工作状态。例如，把 PC 的值初始化为 0000H，即（PC）= 0000H，这样，单片机在复位后就从程序存储器的 0000H 单元开始执行程序。另外，当程序运行出错或因操作错误而使系统处于死锁状态时，为摆脱困境，也可按复位键来重新初始化单片机。

除程序计数器 PC 初始化外，复位操作还对其他一些特殊功能寄存器有影响，它们的复位后状态见表 2-9。

表 2-9 复位后各特殊功能寄存器的状态

寄 存 器	复位状态	寄 存 器	复位状态
PC	0000H	TH0	00H
P0~P3	FFH	TH1	00H
SP	07H	AUXR	×××00××0B
DP0L	00H	SCON	00H
DP0H	00H	SBUF	××××××××B
DP1L	00H	AUXR1	×××××××0B
DP1H	00H	WDTRST	××××××××B
PCON	0×××0000B	IE	0××00000B
TCON	00H	IP	××000000B
TMOD	00H	PSW	00H
TL0	00H	A	00H
TL1	00H	B	00H

AT89S51 单片机的 RST 引脚（9 脚）是复位信号输入端，高电平有效。在此引脚加上持续时间大于 2 个机器周期的高电平，就能够使单片机复位。

复位操作有上电自动复位、按键复位等方式。复位电路如图 2-18、图 2-19 所示。

上电复位电路如图 2-18 所示，是通过外部复位电路的电容充电来实现的。只要电源 V_{cc} 的上升时间不超过 1 ms，就可以实现自动上电复位，即接通电源就完成了系统的复位操作。

按键复位分为电平方式和脉冲方式两种。其中按键电平复位是通过使复位端经电阻与 V_{cc} 电源接通而实现的，其电路如图 2-19a 所示，当晶振频率为 6 MHz 时，电容的典型值为 10 μF。而按键脉冲复位则是利用 RC 微分电路产生的正脉冲而实现的，其电路如图 2-19b 所示，电容 C1 和 C2 的典型值为 22 μF。

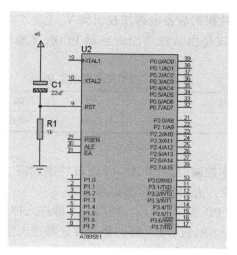

图 2-18　上电复位电路

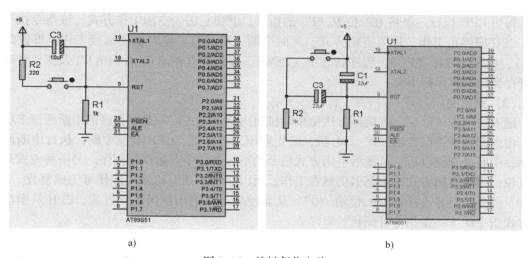

a)　　　　　　　　　　　　　　　b)

图 2-19　按键复位电路

a）电平方式复位电路　b）脉冲方式复位电路

【想一想】

1）AT89S51 单片机时钟电路有什么作用？

2）什么时候需要复位操作？对复位信号有何要求？

3）AT89S51 单片机采用低电平复位还是高电平复位？如何复位呢？

2.7　AT89S51 单片机的工作方式

2.7.1　低功耗工作方式

AT89S51 单片机提供了两种节电工作方式，即空闲方式和掉电方式，以进一步降低系统的功耗。这种低功耗的工作方式特别适用于采用干电池供电或停电时依靠备用电源供电的单片机应用系统。AT89S51 单片机的后备电源加在引脚 V_{cc} 上。

单片机的低功耗工作方式是由特殊功能寄存器 PCON（地址为 87H）控制的，格式见表 2-10。

表 2-10　PCON 各位的定义

D7	D6	D5	D4	D3	D2	Dl	D0
SMOD	—	—	—	GF1	GF0	PD	IDL

其中各位的意义如下：

SMOD 为串行口的波特率控制位，SMOD =1 时波特率加倍。

GF1、GF0 为通用标志位，由用户设定其标志意义。

PD 为掉电方式控制位。PD 置"1"后，使器件立即进入掉电方式。

IDL 为空闲方式控制位。IDL 置"1"后，使器件立即进入空闲方式，若 PD 和 IDL 同时置"1"，则使器件进入掉电工作方式。

（1）进入空闲方式

每当 CPU 执行一条将 IDL 位置"1"的指令，就使它进入空闲工作方式，该指令执行完后，CPU 即停止工作，进入空闲方式。此时中断、串行口、定时器还继续工作，堆栈指针（SP）、程序计数器（PC）、程序状态字（PSW）、累加器（ACC）、片内 RAM 及其他特殊功能寄存器的内容保持不变。

（2）退出空闲方式

进入空闲方式以后，有两种方法使单片机退出空闲方式：一是被允许的中断源请求中断时，由内部的硬件电路清"0" IDL 位，终止空闲工作方式，CPU 响应中断，执行中断服务程序，中断处理完以后，从激活空闲方式指令的下一条指令开始执行程序。另一种方式是硬件复位，因为空闲方式时振荡器仍然在工作。所以只需要两个机器周期便可完成复位。RST 引脚上的复位信号直接将 IDL 位清"0"，从而使单片机退出空闲工作方式，CPU 从激活空闲方式指令的下一条指令开始执行程序。

（3）进入掉电方式

CPU 执行一条将 PD 位置"1"的指令，就使单片机进入掉电工作方式，指令执行完后，便进入掉电方式，振荡器停止工作，单片机内部所有的功能部件都停止工作，内部 RAM 和特殊功能寄存器的内容保持不变，I/O 引脚状态与相关特殊功能寄存器的内容相对应，ALE 和 $\overline{\text{PSEN}}$ 为逻辑低电平。

（4）退出掉电方式

退出掉电方式的唯一方法是硬件复位，复位后单片机内部特殊功能寄存器的内容被初始化，PCON=0，从而退出掉电方式。

2.7.2　ISP 编程工作方式

AT89S51 单片机内部有 4 KB 的可快速编程的 Flash 存储阵列。编程方法可通过传统的 EPROM 编程器使用高电压（+12 V）和协调的控制信号进行编程。另外的一种方法是使用 ISP 在线编程。

AT89S51 的代码是逐一字节进行编程的。将 RST 接至 V_{cc}，程序代码存储阵列可通过串行 ISP 接口进行编程，串行接口包含 SCK 线、MOSI（输入）和 MISO（输出）线。将 RST

拉高后，在其他操作前必须发出编程使能指令，编程前需将芯片擦除。芯片擦除则将存储代码阵列全写为 FFH。

外部系统时钟信号需接至 XTAL1 端或在 XTAL1 和 XTAL2 接上晶体振荡器。最高的串行时钟（SCK）不超过 1/16 晶体时钟，当晶体为 33 MHz 时，最大 SCK 频率为 2 MHz。

2.8 Keil 软件使用

2.8.1 Keil μVision4 开发环境简介

Keil μVision4 是德国 Keil Software 公司开发的一种专门为 MCS-51 系列单片机设计的高效率编译器，简称 Keil。其符合 ANSI 标准，生成的程序运行代码运行速度快，所需要的存储空间小。Keil μVision4 集成了工程管理、源程序编辑、程序编译、程序调试和仿真等功能；同时其支持汇编语言和 C 语言，易学易用；另外其支持数百种单片机，并且可以通过专门的驱动软件与 Proteus 原理图进行联机仿真，为单片机的学习带来极大的便利。下面将通过一个简单实例说明应用 Keil 软件编写单片机汇编语言程序的过程。

2.8.2 Keil μVision4 的基本操作

（1）启动 keil 软件

双击桌面的█启动 Keil μVision4，如图 2-20 所示为 Keil μVision4 软件开发环境界面。

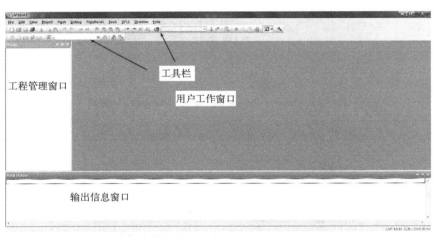

图 2-20　Keil μVision4 软件开发环境界面

（2）新建工程

在图窗口中，单击菜单栏中的 "Project"，然后选择 "New Project" 并单击，如图 2-21 所示。此时会弹出 "Create New Project" 窗口，如图 2-22 所示，在此窗口中选择工程文件保存的位置，然后输入文件名，单击 "保存"。

（3）选择器件

在如图 2-22 中，单击 "保存" 按钮后，会弹出 "Select Device for Target 'Target1'" 窗口，如图 2-23 所示。在这个窗口中要选择用于该工程的单片机型号。例如，选择 "Atmel"

目录下"AT89S51"，会出现如图 2-24 所示，提示是否复制启动代码到新建工程窗口，一般不需要就单击"否(N)"按钮。

图 2-21　新建工程菜单

图 2-22　"Create New Project"窗口

选择工程文件保存的位置

输入文件名

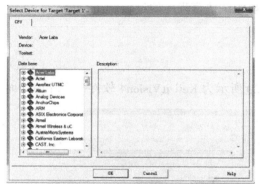

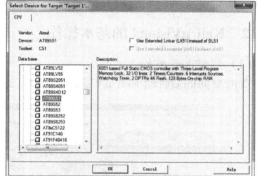

图 2-23　"Select Device for Target'Target1'"窗口

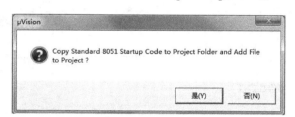

图 2-24　复制启动代码到新建的工程窗口。

2.8.3　源程序的添加、编译与调试

（1）编辑源程序

选择菜单"File"→"New"，弹出一个文本编辑器，如图 2-25 所示。在文本窗口进行源程序编辑。将下列程序输入到文本窗口中。

```
ORG 0000H
MOV P2,#0FEH
```

```
SJMP  $
END
```

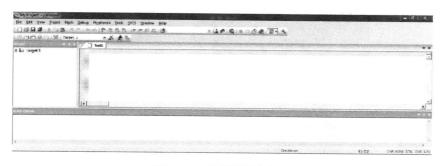

图 2-25　编辑源程序窗口

注意：指令在第 3 章和第 4 章中会详细介绍。程序写好后，单击保存按钮🖫，弹出保存文件对话框，如图 2-26 所示。选择保存文件的路径，在文件名一栏中输入源程序的名字。注意，这里要求加扩展名 .asm。单击保存按钮，保存源程序。

（2）添加源程序文件到工程中

单击工程管理窗口 "Target1"，展开文件夹，右键单击 "Source Group1"，弹出菜单，如图 2-27 所示，选择 "Add Files to Group 'Source Group1'"，打开 "Add Files to Group 'Source Group1'" 窗口，选择文件类型为 "Asm Source File"，然后选择要添加的文件，如图 2-28 所示。单击 "Add" 按钮，文件就被添加到工程中，如图 2-29 所示。

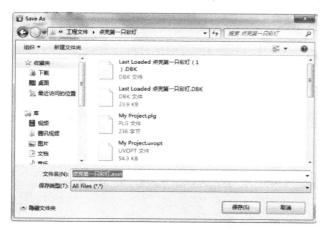

图 2-26　保存源程序窗口

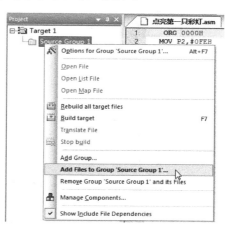

图 2-27　打开工程管理窗口

（3）对工程文件进行设置

单击菜单 "Project" → "Options for Target1" 选项，如图 2-30 所示。弹出如图 2-31 所示的窗口，这是一个十分重要的对话框，包括 "Device"、"Target"、"Output"、"listing"、"C51"、"A51"、"BL51 Locate"、"BL51 Misc" 和 "Debug" 等多个选项卡。其中一些选项可以直接用其默认值，也可进行适当调整。

"Target" 选项卡页面中可以设定目标硬件系统的时钟频率 Xtal，一般设为 12.0 MHz，如图 2-31 所示，AT89S51 单片机最高可以达到 33.0 MHz。

a)   b)

图 2-28   "Add Files to Group 'Source Group1'" 窗口

图 2-29   添加源程序文件到工程中

图 2-30   打开工程配置窗口

"Output" 选项卡用于设定当前项目在编译连接之后生成的可执行文件代码文件，默认与项目文件同名，也可以指定为其他文件名，存放在当前项目文件所在的目录中，还可以单击 "Select Folder For Objects" 指定文件的目录路径，如图 2-32 所示。

选中复选框 "Debug Information" 将在输出文件中包含进行源程序调试的符号信息。

选中复选框 "Browse Information" 将在输出文件中包含源程序浏览信息。

选中复选框 "Create Hex File" 表示除了生成可执行代码文件之外，还将生成一个 HEX 文件，这个文件是单片机可以运行的二进制文件，文件的扩展名为 .hex。

其他选项可以使用默认值。完成上述设置后，单击 "确定" 按钮，则完成设置。

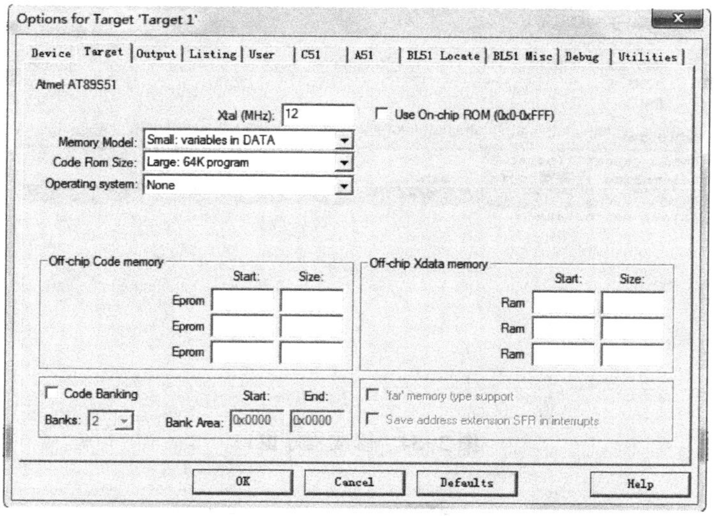

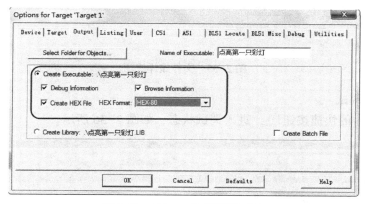

图 2-31 工程设置窗口

图 2-32 "Output"配置选项卡

（4）源程序的编译

单击工具栏中的按钮🔲，进行源程序汇编。汇编后在输出窗口中会看到信息，如图 2-33 所示。从提示内容看，该程序有一个错误，双击错误信息，会指向错误的指令，如图 2-34 所示。

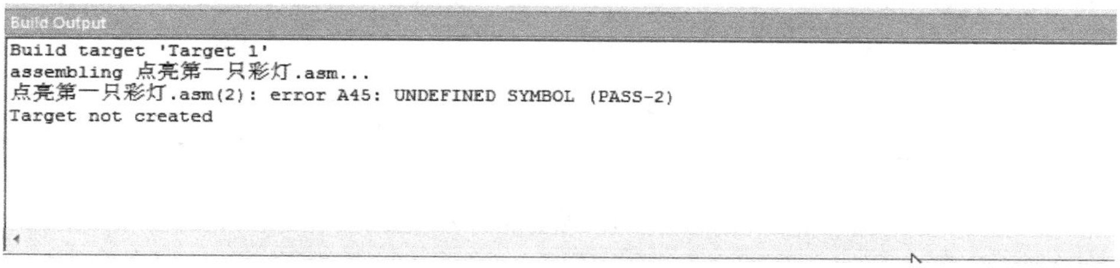

```
Build Output
Build target 'Target 1'
assembling 点亮第一只彩灯.asm...
点亮第一只彩灯.asm(2): error A45: UNDEFINED SYMBOL (PASS-2)
Target not created
```

图 2-33　编译信息输出窗口

认真检查程序并修改错误，并再次编译，直至提示没有错误，目标文件生成，如图 2-35 所示。

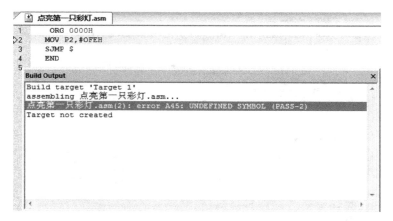

图 2-34　修改程序窗口

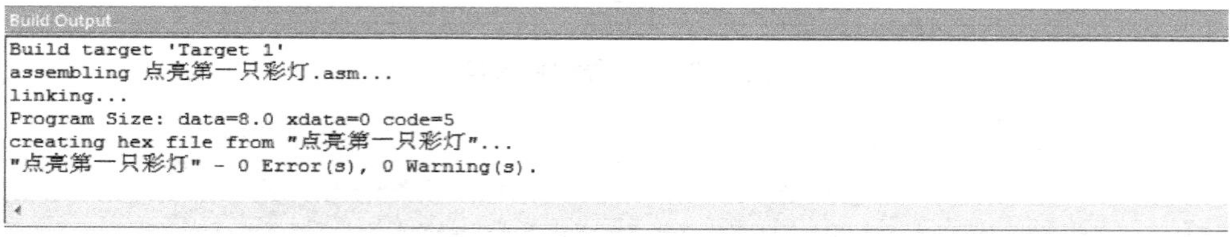

图 2-35　文件编译成功

（5）程序的调试

单击工具栏中的快捷按钮🔍，进入调试状态，如图 2-36 所示。

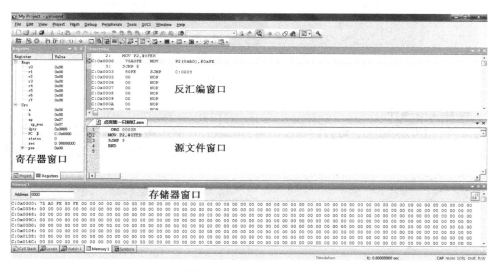

图 2-36　程序调试窗口

工程管理窗口中显示出寄存器窗口，给出了常用的寄存器 R0 ~ R7、A、B、DPTR、PSW 及 SP 等，而且这些值会随着程序的运行发生相应的变化。

反汇编窗口可以看到对应汇编语言程序的机器码及其在 ROM 所存储的位置。

单击调试工具条中的快捷按钮▦，则会弹出存储器窗口，如图 2-36 所示。在存储器窗口的地址栏中输入 0000H 后按〈Enter〉键，可以查看程序存储器，程序存储器单元的地址前有 "C:"。如果查看片内 RAM，地址栏中输入的地址前加 "D:"，例如 D:30H。如果查看片外数据存储器，地址栏中输入的地址前加 "X:"，例如 X:40H。

在进入调试状态后，工具栏会多出一个用于运行和调试的工具条，如图 2-37 所示，按钮的功能从左到右依次是复位、全速运行、停止、单步跟踪、单步运行、执行完当前子程序返回、运行到光标行、下一状态、打开跟踪、观察跟踪、反汇编窗口等。简单介绍几个常用的按钮。

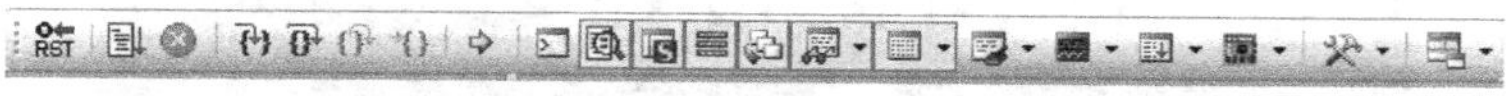

图 2-37　调试工具条

复位，执行此命令后，PC 指针返回到 0000H，特殊功能寄存器复位。

全速执行，是指一条指令执行完紧接着执行下一条指令，中间不停止。如果程序中没有设置断点，这种执行方式速度很快，并可以看到该段程序执行的总体结果。如果有断点，则执行到断点处。

单步跟踪，每执行一次该命令执行一条指令。

单步执行，是每次执行一条指令，执行完该行程序即停止，子程序看作是一条指令。

运行到光标行，使用时先把光标放到目的行，然后执行该命令，程序全速执行到光标行。

在程序的调试过程中往往是几种调试方法综合使用，这样可以大大提高程序调试的效率。

2.9　Proteus 软件使用

Proteus 是英国 Labcenter electronics 公司研发的 EDA 工具软件。Proteus 不仅是模拟电路、数字电路、模/数混合电路的设计与仿真平台，更是目前世界上最先进、最完整的多种型号单片机系统的设计与仿真平台之一。Proteus 从 1989 年问世至今，经过了近几十年的使用、发展和完善，功能越来越强，性能越来越好。

2.9.1　Proteus ISIS 环境简介

在计算机中安装好 Proteus 后，启动 Proteus ISIS（图标为▨），首先出现 ISIS 界面，如图 2-38 所示。接着进入 ISIS 窗口，如图 2-39 所示。其中包括原理图编辑窗口、对象预览窗口和对象选择窗口等。

（1）原理图编辑窗口

原理图编辑窗口用来编辑原理图、设计电路、设计各种符号、设计元器件模型等。它也是各种电路、单片机系统的仿真平台。窗口中蓝色方框内为可编辑区，电路设计要在此框内完成。该窗口中没有滚动条，但是可单击对象预览窗口来改变可视的电路图区域。

（2）对象预览窗口

对象预览窗口可以显示两个内容：在元器件列表中选择一个元器件时，它会显示该元器件的预览图；当鼠标焦点落在原理图编辑窗口时（即放置元器件到原理图编辑窗口后或在原理图编辑窗口中单击鼠标后），会显示整张原理图的缩略图，并会显示一个绿色的方框，绿色方框里面的内容就是当前原理图窗口中显示的内容，因此，可以用鼠标在上面单击来改变绿色方框的位置，从而改变原理图的可视范围。

图 2-38　ISIS 启动界面

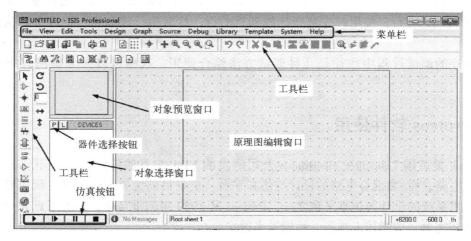

图 2-39　ISIS 窗口

（3）对象选择窗口

对象选择窗口用来选择元器件、终端、图表、信号发生器、虚拟仪器等。所处的模式不同对应的列表不同，如图 2-39 所示。如果选择 ，则会打开"Device"列表，如果单击 P 按钮会弹出选择元器件窗口，选择后的元件会出现在元件列表里，使用时只要在元器件列表中选择即可，如图 2-40 所示。

（4）工具栏

工具栏分为四类，为命令工具栏、模式选择工具栏、方向工具栏、仿真工具栏。其中命令工具栏位于菜单栏的下面，以图标形式给出。模式工具栏和方向工具栏位于图 2-39 中左侧。仿真工具栏位于图 2-39 中下方，简要的介绍工具栏中的快捷按钮的功能。

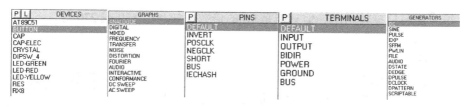

图 2-40　对象选择窗口

1）模式选择工具栏

▶：选择模式。

▷：选择元件模式。

✦：放置连接点。

▣：放置电气标签。

▤：放置文本。

╫：绘制总线。

▯：绘制子电路。

▱：终端，包括 V_{cc}、地、输出、输入等各种终端。

▷：元器件引脚，对象列表器列出 6 种常用的元器件引脚，用于绘制各种引脚。

▨：使对象选择器列出可供选择的各种仿真分析所需的模拟图表、数字图表、NC 图表等。

◉：信号发生器。选中后对象选择器列出可供选择的直流电源、正弦激励源、稳定状态逻辑电平、数字时钟信号源和任意逻辑电平序列等模拟和数字激励源。

▦：对原理图电路进行分割仿真时采用此模式，用来记录前一步仿真的输出，并作为下一步仿真的输入。

↗：电压探针。在原理图中添加电压探针，用来记录原理图中该探针处的电压值，可记录模拟电压值或者数字电压的逻辑值和时长。

↗：电流探针。在原理图中添加电流探针，用来记录原理图中该探针处的电流值，只能用于记录模拟电路的电流值。

▭：使对象选择器列出各种可供选择的虚拟仪器（如示波器、逻辑分析仪、定时器、计数器等）。

╱：绘制各种直线，用于在创建元器件时或直接在原理图中画线。

▣：绘制各种方框，用于在创建元器件时画方框或直接在原理图中画方框。

●：绘制各种圆，用于在创建元器件时画圆或直接在原理图中画圆。

◠：绘制各种圆弧，用于在创建元器件时画弧线或直接在原理图中画弧线。

◍：绘制各种多边形，用于在创建元器件时画任意多边形或直接在原理图中画多边形。

A：用于在原理图中插入文字说明。

▣：绘制符号，用于从符号库中选择符号元器件。

✦：绘制原点，用于在创建或编辑元器件、符号、各种终端和引脚时，产生各种标记图标。

2）方向工具栏

↺↻：以 90°为递增量向左、向右旋转。

⌐：填写逆时针旋转角度，但只能是 90 的倍数，如 90、180 或 270 等。

↕：上下镜像。

↔：左右镜像。

3）仿真运行控制按钮

图 2-41　仿真运行工具栏

如图 2-41 所示为仿真运行工具栏，仿真控制按钮，从左至右依次是：运行、单步运行、暂停、停止。

4）工具栏按钮

▨：显示刷新。

▦：网格显示开关。

✛：手动原点显示开关。

🔍：显示整张图纸。

🔍：显示选中区域。

🔍：从元器件库中挑选元器件、设置符号等。

⊥：将选中器件封装成元件并放入元件库。

▨：显示可视的封装工具。

🔧：分解元器件。

🔲：自动布线开关。

🔧：属性分配。

▤：生成元件列表。

▨：生成电气规则检查报告。

▨：借助网络表将目标文件转换为 ARES 文件。

2.9.2　基于 Proteus 的单片机虚拟仿真系统的设计

基于 Proteus 的单片机虚拟仿真系统的设计，全部的过程都在计算机上通过 Proteus 和 Keil μVision4 软件完成，如图 2-42 所示，其开发过程分为 4 个步骤。

1. 电路原理图的设计

在 Proteus ISIS 平台上进行单片机系统的电路设计，包括元器件的选择，电路布线、元器件属性设置以及电气检测等。

2. 软件的设计

在 Keil μVision4 平台上进行单片机系统软件的编辑、编译、代码调试及生成目标代码文件，即 HEX 文件。

3. 加载目标代码文件

将步骤 2 生成的目标代码文件加载到 Proteus ISIS 平台的单片机上。

4. 在 Proteus ISIS 平台上仿真。

下面以流水灯的设计和仿真过程说明单片机 Proteus 的设计与仿真操作。该实例的要求为：通过 AT89S51 单片机控制 8 个发光二极管，电路如图 2-43 所示，从上到下单个循环点亮，时间间隔为 1 s。

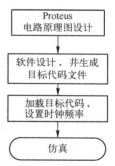

图 2-42　Proteus 电路
设计与仿真流程

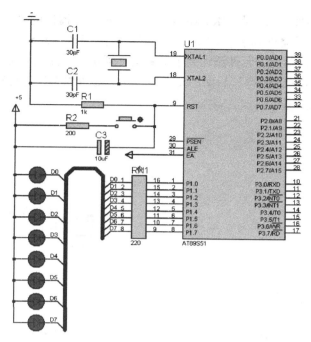

图 2-43　流水灯电路图

（1）新建设计文件

单击菜单栏中 "File" → "New Design"，弹出 "Create New Design" 窗口，如图 2-44 所示。在此窗口中选择模板，如果直接单击 "OK" 按钮，则选择系统默认的 "DEFAULT" 模板。

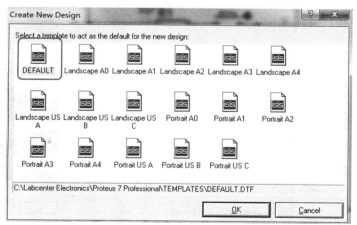

图 2-44　"Create New Design" 窗口

（2）保存文件

单击菜单栏中 "File" → "Save Design"，弹出 "Save ISIS Design File" 窗口，如图 2-45 所示，即保存新建的文件。

（3）选择元器件

单击模式选择工具栏中的选择元件模式，单击图 2-46 中的 "P" 按钮，弹出如

图 2-47 所示的选取元器件窗口。在 "Keywords" 一栏中输入元器件的名称，如 "AT89C51"，则出现与关键字匹配的元器件列表。在图 2-47 窗口中选择 AT89C51，单击 "OK" 按钮，或者直接双击 AT89C51，即把该元件添加到了对象选择器中。使用这种方式查找元器件，可以通过勾选 "Match Whole Words？" 后面的复选框，用户还可以选择进行精确查找。

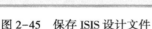

图 2-45　保存 ISIS 设计文件

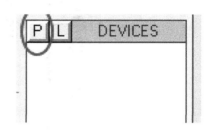

图 2-46　单击 "P" 按钮

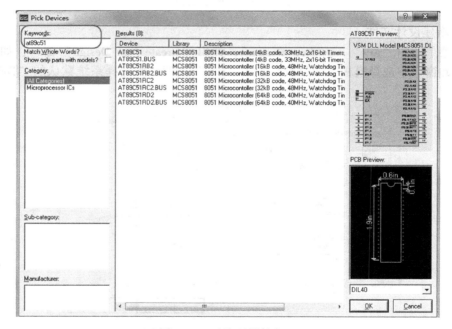

图 2-47　选取元器件窗口

另外，如果已经知道了 AT89C51 所在的元件库，可以直接在选择元器件对话框中的 Category 栏中选择，如图 2-48 所示，然后选择子类或者制造商进一步搜索，找到元器件。

依据上述方法，把表 2-11 中其他元器件添加到对象选择器中，关闭选择元器件对话框。

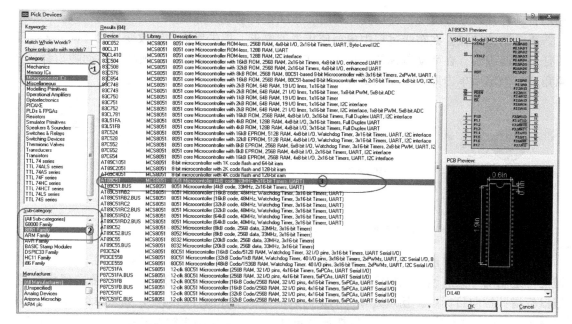

图 2-48　已知元器件库查找元件

表 2-11　流水灯所用的元件

单片机 AT89C51	瓷片电容 CAP 30 pF	晶振 CRYSTAL 12 MHz	电阻 RES
按钮 BUTTON	电解电容 CAP-ELEC	发光二极管 LED-GREEN	电阻排 R×8

（4）元器件的操作

放置：在对象选择器中选取要放置的元器件，在 ISIS 编辑区空白处单击。

选中：单击编辑区某对象，默认为红色显示。

取消选择：在编辑区的空白处单击。

移动：单击对象，再按住鼠标左键拖动。

对象选择器中的对象转向：单击 ↻↺↳↕↔ 中相应按钮即可。

编辑区的对象转向：右击操作对象，从弹出的快捷菜单中选择相应的旋转按钮。

复制：选中对象后，单击菜单 Edit→Copy to Clipboard。

粘贴：复制操作后，单击菜单 Edit→Paste from Clipboard，然后在编辑区单击鼠标左键即可，单击鼠标右键取消粘贴。

删除：右键单击对象，选择快捷菜单中的命令"Delete Object"。

元件属性设置：双击对象，即可弹出"Edit Properties"窗口。

块操作（多个对象同时操作）：选中操作对象，再单击工具栏中块复制 、块移动 、块旋转 、块删除 。

（5）布线

自动布线：系统默认自动布线，单击工具栏中的自动布线按钮 。只要单击连线的起点和终点，系统会自动以直角走线，生成连线。如图 2-49a、b 所示。在前一指针着落点和当前点之间会自动预画线，它可以是带直角的线。在引脚末端选定第一个画线点后，随指针

41

移动自动有预画细线出现，当遇到障碍时，布线会自动绕开障碍。

手动调整路径：在布线过程中根据使用者的要求，单击鼠标左键改变导线方向。若要手工任意角度画线，在移动鼠标的过程中按住〈Ctrl〉键，移动指针，预画线自动随指针呈任意角度，确定后单击即可。如图2-49c所示。

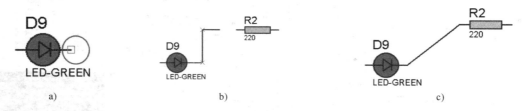

图 2-49　导线的绘制

a）自动捕捉　b）线随鼠标自动画出　c）手工调整布线

总线的绘制：单击工具栏的图标按钮╫，移动鼠标到绘制总线的起始位置，单击鼠标左键便可绘制出一条总线。如想需要改变总线的走向，只需要在希望的拐点处单击鼠标左键，把鼠标指针拉向目标点，拐点处导线的走向只取决于鼠标指针的拖动。如果总线的转折角不是90°，取消自动布线，总线就可以按任意角度旋转。如果结束绘制总线，只需在终点处双击鼠标左键即可。

总线分支绘制：总线绘制完以后，有时还需绘制总线分支。为了使电路图显得专业和美观，通常把总线分支画成与总线成45°角的相互平行的斜线，如图2-50所示。注意，关闭自动布线快捷按钮松开，总线分支的走向只取决于鼠标指针的拖动。另外，将鼠标移动到起始点，双击鼠标左键就可以完成复制功能。

放置线标签：与总线相连的导线必须要放置线标，有着相同线标签的导线才能够导通。放置线标签的方法如下：单击工具栏的图标▥，再将鼠标移至需要放置线标的导线上单击，即会出现如图2-51所示的"Edit Wire Label"对话框，将线标签填入"String"栏，单击"OK"按钮即可。

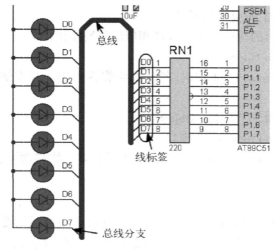

图 2-50　总线分支的绘制

图 2-51　"Edit Wire Label"对话框

（6）为原理图放置头块

首先用鼠标左键单击 2D 图形工具栏中的■按钮，然后选择对象选择器中的 P 按钮出现"Pick Symbols"窗口，如图 2-52 所示。在 Libraries 中选择 SYSTEM，在 Objects 中选择 HEADER。在原理图编辑窗口合适位置单击放置头块，头块包含图名、作者、版本号、日期和图纸页数。其中日期和图纸页数 ISIS 自动填写，其他各项需要通过编辑设计属性来填写。选择"Design"→"Edit design properties"菜单项，弹出如图 2-53 所示对话框，在该对话框中填写头块中相关项目的具体信息。

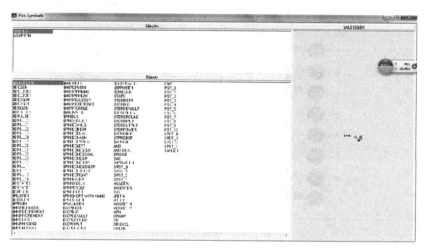

图 2-52　选择 HEADER 头块对话框

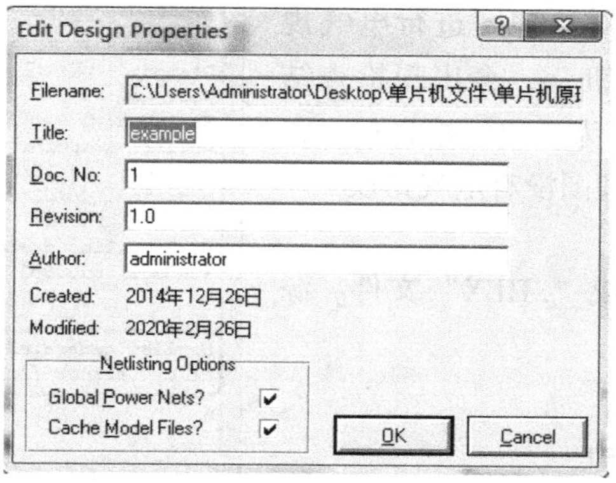

图 2-53　"Edit Design Properties"对话框

按照上述设置进行设置后，头块如图 2-54 所示。最后绘制的原理图如图 2-55 所示。

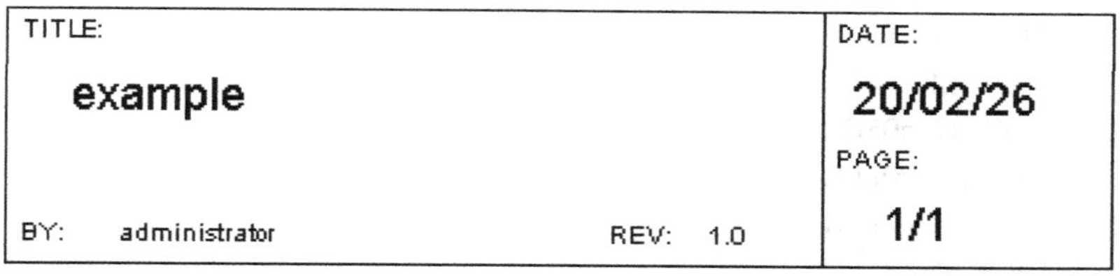

TITLE:		DATE:
example		20/02/26
		PAGE:
BY:　administrator	REV:　1.0	1/1

图 2-54　设计的头块

43

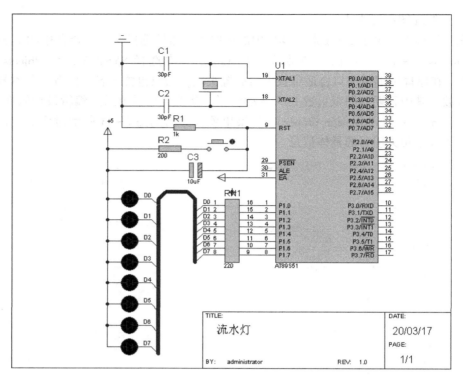

图 2-55 完整的原理图

（7）电气检查

设计电路完成后，要对原理图进行电气规则检查，单击电气检查按钮 ⚡️，会出现检查结果窗口，如图 2-56 所示，为生成的报告单。在该报告单中，系统报告原理图没有电气错误。

（8）生成文件

使用 Keil μVision4 生成 ".HEX" 文件。源程序如下：

图 2-56 电气检查窗口

```
        ORG 0000H
        AJMP START
        ORG 0030H
START:  MOV A,#0FEH
L1:     MOV P1,A
        RL A
        ACALL DELAY
        AJMP L1
DELAY:  MOV R7,#05H
DEL1:   MOV R6,#0FFH
DEL2:   MOV R5,#0FFH
        DJNZ R5, $
        DJNZ R6,DEL2
```

```
        DJNZ R7,DEL1
        RET
        END
```

（9）加载文件

在 Proteus 的 ISIS 中双击单片机 AT89C51，出现如图 2-57 所示的 "Edit Component" 窗口，将步骤 8 生成的目标代码文件加载到 "Program File"。在 "Clock Frequency" 栏中设置 12 MHz，即设置系统的时钟频率为 12 MHz，单击 "OK" 按钮退出。

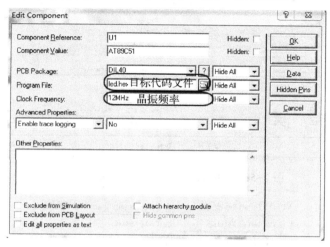

图 2-57　Edit Component 窗口

（10）运行程序

用鼠标左键单击命令按钮▢▶，运行程序，观察仿真结果。

2.9.3　Proteus 与 Keil μVision4 的联调

（1）下载文件

在 Proteus 官方网站下载 vdmagdi. exe 文件，并安装文件。安装过程中注意：安装选择 AGDI Drivers for μVision4。

（2）Keil 的配置

启动 Keil 的工程文件，单击快捷按钮▨，出现如图 2-32 所示的窗口，选择 "Debug" 选项卡，设定如图 2-58 所示，仿真器选择 "Proteus VSM Simulator"，其余采用默认值即可。

在图 2-58 中单击 "Settings" 按钮，弹出如图 2-59 所示对话框，如果 Proteus 与 Keil 安装在同一台计算机上，则要使用本地地址 "127.0.0.1"，Post 为 "8000"，单击 "OK" 按钮退出。

（3）Proteus 的配置

启动 Proteus 的 ISIS，打开工程文件，选择 "Debug" → "Use Remote Debug Monitor"。然后单击单片机 AT89C51，弹出如图 2-57 窗口，将 "Program File" 栏设置为空。

（4）Keil 和 Proteus 的调试过程

首先，启动 Proteus 的仿真功能，等待执行指令。然后在 Keil 中将文件编译，并全速运行程序，此时 Proteus ISIS 中的单片机系统也已经启动，实现了 Keil 和 Proteus 的联调，如

图 2-60 所示。调试过程可以将 Keil µVision4 中的各种调试手段，如单步、跳出、运行到当前行、设置断点等命令配合使用来进行单片机系统运行的软硬件调试。

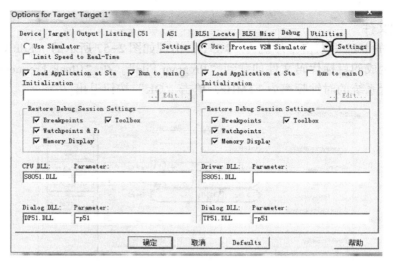

图 2-58 "Options for Target 'Target1'" 窗口

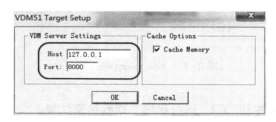

图 2-59 "VDM51 Target Setup" 对话框

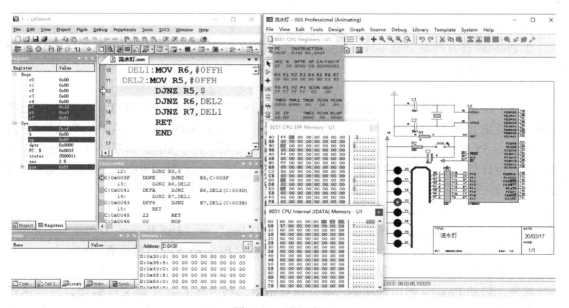

图 2-60 联调窗口

思考题与习题

一、填空题

1. 如果（PSW）= 10H，则内部 RAM 工作寄存器区的当前寄存器是第 _____ 组寄存器，8 个寄存器的单元地址为 _____ ~ _____ 。

2. 为寻址程序状态字 F0 位，可使用的地址和符号有 _____ 、 _____ 、 _____ 和 _____ 。

3. 单片机复位后，（SP）= _____ ，P0～P3 = _____ ，PC = _____ ，PSW = _____ A = _____ 。

4. AT89S51 单片机的程序存储器的寻址范围是由 _____ 决定的，由于 AT89S51 单片机的 PC 是 _____ 位的，所以最大寻址范围为 _____ 。

5. 写出位地址为 20H 的位所在字节的字节地址为 _____ 。

6. 写出字节地址为 20H 的单元最高位的位地址为 _____ ，最低位的位地址为 _____ 。

7. 如果晶振频率 f_{osc} = 6 MHz，则一个时钟周期为 _____ ，一个机器周期为 _____ 。

8. AT89S51 单片机共有 _____ 个特殊功能寄存器。

9. AT89S51 单片机片外数据存储器最多可以扩展 _____ 。

10. 如果 CPU 从片外 ROM 的 0000H 单元开始执行程序，那么 EA 引脚应接 _____ 电平。

11. AT89S51 单片机引脚信号，信号名称带上划线的表示该信号 _____ _____ 或 _____ 有效。

12. 在 AT89S51 单片机中 PC 和 DPTR 都用于提供地址，但是 PC 是为访问 _____ 存储器提供地址，而 DPTR 是为访问 _____ 存储器提供地址。

二、选择题

1. PC 的值是（　　）。
   A. 当前指令前一条指令的地址　　　　B. 当前正在执行指令的地址
   C. 下一条指令的地址　　　　　　　　D. 控制器中指令寄存器的地址

2. 对程序计数器 PC 的操作是（　　）。
   A. 自动进行　　　　　　　　　　　　B. 通过传送进行
   C. 通过加"1"指令进行　　　　　　　D. 通过减"1"指令进行

3. 在 AT89S51 单片机应用系统中 P0 口常作为（　　）。
   A. 数据总线　　　　　　　　　　　　B. 地址总线
   C. 控制总线　　　　　　　　　　　　D. 数据总线和地址总线低 8 位

4. 在 AT89S51 单片机应用系统中（　　）。
   A. 具有独立的专用的地址总线　　　　B. P0 口和 P1 口作为地址总线
   C. P0 口和 P2 口作为地址总线　　　　D. P2 口和 P1 口作为地址总线

5. AT89S51 单片机的 CPU 主要的组成部分为（　　）

A. 运算器、控制器　　　　　　　B. 加法器、寄存器

C. 运算器、寄存器　　　　　　　D. 运算器、指令译码器

6. 在 AT89S51 单片机中 P1 口的功能是（　　　　）

A. 数据总线　　　　　　　　　　B. 地址总线

C. 控制总线　　　　　　　　　　D. 通用 I/O 口

三、简答题

1. AT89S51 单片机的$\overline{EA}$引脚有何功能？如果使用片内 ROM，该引脚该如何处理？

2. 什么是指令周期，机器周期和时钟周期？

3. 什么是堆栈？堆栈的作用是什么？在程序设计时，为什么要对堆栈指针 SP 重新赋值？

4. 单片机复位有几种方法？

5. AT89S51 单片机运行出错或程序陷入死循环时，如何摆脱困境？

6. AT89S51 单片机 P0~P3 口的驱动能力如何？如果想获得较大的驱动能力，采用低电平输出还是高电平输出？

7. AT89S51 单片机内部 RAM 低 128 单元划分为几个部分？每部分有什么特点？

8. AT89S51 单片机的片内都包含了哪些功能部件？各个功能部件主要的功能是什么？

9. 程序存储器的空间中，有 5 个特殊单元，分别对应 AT89S51 单片机 5 个中断源的入口地址，写出这些单元的地址及对应的中断源。

10. AT89S51 单片机有几个存储器空间？画出它的存储器结构图。

11. AT89S51 单片机的控制信号引脚有哪些？说出其功能。

12. AT89S51 单片机有多少特殊功能寄存器？分布在哪些地址范围？如果对 84H 单元读/写会产生什么结果（提示：考虑 84H 为位地址、字节地址两种情况）？

13. 在 AT89S51 单片机中，执行程序的地址存放在哪里？最大寻址范围是多少？

四、设计题

1. 设计一个电路，使单片机的 P0 口能驱动 8 只发光二极管。

2. 设计电路，用 P1.0 输出音频信号驱动扬声器，作为报警信号，P1.7 接一开关进行控制，当开关合上（低电平）时发出报警信号，当开关断开（高电平）时报警信号停止。单片机的晶振频率为 12 MHz。

3. 设计一电路，监视某开关（S），用发光二极管（LED）显示开关状态。如果开关闭合，则 LED 亮；如果 S 断开，则 LED 熄灭。

第3章 51系列单片机的指令系统

【知识目标】

1. 掌握 AT89S51 单片机指令系统的指令格式和常用符号含义。
2. 掌握 AT89S51 单片机指令的寻址方式。
3. 熟练掌握 AT89S51 单片机指令系统。

【技能目标】

1. 熟练使用 AT89S51 单片机指令。
2. 学会使用不同的寻址方式来访问各个存储空间。
3. 熟悉 Keil 软件和程序调试。
4. 熟悉 Proteus 软件环境，并能使用 Proteus 软件设计简单电路。

指令是供用户使用的单片机的软件资源，是计算机用于控制各功能部件完成某一指定动作的指示和命令。指令系统由单片机生产厂家定义，是用户必须遵循的标准。AT89S51 单片机的指令系统与 MCS-51 系列单片机的指令完全兼容。

3.1 单片机指令概述

单片机指令使用英文名称或缩写形式作为助记符，以助记符、符号地址、标号等编写程序的语言称为汇编语言。

3.1.1 指令格式

MCS-51 系列单片机的基本指令共 111 条，按照指令在程序存储器所占的字节可以分为单字节指令、双字节指令和三字节指令。其中单字节指令 49 条，双字节指令 45 条，三字节指令 17 条。

MCS-51 系列单片机指令的格式为：

　　　[标号:] <操作码> ［操作数]［;注释]

通常，一条指令由两部分组成，即操作码和操作数。操作码用来规定指令进行什么操作，操作数则是指令操作的对象。但有时为了说明本条语句的起始地址，可以加入标号，代表该语句指令代码第一个字节地址，同时为了方便编写和阅读程序可加入注释。

3.1.2 常用符号

MCS-51 系列单片机指令系统中，除操作码是使用助记符，操作数中使用了一些符号，这些符号的含义归纳如下。

1）Rn：当前工作寄存器组的 8 个工作寄存器 R0~R7，n＝0~7。

2）Ri：当前工作寄存器组可用作间接寻址的工作寄存器 R0、R1（i＝0，1）。

3）direct：8 位直接地址，实际使用时 direct 应该是内部 RAM 00H~7FH 字节单元中的一个，也可以是特殊功能寄存器 SFR 中的一个。

4）#data8：8 位立即数。

5）#data16：16 位立即数。

6）addr16：16 位目的地址，只限于在 LCALL 和 LJMP 指令中使用。

7）addr11：11 位目的地址，只限于在 ACALL 和 AJMP 指令中使用。

8）rel：相对转移指令中的偏移量，为 8 位的有符号补码数，取值范围为－128~127。

9）DPTR：数据指针，可用于 16 位的地址寄存器。

10）bit：内部 RAM 或特殊功能寄存器中的直接寻址位。

11）C 或 CY：进位标志位或位累加器。

12）A：累加器 A。

13）B：寄存器 B。

14）@：间接寻址寄存器前缀。

15）（×）：某寄存器或单元的内容。

16）（（×））：×间接寻址的单元中的内容。

17）$：本条指令的起始地址。

18）←：箭头左边的内容被右边的内容所取代。

19）↔：箭头两边的内容互换。

3.2　寻址方式

指令中说明操作数所在地址的方法就是寻址方式。MCS-51 系列单片机的指令系统有 7 种寻址方式。

（1）寄存器寻址

寄存器寻址方式就是操作数在寄存器中，因此指定了寄存器也就得到操作数。实现寄存器寻址方式的寄存器有 R0~R7、A、AB 和 DPTR 等。例如：

  MOV A,R2 ;将寄存器 R2 中的数据传送到累加器 A 中

因为操作数在 R2 中，因此在指令中指定了 R2，就能从中得到操作数，所以寻址方式是寄存器寻址。

（2）直接寻址

直接寻址是指在指令中直接给出操作数所在单元的地址。由于直接寻址方式只能使用 8 位二进制数表示的地址，所以直接寻址方式的范围为内部 RAM 的低 128 单元和特殊功能寄存器。例如：

  MOV A,30H ;将内部 RAM30H 中的数据传送给累加器 A

注意，累计器 A 可以写为 Acc，但是若写成 Acc，寻址方式将变为直接寻址。例如：

MOV   R0,Acc

（3）寄存器间接寻址

寄存器间接寻址方式是指寄存器中存放的是操作数的地址，即先从寄存器中得到操作数的地址，然后按照该地址找到操作数，因此称之为寄存器间接寻址。为了与寄存器寻址方式进行区别，在寄存器间接寻址方式中，在寄存器的名称前面加前缀"@"。例如：

MOV   A,@R0

若（R0）= 20H，（20H）= 30H，这条指令的功能是将 R0 寄存器中的内容 20H 作为地址，把该地址单元的内容送至累加器 A，其寻址示意图如图 3-1 所示。

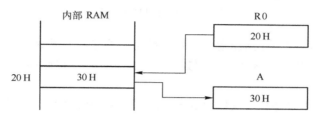

图 3-1   寄存器间接寻址示意图

寄存器间接寻址的范围：@Ri 用于对片内 RAM 的寻址，也可以对片外 RAM 寻址，地址范围为 00H～FFH；@DPTR 的寻址范围可以覆盖片外 RAM 的全部 64 KB。

（4）立即寻址

立即寻址是指操作数在指令中直接给出，通常将此操作数称为立即数，"#"是立即寻址的标记。例如：

MOV   A,#20H   ;将立即数 20H 传送到累加器 A 中
MOV   DPTR,#2000H   ;将 16 位立即数 2000H 传送到数据指针 DPTR 中

（5）变址寻址

变址寻址是为了访问程序存储器中的数据表格，变址寻址是将 DPTR 或 PC 作为基地址寄存器，预先存放操作数的基地址，累加器 A 作为基地址的偏移量即变址寄存器，累加器 A 中也应预先存放有被寻址操作数地址对基地址的偏移量，在指令执行时，单片机将基地址和偏移量相加所得到的 16 位地址作为操作数的地址，以达到访问数据表格的目的。例如：

MOVC   A,@A+DPTR

如图 3-2 所示，若指令执行前（A）= 20H，（DPTR）= 1000H，将 DPTR 和 A 的内容相加作为操作数的存储单元的地址，将 1020H 单元的内容 30H 传送给累加器 A，指令执行后累加器 A 中的内容为 30H。

注意：

1）变址寻址方式是访问程序存储器 ROM 中数据的唯一的寻址方式，寻址范围可达到 64 KB。

2）变址寻址的指令只用 3 条：

```
MOVC    A,@ A+DPTR
MOVC    A,@ A+PC
JMP    A,@ A+DPTR
```

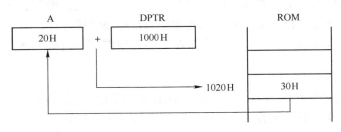

图 3-2 变址寻址示意图

其中前两条是访问程序存储器指令，后一条是无条件转移指令。

3）变址寻址方式用于查表操作，而数据表是建立在程序存储器 ROM 中。

（6）相对寻址

前面的寻址方式主要是解决操作数的给出问题，而相对寻址方式则是为了解决程序转移的问题，为转移指令所采用。例如：

SJMP   rel

在相对寻址的转移指令中，给出了地址偏移量，用"rel"表示，把执行完转移指令后的 PC 值加上偏移量就构成了程序转移的目的地址。因此转移的目的地址可以使用如下公式表示：

目的地址=转移指令首地址+转移指令字节数+rel

偏移量 rel 是 1 个有符号的 8 位二进制补码数，表示的数的范围是 −128～+127，因此相对转移是以转移指令所在地址为基点，向地址增加方向最大可转移（127+指令字节数）个单元地址，向地址减少方向最大可转移（128−转移指令字节数）个单元地址。但是为了程序设计的方便，在程序中相对地址偏移量常常使用标号表示。

（7）位寻址

在单片机系统中，操作数不仅可以以字节为单位进行操作，同时也可以按位进行操作。当把 8 位二进制数的某一位作为操作数时，把这一位的地址称为位地址，对位地址寻址称为位寻址。

位寻址的范围为：内部 RAM 的位寻址区和特殊功能寄存器的可寻址位。例如：

MOV   C, 0D5H   ;将 0D5H 的位状态传送给位累加器 C。

寻址位在指令中的表示方法有如下 4 种表示方法：

1）直接使用位地址。例如此例中的 0D5H。

2）位名称表示方法。例如 PSW 寄存器 D5 位标志是 F0，可以使用 F0 表示。

3）单元地址加位数的表示方法。例如 PSW 寄存器的单元地址是 0D0H，所以 PSW 寄存器位 D5 位也可以表示成 0D0H.5。

4）专用寄存器符号加位数的表示方法。例如 PSW 寄存器 D5 位也可以表示成 PSW.5。

以上是 MCS-51 系列单片机的 7 种寻址方式，概括起来见表 3-1。

表 3-1　寻址方式及对应的寻址空间

序　号	寻址方式	寻址空间
1	寄存器寻址	工作寄存器区、部分特殊功能寄存器
2	直接寻址	内容 RAM 低 128 字节、特殊功能寄存器
3	寄存器间接寻址	片内 RAM、片外数据存储器
4	立即寻址	程序存储器
5	变址寻址	程序存储器
6	相对寻址	程序存储器
7	位寻址	位寻址区、SFR 中的可寻址位

【想一想】

（1）什么是寻址？什么是寻址方式？AT89S51 单片机指令系统有哪些寻址方式？

（2）指出下列每条指令操作数的寻址方式。

1）MOV A,#35H

2）MOV A,35H

3）MOV A,@ R0

4）MOV A,R3

5）MOVC A,@ A+DPTR

6）SJMP LOOP

3.3　指令系统的分类介绍

MCS-51 系列单片机指令系统由 111 条指令组成。按功能可以分为：

1）数据传送类指令（28 条）；

2）算术运算类指令（24 条）；

3）逻辑运算及移位类指令（25 条）；

4）控制转移类指令（17 条）；

5）位操作类指令（17 条）。

3.3.1　数据传送类指令

数据传送是指将源地址单元中的数据传送到目的地址单元中，且源地址单元中的数据保持不变，或者源地址单元中的数据与目的地址单元中的数据互换。

数据传送操作可以在片内 RAM 和特殊功能寄存器（SFR）内进行，也可以在累加器 A 和片外数据存储器之间进行，以及读取程序存储器 ROM 中的数据。在这类指令中，除了以累加器 A 为目的地址的操作会对奇偶标志位 P 有影响，其余指令执行时不会影响任何标志位。数据传送指令见表 3-2。

表 3-2　数据传送指令

分　类	指令助记符	功能说明	字节数	执行周期
以累加器 A 为目的操作数的指令	MOV　A, Rn	A←(Rn)	1	1
	MOV　A, direct	A←(direct)	2	1
	MOV　A, @Ri	A←((Ri))	1	1
	MOV　A, #data	A←data	2	1
以寄存器 Rn 为目的操作数的指令	MOV　Rn, A	Rn←(A)	1	1
	MOV　Rn, direct	Rn←(direct)	2	2
	MOV　Rn, #data	Rn←data	2	1
以直接地址为目的操作数的指令	MOV　direct, A	direct←(A)	2	1
	MOV　direct, Rn	direct←(Rn)	2	2
	MOV　direct1, direct2	direct1←(direct2)	3	2
	MOV　direct, @Ri	direct←((Ri))	2	2
	MOV　direct, #data	direct←data	3	2
以间接地址为目的操作数的指令	MOV　@Ri, A	(Ri)←(A)	1	1
	MOV　@Ri, direct	(Ri)←(direct)	2	2
	MOV　@Ri, #data	(Ri)←data	2	1
16 位数传送指令	MOV　DPTR, #data16	DPTR←data16	3	2
累加器 A 与外部 RAM 的字节传送指令	MOVX　A, @Ri	A←((Ri))	1	2
	MOVX　@Ri, A	(Ri)←(A)	1	2
	MOVX　A, @DPTR	A←((DPTR))	1	2
	MOVX　@DPTR, A	(DPTR)←(A)	1	2
累加器 A 与 ROM 的字节传送指令	MOVC　A, @A+DPTR	A←(A+DPTR)	1	2
	MOVC　A, @A+PC	PC←PC+1, A←(A+PC)	1	2
堆栈操作指令	PUSH　direct	SP←SP+1 (SP)←(direct)	2	2
	POP　direct	direct←((SP)) SP←SP−1	2	2
数据交换指令	XCH　A, Rn	(A)↔Rn	1	1
	XCH　A, @Ri	(A)↔@Ri	2	1
	XCH　A, direct	(A)↔(direct)	1	1
	XCHD　A, @Ri	(A)3~0↔((Ri))3~0	1	1
	SWAP　A	(A)3~0↔(A)7~4	1	1

　　数据在单片机内部传送是最频繁的操作，相关的指令也最多，包括寄存器、累加器、RAM 单元以及工作寄存器之间的数据传送。

1. 以累加器 A 为目的操作数的指令

　　MOV　A, Rn　　;A←(Rn)Rn 中的内容送到累加器 A 中
　　MOV　A, direct　;A←(direct)直接寻址单元中的内容送到累加器 A 中
　　MOV　A, @Ri　　;A←((Ri))工作寄存器 Ri 中的内容为地址的单元中的内容送到累加器 A 中
　　MOV　A, #data　;A←data 立即数送到累加器 A 中

　　这类指令的功能是将源操作数的内容送给累加器 A。例如：

　　MOV　A, @R0

如果指令执行前(R0)= 30H, (30H)= 00H, 则指令执行后累加器 A 中的内容为 00H。

2. 以寄存器 Rn 为目的操作数的指令

    MOV Rn, A   ;Rn←(A)累加器 A 中的内容送到寄存器 Rn 中
    MOV Rn,direct   ;Rn←(direct)直接寻址单元中的内容送到寄存器 Rn 中
    MOV Rn,#data   ;Rn←data 立即数直接送到寄存器 Rn 中

这类指令的功能是将源操作数的内容送到单片机当前一组工作寄存器区的 R0~R7 中的某个工作寄存器中。

3. 以直接地址为目的操作数的指令

    MOV direct,A   ;direct←(A)累加器 A 中的内容送到内部 RAM 直接地址单元中
    MOV direct,Rn   ;direct←(Rn)寄存器 Rn 中的内容送到直接地址单元中
    MOV direct1,direct2 ;direct1←(direct2)直接地址单元 2 中的内容送到直接地址单元 1 中
    MOV direct,@ Ri   ;direct←((Ri))以寄存器 Ri 中的内容为地址的单元中的内容送到直接
                          寻址单元中
    MOV direct,#data   ;direct←data 立即数送到直接地址单元中

这类指令的功能是将累加器 A, 内部 RAM 以及立即数传送到内部 RAM direct 表示的地址单元中。例如:

    MOV R1,#20H   ;立即数 20H 送到寄存器 R1 中
    MOV 20H,#0FFH   ;立即数 0FFH 送到内部 RAM 20H 单元中
    MOV A,@ R1   ;以寄存器 R1 中的内容为地址的单元中的内容送到累加器 A 中
    MOV 30H,A   ;累加器 A 中的内容送到内部 RAM 30H 单元中
    MOV 50H,30H   ;内部 RAM 30H 单元中的内容送到 50H 单元中

上述指令顺序执行后, (R1)= 20H, (20H)= 0FFH, (A)= 0FFH, (30H)= 0FFH, (50H)= 0FFH。

4. 以间接地址为目的操作数的指令

    MOV @ Ri,A   ;(Ri)←(A)累加器中内容送到 Ri 中内容为地址的内部 RAM 单元中
    MOV @ Ri,direct   ;(Ri)←(direct)直接地址单元中的内容送到以 Ri 中内容为地址的内部
                          RAM 单元中
    MOV @ Ri,#data   ;(Ri)←data 立即数送到以 Ri 中内容为地址的内部 RAM 单元中

这类指令的功能是将累加器 A, 内部 RAM 以及立即数传送到 Ri 间接寻址的内部数据存储器中。例如:

    MOV A,#00H   ;将立即数 00H 送到累加器 A 中
    MOV R0,#20H   ;将立即数 20H 送到工作寄存器 R0 中
    MOV @ R0,A   ;将累加器 A 中的内容送到以 R0 中的内容为地址的内部 RAM 单元中

上述指令顺序执行后, (A)= 00H, (R0)= 20H, (20H)= 00H。

上述 15 条指令可以总结为图 3-3 所示的传递关系, 图中箭头表示数据传送方向。

在使用上述编程指令时有如下几点注意事项:

1) 每条指令的格式和功能都是单片机制造时已经确定的, 不能根据主观意愿去 "创造" 指令。例如 MOV R7, R1 指令是非法的。

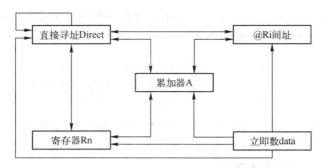

图 3-3 MOV 指令在内部数据存储器操作示意图

2）以累加器 A 为目的寄存器的传送指令会影响 PSW 中的奇偶 P，而其余的数据传送指令对 PSW 均无影响。

3）注意给程序进行适当的注释，这对于阅读、编写和修改程序都是非常重要的。例如：

```
MOV   A,#30H      ;A←30H
MOV   30H,#00H    ;(30H)←00H
MOV   R0,A        ; R0←30H
```

4）设计程序有多种方法，有些是合理的，而有些是不合理的，在编写程序时要养成编写合理合法程序的习惯。

5. 16 位数传送指令

在 MCS-51 指令系统中唯一一条 16 位数传送指令，格式如下：

```
MOV   DPTR,#data16  ；DPTR←data16
                    ；16 位立即数送给 DPTR,即高 8 位送到 DPH,低 8 位送到 DPL
```

DPTR 是一个专门用于访问外部数据存储器和程序存储器的间址寄存器。寻址能力为 64 KB（0~65535）。例如：

```
MOV   DPTR,#2000H  ;指令执行后 DPH 中的值为 20H,低 8 位送入 DPL
```

指令执行后，（DPTR）= 2000H。

6. 累加器 A 与外部 RAM 的数据传送指令

```
MOVX   A,@ Ri       ;A←((Ri))      以寄存器 Ri 中的内容为地址的外部 RAM 单元中的内
                                   容送到累加器 A 中
MOVX   @ Ri, A      ;(Ri)←(A)      累加器 A 中的内容送到以寄存器 Ri 中的内容为地址
                                   的外部 RAM 单元中
MOVX   A,@ DPTR     ;A←((DPTR))    以 DPTR 中的内容为地址的外部 RAM 单元中的内容
                                   送到累加器 A 中
MOVX   @ DPTR,A     ;(DPTR)←(A)    累加器 A 中的内容送到以 DPTR 中的内容为地址的
                                   外部 RAM 单元中
```

这类指令实现的是累加器 A 与外部 RAM 之间数据的传送，执行前两条指令时，8 位地址由 P0 口输出；执行后两条指令时 P0 口做地址总线低 8 位和数据总线，P2 口做地址总线高 8 位。

【例3-1】将外部 RAM 中 2000H 单元中的数据 X 传送到外部 RAM 中 1030H 单元。

解：外部 RAM 中的数据是不能直接传送的，必须经过累加器 A，对应的程序如下。

```
MOV   DPTR,#2000H  ;DPTR←2000H
MOVX  A,@DPTR      ;A←X
MOV   DPTR,#1030H  ;DPTR←1030H
MOVX  @DPTR,A      ;1030H←X
```

7. 累加器 A 与 ROM 的数据传送指令

这类指令主要用于查表，因而又称为查表指令。这类指令仅有两条，均属于变址寻址的方式。指令格式为：

```
MOVC  A,@A+DPTR ;A←((A)+(DPTR))   表格地址单元中的内容送到累加器 A 中
MOVC  A,@A+PC   ;PC←PC+1, A←((A)+(PC))   表格地址单元中的内容送到累加器 A 中
```

这类指令的助记符是"MOVC"，指令功能是将 A 和 DPTR 或 PC 相加，得到 16 位地址作为操作数的地址，把程序存储器 ROM 中的所对应的地址单元中的数据送入累加器 A 中。这是访问程序存储器 ROM 中数据的唯一的方法。

第一条指令用 DPTR 作为基地址。使用该指令前先将数据表的首地址送入 DPTR 中，累加器 A 的内容作为查表偏移量。两者相加得到表中数据地址并取出送给累加器 A。由于用户可以很方便地将任意一个 16 位地址送入 DPTR，因此数据表可以放在 ROM 的 64 KB 的任何一块区域。

第二条指令是以程序计数器 PC 为基地址。由于 PC 的内容与该指令在 ROM 中的位置有关，并且 PC 的值是不能随便修改的，所以选择 PC 作基地址时，一般要通过累加器 A 进行"查表修正"。

【例3-2】已知累加器 A 中存有 0~9 范围内的数，试用查表指令编写出查找该数平方值的程序。

解：既然要进行查表，首先必须确定一张 0~9 平方值的表，假设该表的起始地址为 ROM 的 1000H 单元，则相应平方值表如图 3-4 所示，由平方值表可以看出累加器 A 中的数恰好等于该数的平方值所在地址对表起始地址的偏移量。例如，4 的平方值为 16，16 的地址为 1004H，它对 1000H 的地址偏移量也为 4，采用 DPTR 作为基址寄存器，A 作为变址寄存器，将首地址 1000H 送入 DPTR，查表程序如下：

1000H	0
1001H	1
1002H	4
1003H	9
1004H	16
1005H	25
1006H	36
1007H	49
1008H	64
1009H	81

图 3-4　0~9 平方值表

```
MOV   DPTR,#1000H  ;指针赋值
MOVC  A,@A+DPTR    ;查表得到的平方值送给累加器 A
```

8. 堆栈操作指令

堆栈：一个用来保存程序断点、数据的存储区域。在 MCS-51 单片机中，栈区可以使用片内 RAM 的任意位置，具体位置由堆栈指针 SP 来确定（系统复位时，SP=07H）。

堆栈操作指令是一种特殊的数据操作指令。这类指令有两条：

```
PUSH  direct      ;SP←SP+1,(SP)←(direct)
                  ;堆栈指针首先加1,直接寻址单元中的内容送到以堆栈指针SP中的内容为地址
                   的内部RAM单元中
POP   direct      ; direct←((SP)),SP←SP-1
                  ;首先以堆栈指针SP中的内容为地址的内部RAM单元中的内容送到直接寻址单
                   元中,然后堆栈指针SP再进行减1操作。
```

第一条指令称为压栈指令,用于把 direct 为地址的操作数传送到堆栈中。

第二条指令称为弹出指令,是把堆栈中的操作数传送到 direct 单元。

设片内 RAM 的 20H 单元存有 x,40H 单元存有 y,(SP)= 07H。

```
PUSH  20H      ;x 进栈
PUSH  40H      ;y 进栈
POP   20H      ;y 送 20H 单元
POP   40H      ;x 送 40H 单元
```

上述指令顺序执行后,(20H)= y,(40H)= x。因此堆栈操作指令除了对程序的数据进行保护,还可以根据堆栈操作的特点完成一些特殊的操作。

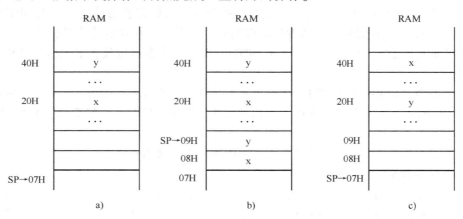

图 3-5 堆栈变化示意图

a)压入 x、y 两数前 b)压入 x、y 两数后 c)弹出 x、y 两数后

9. 数据交换指令

数据交换主要在内部 RAM 单元与累加器 A 之间进行。

```
XCH   A,Rn         ;(A)↔Rn         累加器 A 与工作寄存器 Rn 中的内容互换
XCH   A,direct     ;(A)↔(direct)   累加器 A 与直接地址单元中的内容互换
XCH   A,@ Ri       ;(A)↔@ Ri       累加器 A 与工作寄存器 Ri 中的内容为地址的单元中的内
                                    容互换
XCHD  A, @ Ri      ;(A)3~0 ↔((Ri))3~0   累加器 A 低半字节与工作寄存器 Ri 中的内容为
                                         地址的单元中的低半字节互换
SWAP  A            ;(A)3~0 ↔(A)7~4      累加器 A 中的内容高低半字节互换
```

【例3-3】将内部 RAM10H 单元的内容与累加器 A 中的内容互换后,再将累加器 A 的高4 位以 R1 间接寻址单元的低 4 位存入内部 RAM,A 的低 4 位以 R1 间接寻址单元的高 4 位存入内部 RAM。

58

解：XCH A,10H   ;(A)↔(10H)

　　SWAP   A   ;(A)$_{3\sim0}$↔(A)$_{7\sim4}$

　　MOV @R1,A   ;(R1)←(A)

【例3-4】 电路如图3-6所示，读取P1口连接的波动开关的状态，点亮P2口对应的发光二极管。

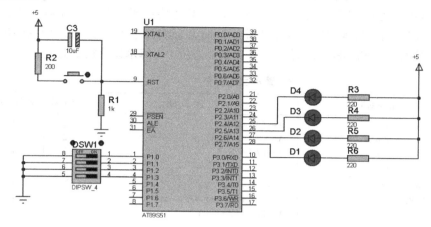

图3-6　例3-4电路图

v3-1

解：分析，首先要读取P1.0~P1.3的状态，然后把读取的状态值进行高低半交换后，送P2口显示。程序如下：

　　MOV P1,#0FFH   ;将P1口置1

　　MOV A,P1   ;读取P1口状态

　　SWAP A   ;高低半交换

　　MOV P2,A   ;送入P2口显示

【想一想】

（1）试用下列3种寻址方式编程，将内部RAM 20H中的内容送入到内部RAM 30H中。

1）直接寻址。2）寄存器寻址方式。3）寄存器间接寻址方式。

（2）假设累加器A中的内容为34H，((R0))=56H。顺序执行下列指令后看结果。

　　MOV R6,#29H   ;R6=(　　　　)

　　XCH A,R6   ;A=(　　　　),R6=(　　　　)

　　SWAP A   ;A=(　　　　)

　　XCH A,R6   ;A=(　　　　),R6=(　　　　)

　　XCHD A,@R0   ;A=(　　　　),((R0))=(　　　　)

（3）写出实现下列要求的指令或程序片段。

1）将R0的内容传送到R1。

2）将内部RAM30H单元中的内容送到工作寄存器R1中。

3）将立即数6200H送到DPTR中。

4）将累加器A中的内容送到外部RAM2000H单元中。

5）将外部RAM1000H单元中的内容送到累加器A中。

6）将 ROM 3000H 单元中的内容送到累加器 A 中。

3.3.2 算术运算类指令

MCS-51 系列单片机的算术运算类指令共有 24 条，包括加法、减法、乘法、除法和十进制调整指令。这类指令中，大多数都要用累加器 A 来存放一个源操作数，另一个操作数是工作寄存器 Rn、片内 RAM 单元或立即数。执行指令时，CPU 总是将源操作数与累加器 A 中的操作数进行相应操作，然后将结果保留在累加器 A 中，同时会影响程序状态字 PSW 中的溢出标志位 OV、进位标志位 CY、辅助进位标志位 AC 和奇偶标志位 P。算术运算指令见表 3-3。

表 3-3 算术运算指令

分　类	指令助记符	功　能　说　明	字节数	执行周期
不带进位的加法指令	ADD　A,#data	A←(A)+data	2	1
	ADD　A,direct	A←(A)+(direct)	2	1
	ADD　A,Rn	A←(A)+(Rn)	1	1
	ADD　A,@Ri	A←(A)+((Ri))	1	1
带进位的加法指令	ADDC　A,#data	A←(A)+data+CY	2	1
	ADDC　A,direct	A←(A)+(direct)+CY	2	1
	ADDC　A,Rn	A←(A)+(Rn)+CY	1	1
	ADDC　A,@Ri	A←(A)+((Ri))+CY	1	1
加 1 指令	INC　A	A←(A)+1	1	1
	INC　Rn	Rn←(Rn)+1	1	1
	INC　direct	direct←(direct)+1	2	1
	INC　@Ri	(Ri)←((Ri))+1	1	1
	INC　DPTR	DPTR←(DPTR)+1	1	2
带借位的减法指令	SUBB　A,#data	A←(A)-data-CY	2	1
	SUBB　A,direct	A←(A)-(direct)-CY	2	1
	SUBB　A,Rn	A←(A)-(Rn)-CY	1	1
	SUBB　A,@Ri	A←(A)-((Ri))-CY	1	1
减 1 指令	DEC　A	A←(A)-1	1	1
	DEC　Rn	Rn←(Rn)-1	1	1
	DEC　direct	direct←(direct)-1	2	1
	DEC　@Ri	(Ri)←((Ri))-1	1	1
十进制调整指令	DA　A	若 AC=1 或 A_{3-0}>9，则 A←(A)+06H 若 CY=1 或 A_{7-4}>9，则 A←(A)+60H	1	1
乘法指令	MUL　AB	BA=A×B	1	4
除法指令	DIV　AB	A/B=A……B	1	4

1. 不带进位的加法指令

ADD　A,#data　; A←(A)+data　累加器 A 中的内容与立即数 data 相加,结果存在累加器 A 中

ADD　A,direct　; A←(A)+(direct)　累加器 A 中的内容与直接寻址单元中的内容相加,结果存在累加器 A 中

ADD　A,Rn　; A←(A)+(Rn)　累加器 A 中的内容与工作寄存器中的内容相加,结果存在累加器 A 中

ADD　A,@Ri　; A←(A)+((Ri))　累加器 A 中的内容与以工作寄存器 Ri 中的内容为地址的单元中的内容相加,结果存在累加器 A 中

这组指令的功能是将累加器 A 中的内容与源操作数相加，并把运算结果保存在累加器 A 中。同时影响程序状态字 PSW 的 CY、AC、OV 和 P 的状态。具体如下：

如果位 3 有进位，则辅助进位标志位 AC 置 "1"，反之，AC 清 "0"；

如果位 7 有进位，则进位标志位 CY 置 "1"，反之，CY 清 "0"；

如果位 6 有进位而位 7 没有进位或者位 7 有进位而位 6 没有进位，则溢出标志位 OV 置 "1"，反之，OV 清 "0"；

如果指令执行后累加器 A 中的数据 "1" 的个数为奇数，则奇偶标志位 P 置 "1"，反之，P 清 "0"。

例如：

```
MOV   A,#19H    ;A←19H
ADD   A,#66H    ; A←(A)+66H
```

对应的竖式表示为：

$$
\begin{array}{rll}
 & 19\text{H} & A = 0\ 0\ 0\ 1\ 1\ 0\ 0\ 1\ \text{B} \\
+ & 66\text{H} & data = 0\ 1\ 1\ 0\ 0\ 1\ 1\ 0\ \text{B} \\
\hline
 & 7\text{FH} & 0\quad 0\ 1\ 1\ 1\ 1\ 1\ 1\ 1\ \text{B}
\end{array}
$$

程序执行后，(A)= 07FH，(CY)= 0，(AC)= 0，(OV)= 0，(P)= 1。

这组指令使用时注意：

参加运算的数据是 8 位的，结果也是 8 位并影响 PSW 状态；根据编程者的需要，8 位数据可以是无符号数（0~255），也可以是有符号数（-128~+127）。但是不论编程者认为是有符号数还是无符号数，CPU 都将把它们视为有符号数（补码）进行运算并影响 PSW 状态。

2. 带进位的加法指令

ADDC A,#data ; A←(A)+data+CY   累加器 A 中的内容与立即数 data 连同进位位 CY 中的值相加，结果存在累加器 A 中

ADDC A,direct ; A←(A)+(direct)+CY   累加器 A 中的内容与直接寻址单元中的内容连同进位位 CY 中的值相加，结果存在累加器 A 中

ADDC A,Rn ; A←(A)+(Rn)+CY   累加器 A 中的内容与工作寄存器中的内容连同进位位 CY 中的值相加，结果存在累加器 A 中

ADDC A,@Ri ; A←(A)+((Ri))+CY   累加器 A 中的内容与以工作寄存器 Ri 中的内容为地址的单元中的内容连同进位位 CY 中的值相加，结果存在累加器 A 中

这组指令是将累加器 A 中的操作数、源操作数和 CY 中的值相加，将结果保存在累加器 A 中。这里所指的 CY 的值是指令执行前的 CY 值，与指令执行后的 CY 值无关。PSW 中其他各标志状态变化与不带 CY 的加法指令相同。

3. 加 1 指令

INC A ;A←(A)+1   累加器 A 中的内容加 1，结果存在累加器 A 中

INC Rn ;Rn←(Rn)+1   工作寄存器 Rn 中的内容加 1，结果送回原工作寄存器中

INC direct ;direct←(direct)+1   直接地址单元中的内容加 1，结果送回原地址单元中

INC @Ri ;(Ri)←((Ri))+1   以寄存器的内容为地址的单元中的内容加 1，结果送回到原地址单元中

```
    INC    DPTR        ;DPTR←(DPTR)+1 DPTR 内容加 1,结果送回到 DPTR 中
```

这组指令的功能是将源操作数内容加 1 后将结果送回原单元。除了第一条对 PSW 的 P
有影响外,其余对 PSW 均无影响。这组指令常用于控制、循环程序中修改数据指针等。

4. 带借位的减法指令

```
    SUBB   A,#data  ; A←(A)-data-CY    累加器 A 中的内容与立即数连同借位位 CY 中的值相
                                        减,结果存在累加器 A 中
    SUBB   A,direct ; A←(A)-(direct)-CY 累加器 A 中的内容与直接寻址单元中的内容连同借位
                                        位 CY 中的值相减,结果存在累加器 A 中
    SUBB   A,Rn     ; A←(A)-(Rn)-CY    累加器 A 中的内容与工作寄存器 Rn 中的内容连同借
                                        位位 CY 中的值相减,结果存在累加器 A 中
    SUBB   A,@Ri    ; A←(A)-((Ri))-CY  累加器 A 中的内容与工作寄存器 Ri 中的内容为地址的
                                        单元中的内容连同借位位 CY 中的值相减,结果存在累
                                        加器 A 中
```

这组指令的功能是将累加器 A 中的内容减去源操作数以及指令执行前的 CY 值,然后把
结果保存在累加器 A 中。在这组指令中无论相减两数是无符号数还是有符号数,减法操作
总是按有符号数来处理,同时影响 PSW 中相关的标志。

在 MCS-51 的指令系统中没有不带借位的减法指令,即不带 CY 的指令是非法指令,但
是可以使用合法的指令来替代,只要在使用 SUBB 指令前使用一条清除借位的指令:
CLR C。

【例 3-5】试分析执行下列指令后累加器 A 和 PSW 中各标志的变化。

```
    CLR    C
    MOV    A,#52H
    SUBB   A,#0B4H
```

对应的竖式表示为:

$$a= 0 1 0 1 0 0 1 0 B$$
$$data= 1 0 1 1 0 1 0 0 B$$
$$-) \quad CY= \qquad\qquad 0$$
$$\overline{\qquad\qquad 1 0 0 1 1 1 1 0 B}$$

由此可以得出(A)= 9EH,(CY)= 1,(AC)= 1,(OV)= 1,(P)= 1。

5. 减 1 指令

```
    DEC    A      ;A←(A)-1        累加器 A 的内容减 1,结果送回累加器 A 中
    DEC    Rn     ;Rn←(Rn)-1      工作寄存器 Rn 中的内容减 1,结果送回工作寄存器 Rn 中
    DEC    direct ;direct←(direct)-1 直接地址单元中的内容减 1,结果送回直接地址单元中
    DEC    @Ri    ;(Ri)←((Ri))-1  工作寄存器 Ri 中的内容为地址的单元中的内容减 1,结果送回
                                   原地址单元中
```

这组指令的功能是将源操作数的内容减 1,然后将运算结果送回原单元。仅有 DEC A 这
条指令影响 PSW 中的 P 标志位。本条指令主要用于在循环语句中修改数据指针。但要注意,
减 1 指令中没有 DPTR 的减 1 指令。

6. 十进制调整指令

DA　A　　　　　　;若 AC=1 或 $A_{3\sim0}$>9,则 A←(A)+06H
　　　　　　　　　　若 CY=1 或 $A_{7\sim4}$>9,则 A←(A)+60H

这条指令使用时通常紧跟在加法指令之后，用于对执行加法后累加器 A 中的操作结果进行十进制调整。该指令的功能为：若在加法过程中低 4 位向高 4 位有进位或累加器 A 中低 4 位大于 9，则累加器 A 作加 6 调整；若在加法过程中最高位有进位或累加器 A 中高 4 位大于 9，则累加器 A 作加 60H 调整。十进制调整是由硬件自动完成，结果存在累加器 A 中，指令执行时仅对进位位 CY 产生影响。

例如：

MOV　A,#85H　　;A←85H
ADD　A,#59H　　; A←85H+59H=0DEH
DA　A　　　　　; A←44H,CY=1

运算过程如下：

```
          85       A=      10000101B
    +)    59      data=    01011001B
         144        0      11011110B
                                110B    低 4 位>9,加 6 调整
                           11100100B
                                110     高 4 位>9,加 60H 调整
                        1  01000100B
```

显然，（CY）=1，（A）=44H。即操作结果为 144。

7. 乘法指令

MUL　AB　　;BA←A×B,累加器 A 中的内容与寄存器 B 中的内容相乘,结果高 8 位放在寄存器 B 中,低 8 位放在累加器 A 中

该指令执行过程中对 CY、OV 和 P 三个标志位产生影响。其中，CY 被清 0，OV 用来表示乘积的大小，若乘积大于 255，即 B>0，则 OV=1，否则 OV=0。P 仍是由累加器 A 中 1 的个数的奇偶性确定。

8. 除法指令

DIV　AB;A/B=A……B　累加器 A 中的内容除以寄存器 B 中的内容,所得到的商存在累加器 A 中,而余数存在寄存器 B 中

该指令对 CY 和 P 标志位的影响与乘法相同。指令执行过程中若 CPU 发现寄存器 B 中的除数为 0，则 OV 被置 1，表示除法是没有意义的；其余情况下 OV 为 0。

【例3-6】试编程实现1234H+56F8H，将结果保存在内部 RAM30H 和 31H 单元中（高位放在 30H 单元中）。

解：MOV　A,#34H　;A←34H
　　ADD　A,#0F8H　; A←34H+0F8H
　　MOV　31H,A　　;31H←(A)

```
MOV    A,#12H    ; A←12H
ADDC   A,#56H    ; A←12H+56H+CY
MOV    30H,A     ; 30H←(A)
```

【例 3-7】 已知两个 8 位无符号数分别存放在内部数据存储器 30H 和 31H 单元中。试编写程序，将他们乘积的低 8 位放入 32H 单元、高 8 位放入 33H 单元。

解：
```
MOV    R0,#30H    ;R0←第一个乘数的地址
MOV    A,@R0      ;A←乘数
INC    R0         ;R0←第二个乘数的地址
MOV    B,@R0      ;B←第二个乘数
MUL    AB         ;BA←A×B
INC    R0         ;修改目标单元地址
MOV    @R0,A      ;32H←积的低 8 位
INC    R0         ;修改目标单元地址
MOV    @R0,B      ;33H←积的高 8 位
```

【想一想】

（1）假设（A）= 84H，（30H）= 8DH，执行指令 ADD A，30H 后，（A）= _____，CY = _____，AC = _____，OV = _____，P = _____。

（2）假设（A）= C9H，（R2）= 55H，CY = 1，执行指令 SUBB A,R2 后，（A）= _____。

3.3.3 逻辑运算及移位类指令

MCS-51 系列单片机逻辑运算及移位类指令共有 24 条，包括逻辑与、逻辑或、逻辑异或、清零、取反、移位等指令。在这类指令中，仅当目的操作数为累加器 A 时对奇偶标志位 P 有影响，其余指令均不影响 PSW 的状态。逻辑运算指令见表 3-4。

表 3-4 逻辑运算指令

分　　类	指令助记符	功能说明	字节数	执行周期
逻辑与运算指令	ANL　A,Rn	A←(A)∧(Rn)	1	1
	ANL　A,direct	A←(A)∧(direct)	2	1
	ANL　A,@Ri	A←(A)∧((Ri))	1	1
	ANL　A,#data	A←(A)∧data	2	1
	ANL　direct,A	direct←(direct)∧(A)	2	1
	ANL　direct,#data	direct←(direct)∧data	3	2
逻辑或运算指令	ORL　A,Rn	A←(A)∨(Rn)	1	1
	ORL　A,direct	A←(A)∨(direct)	2	1
	ORL　A,@Ri	A←(A)∨((Ri))	1	1
	ORL　A,#data	A←(A)∨data	2	1
	ORL　direct,A	direct←(direct)∨(A)	2	1
	ORL　direct,#data	direct←(direct)∨data	3	2
逻辑异或运算指令	XRL　A,Rn	A←(A)⊕(Rn)	1	1
	XRL　A,direct	A←(A)⊕(direct)	2	1
	XRL　A,@Ri	A←(A)⊕((Ri))	1	1
	XRL　A,#data	A←(A)⊕data	2	1
	XRL　direct,A	direct←(direct)⊕(A)	2	1
	XRL　direct,#data	direct←(direct)⊕data	3	2

分　类	指令助记符	功　能　说　明	字节数	执行周期
累加器清 0 指令	CLR A	A←0	1	1
累加器取反指令	CPL A	A←A 中的数据按位取反	1	1
移位指令	RL A RR A RLC A RRC A	A 中的内容左移一位 A 中的内容右移一位 A 的内容连同进位位左移一位 A 的内容连同进位位右移一位	1 1 1 1	1 1 1 1

1. 逻辑与运算指令

```
ANL   A,Rn          ; A←(A)∧(Rn)
ANL   A,direct      ; A←(A)∧(direct)
ANL   A,@ Ri        ; A←(A)∧((Ri))
ANL   A,#data       ; A←(A)∧data
ANL   direct,A      ; direct←(direct)∧(A)
ANL   direct,#data  ; direct←(direct)∧data
```

这组指令的前 4 条指令以累加器 A 为目的操作数，指令的功能是将累加器 A 和源操作数按位进行逻辑"与"运算，并把操作结果送回累加器 A；后两条指令的目的操作数是直接寻址的地址单元，指令的功能是把直接地址单元的内容和源操作数按位进行逻辑"与"运算，并把操作结果送入直接寻址的地址单元中。

逻辑与指令通常用于将一个字节中的指定位清 0，其余位不变。

【例 3-8】已知 R0 = 20H，（20H）= 55H,（A）= 0FH，执行指令 ANL A, @ R0 后累加器 A 和 20H 单元中的内容是什么？

$$
\begin{array}{r}
((R0)) \quad 01010101B \\
\wedge \quad (A) \quad 00001111B \\
\hline
A \quad 00000101B
\end{array}
$$

指令执行后（20H）= 55H,（A）= 05H。

2. 逻辑或运算指令

```
ORL   A,Rn          ; A←(A)∨(Rn)
ORL   A,direct      ; A←(A)∨(direct)
ORL   A,@ Ri        ; A←(A)∨((Ri))
ORL   A,#data       ; A←(A)∨data
ORL   direct,A      ; direct←(direct)∨(A)
ORL   direct,#data  ; direct←(direct)∨data
```

这组指令和逻辑与指令类似，不同的是指令执行的是逻辑或操作。逻辑或指令主要是对某个存储单元或累加器 A 中数据进行指定位置 1 操作，其余位不变。

3. 逻辑异或运算指令

异或运算的符号是"⊕"，运算规则为：

$$0 \oplus 0 = 0, 1 \oplus 1 = 0, 0 \oplus 1 = 1, 1 \oplus 0 = 1$$

逻辑异或运算指令为：

XRL	A,Rn	;A←(A)⊕(Rn)
XRL	A,direct	;A←(A)⊕(direct)
XRL	A,@Ri	;A←(A)⊕((Ri))
XRL	A,#data	;A←(A)⊕data
XRL	direct,A	;direct←(direct)⊕(A)
XRL	direct,#data	;direct←(direct)⊕data

这类指令和前两类指令相似，只是进行的操作是逻辑异或操作。逻辑异或指令也可以用来对某个存储单元或累加器 A 中的数据进行变换，使其中的指定的某些位取反，其余位不变。

4. 累加器清 0 指令

CLR A ;A←0

5. 累加器取反指令

CPL A；A←A 中的数据按位取反

6. 移位指令

RL A ；将累加器 A 中的内容左移一位，`┕─ A7 ◄── A0 ─┙`。

RR A；将累加器 A 中的内容右移一位，`┕─ A7 ──► A0 ─┙`。

RLC A；将累加器 A 的内容连同进位位 CY 左移一位，`┕─ CY ◄─ A7 ◄── A0 ─┙`。

RRC A；将累加器 A 的内容连同进位位 CY 右移一位，`┕─ A7 ──► A0 ─► CY ─┙`。

【例 3-9】设累加器 A=0AAH，P1=0FFH。试编程将累加器 A 中的低四位送 P1 口的低四位，而 P1 口的高四位不变。

解：
MOV	R0,A	;暂存累加器 A 中的数据
ANL	A,#0FH	;屏蔽高 4 位保留低 4 位
ANL	P1,#0F0H	;屏蔽 P1 口的低 4 位
ORL	P1,A	;在 P1 口组装
MOV	A,R0	;恢复累加器 A 的数据

【想一想】

（1）读下列程序，说出下列指令顺序执行后，（A）= _____ 。

MOV A,#05H
MOV 30H,#16H
ANL A,30H

（2）读下列程序，说出下列指令顺序执行后，（A）= _____ 。

MOV A,#0C3H
MOV R0,#55H
ORL A,R0

（3）读下列程序，说出下列指令顺序执行后，（A）= _____ 。

MOV A,#0C3H

MOV R0,#0AAH

XRL A,R0

（4）读下列程序，说出下列指令顺序执行后，（A）=_____。

MOV A,#55H

CLR A

CPL A

3.3.4 控制转移类指令

控制转移指令通过修改 PC 的内容来控制程序执行的流向。这类指令包括无条件转移指令、条件转移指令、调用与返回指令、空操作指令等。见表 3-5。

表 3-5 控制转移指令

分 类		指令助记符	功 能 说 明	字节数	执行周期
无条件转移指令	绝对转移指令	AJMP addr11	PC←PC+2,(PC)10~0←addr11	2	2
	长转移指令	LJMP addr16	PC16←addr16	3	2
	短转移指令	SJMP rel	PC←PC+2,PC←PC+rel	2	2
	变址寻址转移指令	JMP @ A+DPTR	PC←(A)+(DPTR)	1	2
条件转移指令	A 为零转移指令	JZ rel	若(A)=0, 则 PC←PC+2+rel	2	2
	A 不为零转移指令	JNZ rel	若(A)≠0, 则 PC←PC+2+rel	2	2
	比较不相等转移指令	CJNE A,#data,rel	(A)≠data,则 PC←PC+3+rel	3	2
		CJNE A,direct,rel	(A)≠(direct),则 PC←PC+3+rel	3	2
		CJNE Rn,#data,rel	(Rn)≠data,则 PC←PC+3+rel	3	2
		CJNE @ Ri,#data,rel	((Ri))≠data,则 PC←PC+3+rel	3	2
	减 1 不为 0 转移指令	DJNZ Rn, rel	(Rn)←(Rn)−1, 若(Rn)≠0, 则 PC←PC+2+rel	2	2
		DJNZ direct, rel	(direct)←(direct)−1, 若(direct)≠0, 则 PC←PC+3+rel	3	2
调用与返回指令	绝对调用指令	ACALL addr11	PC←PC+2,SP←SP+1, (SP)←(PC) 7~0,SP←SP+1, (SP)←(PC)15~8 (PC)10~0←addr11	2	2
	长调用指令	LCALL addr16	PC←PC+3,SP←SP+1, (SP)← (PC)7~0,SP←SP+1, (SP)←(PC) 15~8,PC←addr16	3	2
	返回指令	RET	(PC)15~8←(SP), SP←SP−1 (PC)7~0←(SP), SP←SP−1	1	2
		RETI	(PC)15~8←(SP), SP←SP−1 (PC)7~0←(SP), SP←SP−1	1	2
空操作指令		NOP	PC←PC+1	1	1

1. 无条件转移指令

（1）绝对转移指令

AJMPaddr11 ;PC←PC+2,(PC)10~0←addr11 目标地址的低 11 位赋予程序计数器 PC 的

低 11 位,高 5 位不变,程序跳转到新 PC 指向的目标地址

显然，这是 2 KB 范围内的无条件转移指令，如图 3-7 所示。为了使程序容易编写，ad-dr11 常采用符号地址。

（2）长转移指令

  LJMPaddr16 ;PC16←addr16 给 PC 赋予 16 位地址,程序跳转到 PC 指向的目标地址

本条指令的转移范围是 64 KB，如图 3-8 所示。为了使程序容易编写，addr16 常采用符号地址。

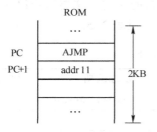

图 3-7 AJMP 指令转移范围示意图   图 3-8 LJMP 转移指令示意图

（3）短转移指令

  SJMP rel ;PC←PC+2,PC←PC+rel 当前程序计数器 PC 的值先加 2 再加上偏移量赋给程序计数器 PC,程序跳转到 PC 指向的目标地址

由于指令中的 rel 是一个有符号的 8 位二进制数，取值范围为 $-128 \sim +127$，因此转移地址范围为 256B，如图 3-9 所示。

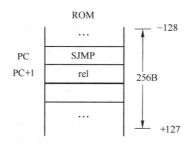

图 3-9 SJMP 转移指令示意图

（4）变址寻址转移指令

  JMP @ A+DPTR ;PC←(A)+(DPTR) 把 DPTR 中的基地址和累加器 A 中的地址偏移量相加,形成目标转移地址送给程序计数器 PC

通常，DPTR 中的基地址是一张转移指令表的起始地址，累加器 A 中的值为偏移量，通过变址转移指令便可实现程序的分支转移。

2. 条件转移指令

这类指令在执行过程中需要判断条件是否满足，然后决定是否转移的指令。当条件满足

时，程序转移；不满足时，程序顺序执行。条件转移指令分为累加器 A 的判零转移、比较条件转移和减 1 条件转移三类。

（1）累加器 A 判零转移指令

JZ rel　　;若(A)=0,则 PC←PC+2+rel;若(A)≠0,则 PC←PC+2
　　　　　如果累加器(A)=0 则转移到目的地址,否则程序顺序执行
JNZ rel　 ;若(A)≠0,则 PC←PC+2+rel;若(A)=0,则 PC←PC+2
　　　　　若累加器(A)≠0 则转移到目的地址,否则程序顺序执行

【例 3-10】读下列程序说出其功能。已知给定内部数据存储器 30H 单元中的内容，再执行下列程序，分析程序运行过程及结果。

```
      MOV A,30H
      JNZ L1
      MOV R0,#00H
      AJMP L2
L1:MOV R0,#0FFH
L2:SJMP $
```

解：如果执行这段程序前(30H)=00H，则(R0)=0,否则(R0)=0FFH。

（2）比较不相等转移指令

CJNE A,#data,rel　 ;若(A)>data,则 PC←PC+3+rel,CY=0
　　　　　　　　　累加器 A 中的内容大于 data,转移到偏移量所指向的地址,同时 CY=0
　　　　　　　　　;若(A)<data,则 PC←PC+3+rel,CY=1
　　　　　　　　　累加器 A 中的内容小于 data,转移到偏移量所指向的地址,同时 CY=1
　　　　　　　　　;若(A)=data,则 PC←PC+3
　　　　　　　　　累加器 A 中的内容等于 data,程序顺序执行
CJNE A,direct,rel　;若(A)>(direct),则 PC←PC+3+rel,CY=0
　　　　　　　　　累加器 A 中的内容大于直接地址单元中的内容,转移到偏移量所指向的地址,同时 CY=0
　　　　　　　　　;若(A)<(direct),则 PC←PC+3+rel,CY=1
　　　　　　　　　累加器 A 中的内容小于直接地址单元中的内容,转移到偏移量所指向的地址,同时 CY=1
　　　　　　　　　;若(A)=(direct),则 PC←PC+3
　　　　　　　　　累加器 A 中的内容等于直接地址单元中的内容,程序顺序执行
　　　　　　　　　CJNE Rn,#data,rel;若(Rn)>data,则 PC←PC+3+rel,CY=0
　　　　　　　　　工作寄存器 Rn 中的内容大于 data,转移到偏移量所指向的地址,同时 CY=0
　　　　　　　　　;若(Rn)<data,则 PC←PC+3+rel,CY=1
　　　　　　　　　工作寄存器 Rn 中的内容小于 data,转移到偏移量所指向的地址,同时 CY=1
　　　　　　　　　;若(Rn)=data,则 PC←PC+3
　　　　　　　　　工作寄存器 Rn 中的内容等于 data,程序顺序执行
　　　　　　　　　CJNE @Ri,#data,rel;若((Ri))>data,则 PC←PC+3+rel,CY=0
　　　　　　　　　工作寄存器 Ri 中的内容为地址的单元中的内容大于 data,转移到偏移量所指向的地址,同时 CY=0
　　　　　　　　　;若((Ri))<data,则 PC←PC+3+rel,CY=1
　　　　　　　　　工作寄存器 Ri 中的内容为地址的单元中的内容小于 data,转移到偏移量所指

向的地址,同时 CY=1

;若((Ri))= data,则 PC←PC+3

工作寄存器 Ri 中的内容为地址的单元中的内容等于 data,程序顺序执行

在编写汇编语言源程序时,可以将 rel 通常写成符号地址。应用这些指令,不仅可以判断两数是否相等,还可以利用进位位(CY)判断两数的大小。

【例 3-11】 读下列程序段,说出其功能。

```
        MOV A,R0
        CJNE A,30H,L1
        MOV R0,#0
        SJMP L2
L1:MOV R0,#0FFH
L2:SJMP L2
```

解: 功能为比较 R0 和内部 RAM30H 单元中的内容,如果(R0)=(30H),则将 R0 清零,否则(R0)= 0FFH。

(3)减 1 不为 0 转移指令

```
DJNZ Rn,rel   ;(Rn)←(Rn)-1,若(Rn)≠0,则 PC←PC+2+rel
                     若(Rn)= 0,则 PC←PC+2
              ;Rn 中的内容减 1 后送回 Rn,若 Rn 中的内容不等于 0 则程序跳转到偏移量所指向
               的地址处,否则程序顺序执行
DJNZ direct,rel   ;(direct)←(direct)-1,若(direct)≠0,则 PC←PC+3+rel
                        若(direct)= 0,则 PC←PC+3
                 ;直接地址单元中的内容减 1 后送回原单元,若直接地址单元中的内容不等于 0
                  则程序跳转到偏移量所指向的地址处,否则程序顺序执行
```

这两条指令主要用于控制程序循环,如预先把工作寄存器或内部 RAM 单元赋值循环次数,则利用减 1 条件转移指令,以减 1 后是否为 0 作为转移条件,即可实现按次数控制循环。

【例 3-12】 读下列程序说出其功能。

```
        MOV 20H,#05H      ;20H←#05H
        CLR A             ;A←0
LOOP:ADD A,20H            ;A←(A)+(20H)
        DJNZ 20H,LOOP     ;20H←(20H)-1,若(20H)≠0,则转移;否则顺序执行
        SJMP $            ;停机
```

程序执行后,(A)= 5+4+3+2+1=0FH。

3. 调用与返回指令

在编写程序时经常会遇到反复执行某程序段的情况,为了减少编写和调试程序的工作量,以及减少程序在存储器中所占的空间,常常把具有完整功能的程序定义为子程序,供主程序调用。

在子程序的调用过程中,调用和返回是很重要的。因此调用指令和返回指令是成对使用的。调用指令在主程序中使用,返回指令则放在子程序的末尾。子程序执行完后,程序要返回到主程序断点处继续执行,如图 3-10 所示。

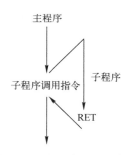

图 3-10 子程序调用示意图

（1）绝对调用指令

ACALLaddr11 ；PC←PC+2,SP←SP+1，(SP)←(PC)7~0，
SP←SP+1，(SP)←(PC)15~8，(PC)10~0←addr11

绝对调用指令执行时，PC 先加 2 后，分别把它的断点地址压入堆栈，然后把指令提供的 11 位地址取代 PC 的低 11 位，而 PC 的高 5 位地址不变。所调用的子程序地址必须与 ACALL 指令下一条指令的 16 位首地址中的高 5 位地址相同，否则将引起程序转移混乱。

（2）长调用指令

LCALLaddr16 ；PC←PC+3,SP←SP+1，(SP)←(PC)7~0
SP←SP+1，(SP)←(PC)15~8,PC←addr16

该指令执行时 PC 加 3 后把断点地址压入堆栈，然后把 addr16 送给 PC。显然长调用指令的调用范围是 64 KB。

两条调用指令使用时可以用标号作为调用地址，例如

LCALL 标号 ；标号表示子程序首地址

ACALL 标号

（3）返回指令

RET ；(PC)15~8←(SP)，SP←SP-1
(PC)7~0←(SP)，SP←SP-1
RETI ；(PC)15~8←(SP)，SP←SP-1
(PC)7~0←(SP)，SP←SP-1

两条指令的功能基本相同，都是使子程序返回主程序，并继续往下执行。两者的区别是 RET 用于子程序的返回；RETI 用于中断服务子程序返回，RETI 返回主程序后，还要清除相应的中断优先级状态位，使系统响应低优先级的中断。

4. 空操作指令

NOP

指令的功能是使程序计数器 PC 加 1，不进行任何操作，因此它常在延时程序中使用。

【想一想】

给定 R0 中的内容后，再执行下列程序，分析程序运行过程及结果。

MOV A,R0
JZ L1
MOV R1,#00H
AJMP L2
L1:MOV R1,#0FFH
L2:SJMP L2

3.3.5 位操作类指令

MCS-51 系列单片机的硬件结构中有一个位处理器，对位地址空间具有丰富的位操作指令。

由于位操作数是"位"，取值只能是0或1，故又称为布尔操作指令。位操作指令见表3-6。

表3-6 位操作指令

分 类	指令助记符	功 能 说 明	字节数	执行周期
位传送类指令	MOVC , bit	$CY \leftarrow (bit)$	2	1
	MOVbit , C	$bit \leftarrow (CY)$	2	2
位置"1"和位清"0"指令	SETBC	$CY \leftarrow 1$	1	1
	SETB bit	$bit \leftarrow 1$	2	1
	CLRC	$CY \leftarrow 0$	1	1
	CLRbit	$bit \leftarrow 0$	2	1
位逻辑运算指令	ANLC,bit	$CY \leftarrow (CY) \wedge (bit)$	2	2
	ANLC,/bit	$CY \leftarrow (CY) \wedge (\overline{bit})$	2	2
	ORLC,bit	$CY \leftarrow (CY) \vee (bit)$	2	2
	ORLC,/bit	$CY \leftarrow (CY) \vee (\overline{bit})$	2	2
	CPL C	$CY \leftarrow (\overline{CY})$	1	1
	CPL bit	$bit \leftarrow (\overline{bit})$	2	1
位控制转移指令	JCrel	若 $(CY)=1$，则 $PC \leftarrow (PC)+2+rel$ 若 $(CY)=0$，则 $PC \leftarrow (PC)+2$	2	2
	JNC rel	若 $(CY)=0$，则 $PC \leftarrow (PC)+2+rel$ 若 $(CY)=1$，则 $PC \leftarrow (PC)+2$	2	2
	JBbit,rel	若 $(bit)=1$，则 $PC \leftarrow (PC)+3+rel$ 若 $(bit)=0$，则 $PC \leftarrow (PC)+3$	3	2
	JNBbit,rel	若 $(bit)=0$，则 $PC \leftarrow (PC)+3+rel$ 若 $(bit)=1$，则 $PC \leftarrow (PC)+3$	3	2
	JBCbit,rel	若 $(bit)=1$，则 $PC \leftarrow (PC)+3+rel,bit \leftarrow 0$ 若 $(bit)=0$，则 $PC \leftarrow (PC)+3$	3	2

1. 位传送类指令

    MOV C , bit   ;C 为 PSW 中的 CY ,$CY \leftarrow (bit)$
    MOV bit , C   ;bit 为位地址,$bit \leftarrow (CY)$

这组指令的功能是实现位累加器 CY 和其他位地址之间的数据传递。例如：

    MOV P1.0,C   ;将 CY 中的状态送到 P1.0 引脚

2. 位置"1"和位清"0"指令

    SETB   C   ;$CY \leftarrow 1$ CY 置 1
    SETB   bit   ;$bit \leftarrow 1$ bit 位置 1
    CLR   C   ;$CY \leftarrow 0$ CY 清零
    CLR   bit   ;$bit \leftarrow 0$ bit 位清零

例如：

    STEB   P1.2   ;将 P1.2 位置"1"
    CLR   P3.3   ;使 P3.3 位清"0"

3. 位逻辑运算指令

（1）位与指令

    ANL C,bit   ;$CY \leftarrow (CY) \wedge (bit)$

指令功能是 CY 与指定的位地址的值相与，结果送回 CY。

    ANL C,/bit ;CY←(CY)∧($\overline{bit}$)

指令功能是先将指定的位地址中的值取出来后取反，再和 CY 相与，结果送回 CY。但指定的位地址中的值本身并不发生变化。

【例 3-13】假设(CY)=1，(P1.0)=1，执行下列口令：

    ANL C,/P1.0

结果(CY)=0，而(P1.0)=1。

（2）位或指令

    ORL C,bit ; CY←(CY)∨(bit)
    ORL C,/bit ; CY←(CY)∨($\overline{bit}$)

（3）位取反指令

    CPL C   ;CY←($\overline{CY}$)

指令功能是使 CY 等于原来相反的值，由 1 变为 0，由 0 变为 1。

    CPL bit   ;bit←($\overline{bit}$)

指令功能是使指定位的值等于原来相反的值，由 0 变为 1，由 1 变为 0。

4. 位控制转移指令

（1）判 CY 转移指令

    JC rel   ;若 CY=1,则 PC←(PC)+2+rel
             若 CY=0,则 PC←(PC)+2
    JNC rel   ;若 CY=0,则 PC←(PC)+2+rel
             若 CY=1,则 PC←(PC)+2

指令功能是判断进位位 CY 是否为"1"或为"0"，当条件满足时转移，否则继续顺序执行。

（2）判位变量转移指令

    JB   bit,rel   ;若(bit)=1,则 PC←(PC)+3+rel
                若(bit)=0,则 PC←(PC)+3
    JNB bit,rel   ;若(bit)=1,则 PC←(PC)+3
                若(bit)=0,则 PC←(PC)+3+rel
    JBC bit,rel   ;若(bit)=1,则 PC←(PC)+3+rel,bit←0
                若(bit)=0,则 PC←(PC)+3

这类指令是判断直接寻址位是否为"1"或为"0"，当条件满足时转移，否则继续顺序执行。而最后一条指令当条件满足时，指令执行后同时直接寻址位清"0"。

注意：如果使用的位为累计器 A 中的一位，只能使用 Acc 表示。例如，SETB Acc.1，不能写成 SETB A.1。

3.4 案例：单个 LED 闪烁

【任务目的】掌握 Keil 和 Proteus 软件的基本使用方法，学会 Keil 和 Proteus 软件进行联机调试，熟悉指令的使用。

【**任务描述**】使用单片机控制一只发光二极管闪烁。

1. 硬件电路设计

双击桌面上 ᴳᴸ图标，打开 ISIS 7 Professional 窗口。单击菜单命令"File"→"New Design"，新建一个 DEFAULT 模板，保存文件名为"LED 闪烁.DSN"。在器件选择按钮 `P L DEVICES` 中单击"P"按钮，或执行菜单命令"Library"→"Pick Device/Symbol"，添加如表 3-7 所示的元件。

表 3-7　点亮第一只彩灯所用的元件

单片机 AT89C51	瓷片电容 CAP	电阻 RES	晶振 CRYSTAL 12 MHz
按钮 BUTTON	电解电容 CAP-ELEC	发光二极管 LED-RED	

在 ISIS 原理图编辑窗口中放置元件，再单击工具箱中的"元件终端"图标 ⧉，在对象选择器中单击"POWER"和"GROUND"放置电源和地。放置好元件后，布好线。左键双击各元件，设置相应元件参数，完成仿真电路设计，如图 3-11 所示。

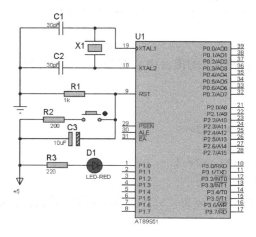

图 3-11　单个 LED 闪烁电路原理图　　　　　v3-2

2. 程序设计

```
        ORG 0000H
        AJMP START        ;跳转到主程序
        ORG 0030H
START:  CLR P1.0          ;点亮 LED
        ACALL DELAY       ;延时一段时间
        SETB P1.0         ;熄灭 LED
        ACALL DELAY       ;延时一段时间
        SJMP START        ;跳转到 START,循环
DELAY:  MOV R6,#200       ;延时程序
DEL2:   MOV R5,#200
        DJNZ R5,$
        DJNZ R6,DEL2
```

```
        RET                     ;子程序返回
        END
```

3. 加载目标代码、设置时钟频率

将按键显示程序生成目标代码文件"LED 闪烁 .hex"，加载到图 3-11 中单片机 "Program File" 属性栏中，并设置时钟频率为 12 MHz。

4. 仿真

单击图标 ▶ ▐▶ ▐▐ ▐ 中的 ▶ 按键，启动仿真。

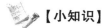【小知识】

一般来说，LED 闪烁的过程如下：点亮 LED 一段时间，然后熄灭 LED 一段时间，依次循环。以图 3-11 所示，以 P1.0 引脚驱动 LED 为例，就是让 P1.0 引脚持续保持低电平一段时间，再持续保持高电平一段时间，依次循环。事实上，在对 I/O 引脚设置为指定电平后，只要不再对此 I/O 引脚操作，指定电平就会持续下去。因此，这里需要一个延时程序，让 AT89S51 单片机在给定的时间点将 I/O 设置为指定的电平。

思考题与习题

一、填空题

1. 在寄存器寻址方式中，指令中寄存器中的内容是_____。

2. 在寄存器间接寻址方式中，其"间接"体现在指令中寄存器的内容不是操作数，而是操作数的_____。

3. 假定外部数据存储器 3000H 单元的内容为 50H，执行下列指令后，累加器 A 中的内容为_____。

```
        MOVDPTR,#3000H
        MOVXA,@ DPTR
```

4. 假定累加器 A 中的内容为 30H，DPTR 中的内容为 2000H，执行指令：

```
        MOVC    A,@ A+DPTR
```

后，把程序存储器_____单元的内容送入累加器 A 中。

5. 对程序存储器的读操作使用的指令_____。

6. 对外部数据存储器的读操作使用的指令_____。

7. 执行如下三条指令后，20H 单元的内容是_____。

```
        MOV     R0,#20H
        MOV     40H,#0FH
        MOV     @ R 0,40H
```

8. 假定 (SP)= 60H，(A)= 30H，(B)= 70H，执行下列指令：

```
        PUSH ACC
        PUSH B
```

后，（SP）=_____，（61H）=_____，（62H）=_____。

9. 假定（SP）= 62H，（61H）= 30H，（62H）= 70H，执行下列指令：

    POP DPH
    POP DPL

后，（DPTR）=_____，（SP）=_____。

10. 已知（30H）= 21H，（31H）= 04H，说明下列程序执行后（30H）=_____，（31H）=_____。

    PUSH 30H
    PUSH 31H
    POP 30H
    POP 31H

11. 假定（A）= 85H，（R0）= 20H，（20H）= 0AFH。执行指令

    ADD A,@ R0

后，累加器（A）=_____，（CY）=_____，（AC）=_____。

12. 假定（A）= 0FFH，（R3）= 0FH，（30H）= 0F0H，（R0）= 40H，（40H）= 00H。执行下列指令

    INC A
    INC R3
    INC 30H
    INC @ R0

后，（A）=_____，（R3）=_____，（30H）=_____，（40H）=_____。

13. 假定（A）= 0FH，（R7）= 19H，（30H）= 00H，（R1）= 40H，（40H）= 0FFH。执行下列指令

    DEC A
    DEC R7
    DEC 30H
    DEC @ R1

后，（A）=_____，（R7）=_____，（30H）=_____，（40H）=_____。

14. 假定（A）= 50H，（B）= 0A0H。执行指令

    MUL AB

后，（A）=_____，（B）=_____，（CY）=_____，（OV）=_____。

15. 假定（A）= 0FBH，（B）= 010H。执行指令

    DIV AB

后，（A）=_____，（B）=_____，（CY）=_____，（OV）=_____。

16. 已知程序执行前，在 AT89S51 单片机片内 RAM 中，（A）= 33H，（R0）= 28H，（28H）= 0BCH，写出执行如下程序后，（A）=_____。

ANL A,#60H
ORL 28H,A
XRL A,@ R0
CPL A

二、判断以下指令的正误

1）MOV R1,R2

2）MOV 20H,@ R3

3）DEC DPTR

4）INC DPTR

5）MOVX A,@ R1

6）MOVC A,@ DPTR

7）PUSH DPTR

8）PUSH R6

9）POP 30H

10）POP A

11）CLR R1

12）MOV 20H,30H

13）MOV F0,C

14）CPL R7

15）RC A

16）MOV F0,20H

17）CPL 30H

18）MOV C,0FFH

19）CLR 20H

20）CLR R0

三、简答题

1. MCS-51 系列单片机共有哪几种寻址方式？试举例说明。

2. MCS-51 系列单片机指令按功能可以分为哪几类？每类指令的作用是什么？

3. 访问 SFR，可使用哪些寻址方式？

4. 执行指令：MOV A,R0 在程序状态字 PSW 中（1）RS1＝0，RS0＝0；（2）RS1＝1，RS0＝0 的两种情况下，上述指令执行结果有何不同？

5. SJMP（短转移）指令和 LJMP（长对转移）指令的目的地址的范围各是多少？

6. JB 指令和 JBC 指令的区别是什么？

7. 指出下列每条指令的寻址方式。

1）MOV A,40H

2）MOV 30H,#00H

3）SJMP LOOP

4）MOVC A,@ A+DPTR

5）MOVX A,@ R0

6）MOV C,20H

7）MOV 20H,R3

8）MOV 31H,20H

8. 已知程序执行前，在 AT89S51 单片机片内 RAM（10H）＝20H，（20H）＝33H，（33H）＝45H，（45H）＝56H。分析下列程序按顺序执行每条指令后的结果。

MOV A,33H
MOV R1,A
MOV @ R1,#0FFH
MOV 45H,33H
MOV R0,#10H

```
MOV A,@ R0
MOV 20H,A
```

9. 写出完成如下要求的指令，但是不能改变未涉及位的内容。

1）把 ACC.3，ACC.4，ACC.5 和 ACC.6 置"1"。

2）把累加器 A 的中间 4 位清"0"。

3）将内部数据存储器 10H 单元中数据的高 2 位，低 3 位清"0"。

4）将内部数据存储器 50H 单元中数据所有位取反。

5）将内部数据存储器 40H 单元中数据高 4 位取反。

6）将内部数据存储器 10H 单元中数据低 3 位置"1"。

10. 分析执行下列指令序列所实现的逻辑运算式。

```
MOV   C,P1.0
ANL   C,/P1.1
MOV   20H， C
MOV   C,/P1.0
ANL   C, P1.1
ORL   C, 20H
MOV   P3.0,C
```

第4章 汇编语言程序设计

【知识目标】

1. 了解汇编语言的基础知识。
2. 了解汇编语言的特点。
3. 掌握常用伪指令。
4. 掌握顺序结构、分支结构、循环结构程序的设计方法。
5. 掌握查表程序和子程序的设计方法。
6. 掌握典型程序的设计方法。

【技能目标】

1. 进一步熟悉 Keil 软件和程序调试。
2. 熟练使用 Proteus 软件进行电路设计与仿真。

第 2 章介绍了 AT89S51 单片机的硬件结构，第 3 章介绍了 51 系列单片机的指令系统，本章将在前面两章的基础上介绍使用 MCS-51 系列单片机的指令系统编写汇编程序的方法。

4.1 汇编语言程序设计概述

4.1.1 汇编语言

汇编语言是介于机器语言和高级语言之间的计算机语言，是一种用符号表示的面向机器的程序设计语言。采用不同 CPU 的计算机有不同的汇编语言。汇编语言有如下的特点：

1）用汇编语言编写的程序效率高。助记符指令与机器指令一一对应，占用存储空间小，运行速度快，因此汇编语言能编写出最优化的程序。

2）使用汇编语言程序能直接管理和控制硬件设备。汇编语言能直接访问存储器及接口电路，也能处理中断。

3）不同计算机的汇编语言之间不能通用。汇编语言缺乏通用性，程序不易移植，各种计算机都有自己的汇编语言。

4）使用汇编语言编程比使用高级语言困难。因为汇编语言是面向计算机的，程序设计人员必须对计算机硬件有相当深入的了解。

用汇编语言编写的程序称为汇编语言程序或源程序，其由汇编指令和伪指令两者构成。汇编语言程序不能直接在计算机上运行，需要将它翻译成机器语言程序，也就是目标代码，这个翻译过程称为汇编。完成汇编任务的程序称为汇编程序。

4.1.2 伪指令

使用汇编语言编写的源程序通常需要经过汇编程序编译成机器代码后才能被单片机执

行。为了对源程序汇编，在源程序中必须使用一些"伪指令"，告诉汇编程序应该如何完成汇编工作，因此只有在汇编前的源程序中才有伪指令，而在汇编后没有机器代码产生。伪指令具有控制汇编程序的输入输出、定义数据和符号、条件汇编、分配存储空间等功能。

下面介绍 MCS-51 系列单片机汇编语言程序中常用的伪指令。

（1）ORG 汇编起始伪指令

本命令用于规定目标程序的起始地址，即此命令后面的程序或数据块的起始地址。

格式：

〔标号：〕 ORG <16 位地址>

在汇编语言源程序的开始，通常都用一条 ORG 伪指令来规定程序的起始地址。如果不用 ORG 规定，则汇编得到的目标程序将从 0000H 开始。例如：

ORG 0030H
START：MOV A,#00H
…

即规定标号 START 代表地址 0030H，目标程序的第一条指令从 0030H 开始执行。

在一个源程序中，可以多次使用 ORG 指令来规定不同的程序段的起始地址，但是 ORG 指令后的地址必须按从小到大排列。

（2）END 汇编结束伪指令

END 是汇编语言源程序的结束标志，因此在整个源程序中只能有一条 END 命令，且位于源程序的最后。如果 END 命令出现在中间，则其后面的源程序，汇编程序将不予理会。

（3）EQU 标号赋值伪指令

本命令用于给标号赋值。赋值以后，其标号值在整个程序有效。

命令格式：

<字符名称> EQU <赋值项>

其中<赋值项>可以是常数、地址、标号或表达式。其值为 8 位或 16 位二进制数。赋值以后的符号可以作为地址使用，也可以作为立即数使用。例如：

TEMP EQU 32H

表示标号 TEMP＝32H，在汇编时，凡是遇到标号 TEMP 都使用 32H 来代替。

（4）DB 定义字节命令

本命令用于从指定的地址开始，在程序存储器的连续单元中定义字节数据。

命令格式：

〔标号：〕 DB <8 位数表>

字节数据可以是一个字节常数或字符，或用逗号分开的字节串，或用双引号括起来的字符串。例如：

DB"how are you"
DB 35H,42H,-1,10

（5）DW 定义字命令

在程序存储器的连续单元中定义 16 位的数据字。存放时，数据字的高 8 位在低地址，低 8 位在高地址。

命令格式：

    ［标号：］ DW ＜16 位数表＞

例如：

```
ORG 3000H
DW 1234H, 55H,9876H
```

汇编后（3000H）= 12H，（3001H）= 34H，（3002H）= 00H，（3003H）= 55H，（3004H）= 98H，（3005H）= 76H。

（6）DS 定义存储区伪指令

在程序存储器中，从指定地址开始，保留指定数目的字节单元作为存储区，供程序运行使用。

命令格式：

    ［标号：］ DS 表达式

例如：

```
ORG        3000H
TAB：    DS     08H
```

经汇编后，从地址 3000H 开始预留 8 个存储单元。

（7）BIT 位定义伪指令

将位地址赋给字符名称。

命令格式：

    字符名称 BIT 位地址

例如：

```
P10    BIT     P1.0
```

经汇编后，将 P1.0 的位地址赋给变量 P10，在其后的程序中，凡是遇到 P10 就可以把它作为位地址 P1.0 使用。

【想一想】

在 ROM 3000H 起始的单元存入 0~6 之间整数立方的数据表，每个参数占一个字节。

4.2　汇编语言程序设计举例

为了设计一个高质量的程序，必须掌握程序设计的一般方法。在汇编语言程序设计中，普遍采用结构化程序设计方法。采用这种设计方法的主要依据是任何复杂的程序都可由顺序结构、分支结构及循环结构程序等构成。结构化程序设计的特点是程序的结构清晰、易于读写和验证、可靠性高。下面主要介绍结构化程序设计方法和汇编语言典型程序的设计方法。

4.2.1　顺序结构程序设计

顺序结构程序是指机器执行这类程序是按指令的先后顺序执行，中间没有任何的分支。

【例 4-1】 设计一个顺序结构程序，将片内 RAM 30H 单元中的数据送到片内 RAM 40H 单元和片外 RAM 1000H 单元，再将片外 RAM 1001H 单元的数据送到片内 RAM 41H 单元中。

解： 程序流程图如图 4-1 所示，为顺序结构程序。汇编语言程序如下。

```
              ORG 0000H
              AJMP START
              ORG 0030H
       START: MOV R0,#40H        ;用寄存器间接寻址法,将地址 40H 赋给 R0
              MOV A,30H           ;将 30H 单元中的数据送入累加器 A 中
              MOV @ R0,A          ;将累加器 A 中的数据送入到 40H 单元中
              MOV DPTR,#1000H     ;置数据指针
              MOVX @ DPTR,A       ;将累加器 A 中的数据送入到外部 RAM 1000H 单元
              INC DPTR            ;DPTR 加 1
              INC R0              ;R0 加 1
              MOVX A,@ DPTR       ;将 1001H 单元中的数据送入到累加器 A 中
              MOV @ R0,A          ;将累加器 A 中的数据送入到内部 RAM 41H 单元中
              SJMP $              ;停机
              END
```

【例 4-2】 请编写程序，把内部数据存储器 40H 单元内两个 BCD 码变换成相应的 ASCII 码。高位 BCD 码所对应的 ASCII 码放在 41H 单元，低位 BCD 码对应的 ASCII 码存入 42H 单元中。

解： 根据 ASCII 字符表，0~9 的 BCD 码和它们的 ASCII 码之间仅相差 30H。因此，本题仅需把 40H 单元中的两个 BCD 码拆开，分别与 30H 相加即可，程序流程图如图 4-2 所示。

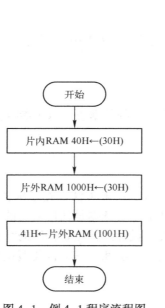

图 4-1　例 4-1 程序流程图

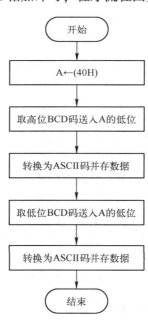

图 4-2　例 4-2 程序流程图

相应程序如下：

```
        ORG 0000H
        AJMP START
        ORG 0030H
START: MOV A,40H          ;40H 中的 BCD 码送 A
        ANL A,#0F0H       ;取高位 BCD 码
        SWAP A            ;高位 BCD 码送到低位
        ORL A,#30H        ;转换为 ASCII 码
        MOV 41H, A        ;存数据
        MOV A,40H         ;40H 中 BCD 码送 A
        ANL A,#0FH        ;取低位 BCD 码
        ORL A,#30H        ;转换为 ASCII 码
        MOV 42H, A        ;存数据
        SJMP $            ;停机
        END
```

【想一想】

将两位压缩 BCD 码转换成正常的 BCD 码。设压缩 BCD 码存放在内部 RAM 30H 单元，将转换后的结果高位存放在内部 RAM 40H，低位存放在 41H 单元中。

4.2.2 分支结构程序设计

分支结构程序是通过转移指令实现的，由于转移指令有无条件转移指令和条件转移指令之分，因此分支程序也可分为无条件分支程序和条件分支程序两类。无条件分支程序中含有无条件转移指令，因为这类程序十分简单，本节中不作专门讨论；条件分支程序中含有条件转移指令，在本节中重点讨论。

在 MCS-51 系列单片机中，条件转移指令共有 13 条，分为累加器 A 判零转移指令、比较不相等转移指令、减 1 不为零转移指令和位控制条件转移指令。因此，分支结构程序设计实际上就是如何正确运用这 13 条条件转移指令来进行编程的问题。

当程序的判别仅有两个出口时，称为单分支结构。

【例 4-3】设内部数据存储器 30H 和 31H 单元中分别存放着两个无符号 8 位二进制数，试比较它们的大小，并将较大数存入 31H 单元中。

解：程序流程图如图 4-3 所示，为选择结构程序中的单分支程序。汇编语言程序如下。

```
        ORG    0030H
STAR: CLR    C           ;C←0
        MOV    A,30H      ; A←（30H）
        SUBB   A,31H      ;用减法比较两数大小
        JC L1             ;C=1,(31H)>(30H)转移,此时较大数就在 31H 单元中,不做任何
                            处理
        MOV    A,30H      ;C=0,A←（30H）
        XCH    A,31H      ;大数存入 31H 中
```

```
        MOV     30H,A           ;小数存入 30H 中
L1：SJMP     $
        END
```

当程序的判别部分有三个及以上的出口流向时，称为多分支结构。

【例4-4】X 存放在片内 RAM 40H 单元中，Y 存放在 41H 单元，编写程序，使 Y 按照下式赋值。

$$Y=\begin{cases} 1 & x>0 \\ 0 & x=0 \\ -1 & x<0 \end{cases}$$

解：程序流程图如图 4-4 所示，为选择结构程序中的多分支程序流程图。汇编语言程序如下。

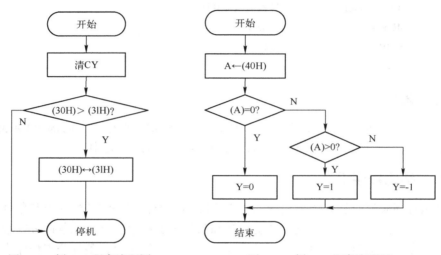

图 4-3 例 4-3 程序流程图   图 4-4 例 4-4 程序流程图

```
        ORG   0030H
MAIN：MOV A,40H             ;取 X
        JZ   ASSI            ;(A) = 0,转移
        JB ACC.7, NS         ; ACC.7 = 1,即为负数,则转移
        MOV A,#1             ;(A)为正数,Y = 1
        AJMP ASSI
   NS：MOV A,#0FFH          ;负数,Y = -1
 ASSI：MOV 41H,A
        END
```

使用查转移指令表的方法实现多分支程序转移，表中放的是转移指令，通过查表来实现多分支程序转移。例如有多个分支程序，如果要通过绝对转移指令 AJMP 进行转移，则应把这些转移指令按序写入表中，并设置序号，然后使用查表程序实现程序转移。例如：

```
        MOV     A,R3            ;序号送给 A
        RL      A               ;AJMP 指令占 2 个字节,分支序号值乘 2
        MOV     DPTR,#BRTAB     ;赋转移指令表首地址
        JMP     @ A+DPTR
```

```
BRTAB:AJMP ROUT0          ;转分支 0
      AJMP ROUT1          ;转分支 1
      AJMP ROUT2          ;转分支 2
      …
```

【想一想】

求单字节有符号二进制数的补码。设单字节二进制数以原码形式存放在片内 RAM 40H 单元，转换后的补码存放在 41H 单元。

4.2.3　循环结构程序设计

循环结构程序是在程序中有需要反复执行的操作。例如：将 100 个外部 RAM 单元清零，没有必要写 100 个清零指令，此时只需要用一条指令反复执行 100 次即可。循环结构如图 4-5 所示，由 4 个主要部分组成。

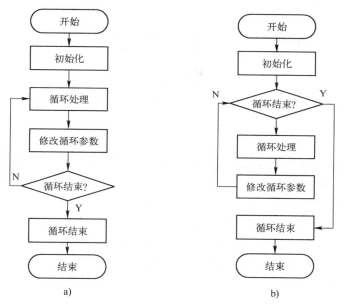

图 4-5　循环结构图
a）先执行后判断　b）先判断后执行

（1）初始化

在进入循环体之前需给用于循环过程的工作单元设置初值，如循环控制计数初值、地址指针起始地址的设置、变量初值等。

（2）循环处理

循环处理是循环结构的核心部分，负责完成实际的处理工作，也是循环中需要重复执行的部分。

（3）循环控制

循环控制部分是控制循环结束的部分，通常是由循环计数器修改和条件转移语句等组成。有时修改循环参数和判断结束条件由一条指令完成，如 DJNZ 指令。

（4）循环结束

循环结束程序是用于存放执行循环程序所得到的结果以及恢复各工作单元的初值。循环处理程序的结束条件不同，相应控制部分的实现方法也不一样，可分为循环计数控制法和条件控制法。

【例4-5】设有一字符串以回车符为结束标志，连续存放在内部 RAM 40H 起始的单元中，编写测试字符串长度的程序。

解：为测试字符串的长度，应使用逐个字符依次与回车符（0DH）比较的方法。为此需要设置一个字符串指针和一个长度计数器，字符串指针用于指定字符串地址，长度计数器用于累加字符串的长度。如比较不相等，则长度计数器和字符串指针都加 1，继续往下比较；如果比较相等，则表示该字符为〈Enter〉字符，字符串结束，长度计数器的值就是字符串的长度。程序流程图如图 4-6 所示。参考程序如下：

```
            ORG 0000H
            AJMP START
            ORG 0030H
    START： MOV R2,#0FFH        ;设置长度计数器初值
            MOV R0,#3FH         ;设置字符串指针初值
    LOOP：  INC R2              ;修改计数
            INC R0              ;修改数据块地址
            CJNE @ R0,#0DH,LOOP ;判断是否为〈Enter〉符
            SJMP $              ;停机
            END
```

【例4-6】将内部 RAM 中起始地址为 30H 的数据串传送到外部 RAM 以 1000H 为首地址的区域，直到发现"$"字符的 ASCII 码为止。

解：当数据块传送时，以出现"$"字符的 ASCII 码为停止条件，应使用逐个字符与"$"字符的 ASCII 码值比较的方法。为此，需要设置两个地址指针，其一用于指定源数据块地址，另一个用于指定目的数据块地址。如果比较不相等，则传送数据，两个地址指针都加 1，继续往下比较；如果相等，则表示该字符为"$"字符，传送结束。程序流程图如图 4-7 所示。参考程序如下：

```
            ORG 0000H
            AJMP START
            ORG 0030H
    START： MOV R0,#30H         ;置源数据区首地址
            MOV DPTR,#1000H     ;置目的数据区首地址
    LOOP0： MOV A,@ R0          ;取数据
            CJNE A,#24H,LOOP1   ;判断是否为$字符
            SJMP LOOP2          ;是$,转结束
    LOOP1： MOVX @ DPTR,A       ;不是$,传送字符
            INC R0              ;修改源地址
            INC DPTR            ;修改目的地址
            SJMP LOOP0          ;传送下一个数据
    LOOP2： SJMP $              ;停机
            END
```

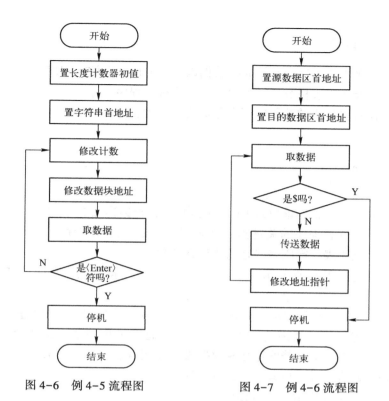

图 4-6　例 4-5 流程图　　　　　　　图 4-7　例 4-6 流程图

【例 4-7】已知 AT89S51 单片机的晶振是 12 MHz，试设计延时 50 ms 的程序。

解: 软件延时程序与指令执行时间有关，最小单位为一个机器周期，如果晶振是 12 MHz，一个机器周期是 1 μs。延时程序的延时时间就是该程序的执行时间，DJNZ 指令的指令周期是两个机器周期，如果给出循环的次数，就可以实现程序延时。程序如下:

```
DEL:MOV R7,#200
DEL1:MOV R6,#125
DEL2:DJNZ R6,DEL2
      DJNZ R7,DEL1
      RET
```

以上延时程序的指令执行时间为:

$$1\ \mu s+(1+2\times125+2)\times200\ \mu s+2\ \mu s=50603\ \mu s=50.603\ ms$$

显然延时不太精确，如果要精确的延时需要修改程序。精确的延时程序如下:

```
DEL:MOV R7,#200
DEL1:MOV R6,#123
DEL2:DJNZ R6,DEL2
      NOP
      DJNZ R7,DEL1
      RET
```

【想一想】

已知 AT89S51 单片机的晶振是 6 MHz，试设计延时 50 ms 的程序。

4.2.4 查表程序设计

查表程序是一种常用程序，是预先把数据以表格的形式存放在程序存储器中，然后使用程序读出来，这种能读出表格数据的程序就称之为查表程序。

查表程序操作对单片机的控制应用十分重要，因此，MSC-51 指令系统中提供两条查表指令：

MOVC A,@ A+PC
MOVC A,@ A+DPTR

查表指令首先把表的首地址放入 DPTR 或 PC 中，根据累加器 A 中的内容就可以取出表格中的数据。显然，查表程序的关键是定义表格。表格是指在程序中定义的一串有序的常数，如平方表、字型码表、键码表或是离线计算的数据等。

查表程序广泛应用于 LED 显示控制、打印机控制、数据补偿、数值计算、转换等功能程序中，这类程序具有结构简单、执行速度快等优点。

【例 4-8】设计一巡回检测报警程序，实现对 8 路输入数值与报警值进行比较，如果超限，则报警，否则进行下一通道的检测。已知 8 个通道采集的数据依次存放在内部 RAM 20H 起始的单元中，而 8 个报警值建立成数据表，使用查表指令将其查出并与输入值比较。如果超限，则将其通道序号送报警程序进行处理。

程序流程图如图 4-8 所示，参考程序如下：

```
        ORG 0000H
        AJMPTB
        ORG 0030H
TB：MOV    R0, #20H        ;设置采集的数据的首地址
    MOV    R2, #00H        ;设置通道号
    MOV    R7,#08H         ;设置通道数
TBl：MOV   A, R2           ;通道数给 A
    MOV    DPTR, #TAB      ;设置表格首地址给 DPTR
    MOVC   A, @ A ＋ DPTR   ;查表求出极限值
    CLR    C
    SUBB   A, @ R0
    JNC    EX
    LCALL  ALARM           ;调用超限报警程序
EX：INC    R0
    INC    R2              ;通道数加 1
    DJNZ   R7, TB1         ;判断是否检测完一遍
    SJMP $
TAB：DB0F4H,45H,0ADH,36H,8DH,60H
    DB 0EFH,0ECH           ;8 路数据极限值
    END
```

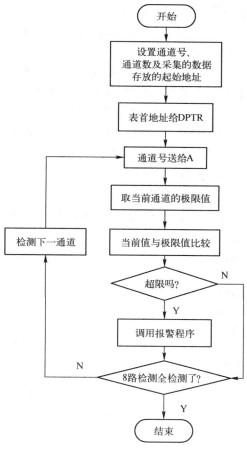

图 4-8　例 4-8 流程图

4.2.5　子程序的设计

所谓子程序是指能完成确定任务并能为其他程序反复调用的程序段。调用子程序的程序称为主程序。通常代码转换、算术及函数计算、外部设备的输入/输出驱动等程序，都可以编成子程序。主程序需要调用某个子程序时采用 LCALL 或 ACALL 调用指令，便可从主程序转入相应子程序执行，CPU 执行到子程序的返回指令 RET 时，即可从子程序返回主程序断点处。

子程序是一种能完成某一特定任务的程序段，其资源需要被所有调用程序共享，因此子程序在结构上应具有通用性和独立性，在编写子程序时应注意以下问题：

1）子程序的第一条指令地址称为子程序的起始地址或入口地址。该指令前必须有标号，通常以子程序的功能命名，以便于识别。例如，延时程序常以 DELAY 作为标号。

2）主程序调用子程序是通过主程序中的子程序调用指令（LCALL 或 ACALL），子程序返回主程序需要执行子程序返回指令 RET 返回。

3）保护现场和恢复现场。在执行子程序时，可能要使用累加器或某些工作寄存器。而在调用子程序之前，这些寄存器中可能存放有主程序的中间结果，这些中间结果是不允许被破坏的。因而在子程序中使用累加器或这些工作寄存器之前，要将其中的内容保护起来，即保护现场。当子程序执行完，即在返回主程序之前，再将这些内容取出，送回到累加器或原来的工作寄存器中，这一过程称为恢复现场。

4）子程序参数可以分为入口参数和出口参数两类。入口参数是指子程序需要的原始参数，由调用它的主程序通过约定的工作寄存器 R0~R7、特殊功能寄存器 SFR、内存单元及堆栈等预先传送给子程序使用；出口参数是由子程序根据入口参数执行程序后获得的结果，应由子程序通过约定的 R0~R7、SFR、内存单元或堆栈等传递给主程序使用。

【例 4-9】 设 NUMA 和 NUMB 内有两数 a 和 b，请编写程序，求 $c=a^2+b^2$，并把 c 送入 NUMC。设 a 和 b 均为小于 10 的整数。

解：本程序由两部分组成：主程序和子程序。求平方运算编写成子程序 SQR，主程序调用子程序 SQR 并求和完成运算。参数的传递使用累加器 A。参考程序如下：

```
              ORG 0000H
              AJMP START
              ORG 0030H
START：NUMA    DATA   20H
       NUMB    DATA   21H
       NUMC    DATA   22H
       MOV     A,NUMA          ;入口参数送累加器 A
       ACALL   SQR             ;求 a²
       MOV     R7, A           ;结果存入 R7 中
       MOV     A, NUMB         ;入口参数送累加器 A
       ACALL   SQR             ;求 b²
       ADD     A,R7            ;求 c=a²+b²
       MOV     NUMC,A          ;存结果
       SJMP    $;
SQR：  MOV     DPTR, #SQRTAB    ;设置首地址
       MOVC    A, @ A+DPTR      ;查平方表
       RET                      ;子程序返回
SQRTAB：DB 0,1,4,9,16,25,36,49,64,81
       END
```

在本程序中，参数的传递是通过累加器 A 实现的。

4.2.6 码制转换程序

在计算机应用程序的设计中，经常涉及各种码制的转换问题。在单片机系统内部进行数据计算和存储时，多采用二进制码，二进制码具有运算方便、存储量小的特点。在数据的输入/输出中，按照人们的习惯，多采用代表十进制数的 BCD 码（用 4 位二进制数表示的十进制数）表示。

（1）二进制数（十六进制数）转换成 BCD 码

十进制数常用 BCD 码表示。BCD 码有两种形式：一种是一个字节放一位 BCD 码，它适用于显示或输出；另一种是压缩的 BCD 码，即一个字节放两位 BCD 码，高 4 位、低 4 位各存放一个 BCD 码，可以节省存储单元。

【例4-10】将内部 RAM 30H 单元中的二进制数转换成 BCD 码，百位数、十位数、个位数分别存放在内部 RAM 41H 单元、42H 单元、43H 单元。

解：将单字节二进制数（十六进制数）转换为 BCD 码的一般方法是把二进制数（十六进制数）除以 100，得到百位数，余数除以 10 的商和余数分别为十位数、个位数。程序设计流程图如图 4-9 所示，参考程序如下：

```
            ORG 0000H
            AJMP START
            ORG 0030H
START:      MOV R0,#41H         ;置地址指针
            MOV A,30H           ;把二进制数送入累加器 A 中
            MOV B,#100          ;100 作为除数送入寄存器 B 中
            DIV AB              ;二进制数除以 100
            MOV @R0,A           ;百位数存入 40H 单元
            MOV A,B             ;余数送入累加器 A 中
            MOV B,#10           ;10 作为除数送入寄存器 B 中
            DIV AB              ;二进制数除以 10
            INC R0              ;地址指针加 1
            MOV @R0,A           ;十位送入 42H 单元
            INC R0              ;地址指针加 1
            MOV @R0,B           ;个位送入 43H 单元
            SJMP $
            END
```

（2）BCD 码转换成二进制数（或十六进制数）

【例4-11】已知两位十进制数（压缩 BCD 码）存放在内部 RAM 30H 单元中，将其转换为二进制数，结果存入内部 RAM 31H 单元中。

解：两位压缩 BCD 码存放在内部 RAM30H 单元中，将十位数乘 10 再加上个位数，即将两位 BCD 码转换为二进制数，设计流程图如图 4-10 所示，程序如下：

```
            ORG 0000H
            AJMP START
            ORG 0030H
START:      MOV A,30H           ;取 BCD 码
            ANL A,#0F0H         ;屏蔽个位,取十位
            SWAP A              ;高低半字节交换
            MOV B,#10
            MUL AB              ;十位 * 10
            MOV 31H,A           ;存中间结果
            MOV A,30H           ;取 BCD 码
            ANL A,#0FH          ;取个位
            ADD A,31H           ;十位 * 10+个位
            MOV 31H,A           ;存结果
            SJMP $
            END
```

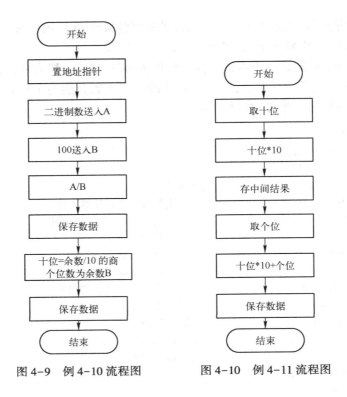

图 4-9　例 4-10 流程图　　　　图 4-10　例 4-11 流程图

4.2.7　关键字查找程序设计

【例4-12】在内部 RAM 30H~3FH 单元中查找数据 95H。若有，则将地址存入 40H 单元中；若没有则将 40H 单元清零。

解：关键字查找实际就是在表中查找关键字的操作，也称为数据检索。如果要检索的表是无序的，检索时只能从第 1 项开始逐项顺序查找，判断所取数据是否与关键字相等。流程图如图 4-11 所示，参考程序如下：

```
          ORG 0000H
          AJMP START
          ORG 0030H
START: MOV R0,#30H      ;置数据块的首地址
       MOV R7,#10H      ;置数据个数
NEXT： MOV A,@ R0       ;取数据给 A
       CJNE A,#95H,L1   ;比较是否为 95H
       MOV A,R0         ;找到数据,将地址赋给 40H 单元
       SJMP FUZHI
   L1： INC R0           ;地址加 1
       DJNZ R7,NEXT     ;比较结束了吗?
       MOV A,#00H       ;没有找到数据将 40H 单元清零
FUZHI: MOV 40H,A        ;赋值
       SJMP $
       END
```

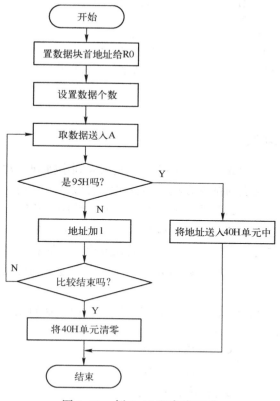

图 4-11 例 4-12 程序流程图

4.2.8 数据极值查找程序设计

数据极值查找就是在指定的数据区中找出最大值或最小值。

【例 4-13】 片内 RAM 30H~40H 单元中连续存放一批无符号数，查找出最大值并存放在 50H 单元中。

解： 极值查找操作的主要内容是进行数值大小的比较，从这批数据中找出最大值（或最小值）并存于某一单元中，参考程序如下：

```
        ORG 0000H
        AJMP START
        ORG 0030H
START: MOV    R2, #11H      ;要比较的数据字节数
       MOV    R1, #30H      ;置数据块的首地址
       DEC    R2            ;第 1 个数不用比较
       MOV    A, @R1
LOOP:  MOV    50H, A        ;暂存最大数
       INC    R1
       CLR    C
       SUBB   A, @R1        ;两个数比较
```

```
        JNC      LOOP1              ;C=0,A 中的数大,跳转到 LOOP1
        MOV      A,@ R1             ;C=1,则把大数送给 A
        SJMP     LOOP2
LOOP1:MOV        A,50H
LOOP2:DJNZ       R2, LOOP           ;比较是否结束
        MOV      50H,A              ;把大数存入 50H 单元
        SJMP $
        END
```

4.2.9　数据排序程序设计

所谓的数据排序是将一批数由小到大排列,或从大到小排列。常用的方法为冒泡法。

冒泡法是一种相邻数互换的排序方法,因其过程类似水中气泡上浮,故称冒泡法。执行时从前向后进行相邻数比较,如数据的大小次序与要求顺序不符时,就将两个数互换,否则顺序符合要求不互换。为进行升序排序,应通过这种相邻数互换方法,使小数向前移,大数向后移。如此从前向后进行一次冒泡,就会把最大数换到最后;再进行一次冒泡,就会把次大数排在倒数第二的位置,从而实现数据的排序。下面通过实例说明数据升序排序算法及编程实现。

例如原始数据为顺序 5、8、3、7、10、15、2、9。第一次冒泡的过程是:

5、8、3、7、10、15、2、9(正序,不互换)

5、3、8、7、10、15、2、9(逆序,互换)

5、3、7、8、10、15、2、9(逆序,互换)

5、3、7、8、10、15、2、9(正序,不互换)

5、3、7、8、10、15、2、9(正序,不互换)

5、3、7、8、10、2、15、9(逆序,互换)

5、3、7、8、10、2、9、15(逆序,互换)第一次冒泡结束。

如此进行,各次冒泡的结果是:

第一次冒泡　5、3、7、8、10、2、9、15

第二次冒泡　3、5、7、8、2、9、10、15

第三次冒泡　3、5、7、2、8、9、10、15

第四次冒泡　3、5、2、7、8、9、10、15

第五次冒泡　3、2、5、7、8、9、10、15

第六次冒泡　2、3、5、7、8、9、10、15

第七次冒泡　2、3、5、7、8、9、10、15

可以看出冒泡排序到第六次已实际完成。

对于 n 个数,理论上说应进行 $n-1$ 次冒泡才能完成排序,但实际上有时不到 $n-1$ 次就已排好序。如本例共 8 个数,按说应进行七次冒泡,但实际进行到第六次时排序就已完成。判定排序是否完成的最简单方法是看各次冒泡中是否有互换发生,如果有数据互换,说明排序还没完成;否则就表示已排好序。为此,控制排序结束一般不使用计数方法,而使用设置互换标志的方法,以其状态表示在一次冒泡中有无数据互换进行。下面介绍使用排序法进行数据排序程序设计。

【例4-14】假定6个数连续存放在内部 RAM 20H 起始的地址单元中，使用冒泡法进行升序排序编程。

解：在此程序中设 R7 为比较次数计数器，初始值为 05H。F0 为冒泡过程中是否有数据互换的标志，F0＝0 表明无互换发生，F0＝1 表明有互换发生。程序流程图如图 4-12 所示。程序如下。

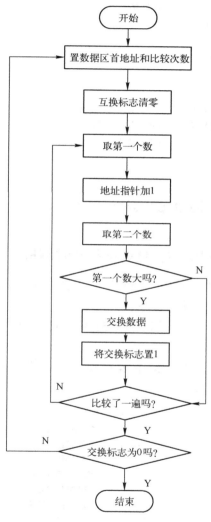

图 4-12　例 4-14 流程图

```
        ORG 0000H
        AJMP MAIN
        ORG 0030H
MAIN: MOV    R0,#20H      ;数据存储区首单元地址
      MOV    R7,#05H      ;各次冒泡比较次数
      CLR    F0           ;互换标志清"0"
LOOP: MOV    A,@ R0       ;取前数
      MOV    R2,A         ;存前数
```

```
        INC     R0
        MOV     A,@R0       ;取后数
        CLR     C
        SUBB    A,R2        ;比较大小
        JNC     LOOP1
        SETB    F0          ;互换,置标志位
        MOV     A,R2        ;互换数据
        XCH     A,@R0
        DEC     R0
        XCH     A,@R0
        INC     R0
LOOP1:  MOV     A,@R0
        DJNZ    R7,LOOP     ;进行下一次比较
        JB      F0,MAIN     ;进行下一轮冒泡
        SJMP $              ;排序结束
        END
```

4.3 软件调试仿真器 Keil μVision 应用

4.3.1 用 Keil 进行延时程序的仿真调试和延时测量

用 keil 可以查看指令的执行时间、延时子程序的观测和调试等。下面使用 Keil 软件,测量例 4-7 中 50 ms 延时程序。步骤如下:

1) 在 Keil 集成开发环境下,选用 AT89S51 单片机,即单击菜单栏中的 Project→New-Project,建立工程文件。

2) 单击 File→New File,建立文本编辑窗口,将例 4-7 的程序输入,并保存为"例 4-7. asm"。如图 4-13 所示。

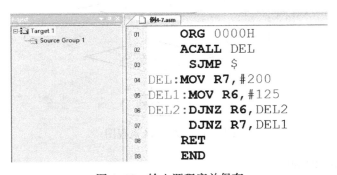

图 4-13 输入源程序并保存

3) 将源程序添加到工程中,并编译。

4) 设置时钟频率。单击"Options for Target"按钮，在"Target"选项卡下设置时钟频率为 12 MHz。

5) 运行、观察延时时间。

单击工具栏中的快捷按钮⚙，进入调试状态。单击"Step Over"按钮🗗或者按〈F10〉键，则运行调用子程序指令 ACALL Del，执行子程序 DEL 并返回到下一条指令处。"Step Over"是过程单步，也就是将子程序这个过程单步来完成。在本例中将 DEL 子程序一步执行完，不跳进子程序中去，然后返回到 SJMP $指令。如图 4-14 所示，在工程管理窗口的"Register"列表中单击"sys"，打开下拉列表，可以看到"sec = 0.05060500"，这是以秒为单位的运行时间，显然不是很精确，如果需要精确的延时需要修改程序。

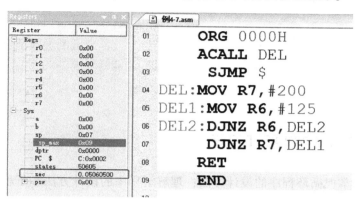

图 4-14　观察时间

4.3.2　用 Keil 进行查表程序的仿真调试

在 keil 集成开发环境中，当 AT89S51 单片机晶振频率为 12 MHz 时，将 1 位十六进制数转换为 ASCII 码。设 1 位十六进制数存放在内部 RAM 50H 单元的低 4 位，转换后的 ASCII 码送入 51H 单元中。步骤如下：

1）建立工程文件。

2）把下面程序输入，保存为查表程序.asm，并将其加入到工程文件中。程序如下：

```
        ORG 0000H
        AJMP MAIN
        ORG 0100H
MAIN:   MOV 50H,#03H
        MOV A,50H          ;读数据
        ANL A,#0FH         ;屏蔽高 4 位
        MOV DPTR,#TAB      ;置表格首地址
        MOVC   A,@ A+DPTR  ;查表
        MOV 51H,A          ;存入 51H 单元中
        SJMP $             ;停机
TAB: DB 30H,31H,32H,33H,34H,35H,36H,37H,38H,39H    ;0~9 的 ASCII 码
     DB 41H,42H,43H,44H,45H,46H                     ;A~F 的 ASCII 码
        END
```

3）编译，并调试。

4）单击 View→Memory Window，弹出存储器窗口。如图 4-15 所示，在 address 中输入"d：50h"，可以看到 1 位十六进制数 3 的 ASCII 码为 33H。

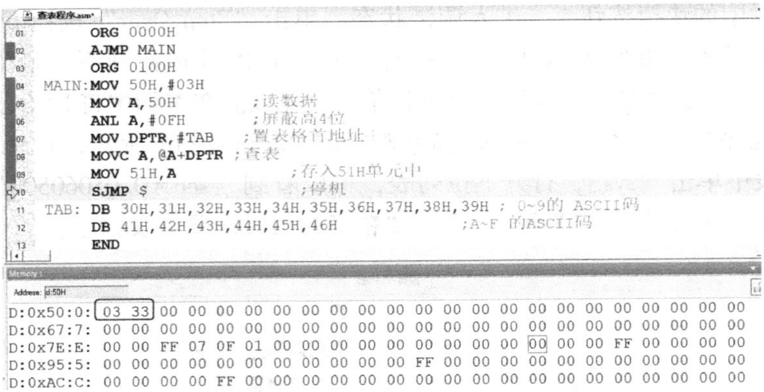

图4-15 调试界面

4.4 案例：延时控制彩灯闪烁

【任务目的】掌握循环程序的设计方法；理解子程序的设计方法和子程序中参数的传递方法。

【任务描述】8个发光二极管D1~D8分别接在P1.0~P1.7上，采用共阳极接法，即输出0时，发光二极管亮，输出1时发光二极管熄灭。每个二极管依次点亮，且点亮的不熄灭，全点亮后1s熄灭。然后8只发光二极管闪烁4次。

1. 硬件电路设计

双击桌面上GG图标，打开 ISIS 7 Professional 窗口。单击菜单命令"File"→"New Design"，新建一个 DEFAULT 模板，保存文件名为"liushd.DSN"。在器件选择按钮 P L DEVICES 中单击"P"按钮，或执行菜单命令"Library"→"Pick Device/Symbol"，添加表4-1中的元器件。

表4-1 延时控制彩灯闪烁所用的元件

单片机 AT89C51	瓷片电容 CAP 30 pF	晶振 CRYSTAL 12 MHz	电阻 RES
按钮 BUTTON	电解电容 CAP-ELEC	发光二极管 LED-GREEN	电阻排 R×8

在 ISIS 原理图编辑窗口中放置元件，再单击工具箱中的"元件终端"图标 🔛，在对象选择器中单击"POWER"和"GROUND"放置电源和地。放置元件后，布线。左键双击各元件，设置相应元件参数，完成仿真电路设计，如图4-16所示。

2. 程序设计

```
        ORG 0000H
        AJMP START
        ORG 0030H
START： MOV A,#0FEH        ;赋初值
        MOV R4,#8          ;闪烁次数
    L1： MOV P1,A
        CLR C             ;C清零
```

```
            RLC A
            MOV B,#02H            ;参数传递
            ACALL DELAY          ;调用延时程序
            DJNZ R4,L1           ;8 个已全部点亮吗?
            MOV B,#8             ;延时 1 s
            ACALL DELAY
            MOV A,#0FFH          ;熄灭
            MOV R4,#8            ;闪烁 4 次
L2:         MOV P1,A
            CPL A
            MOV B,#8             ;延时 1 s
            ACALL DELAY
            DJNZ R4,L2
            SJMP $
DELAY:      MOV R7,B             ;延时程序,晶振为 12 MHz 时,延时时间是 125 ms
DEL1:       MOV R6,#0FAH
DEL2:       MOV R5,#0F8H
            DJNZ R5,$
            NOP
            DJNZ R6,DEL2
            DJNZ R7,DEL1
            RET
            END
```

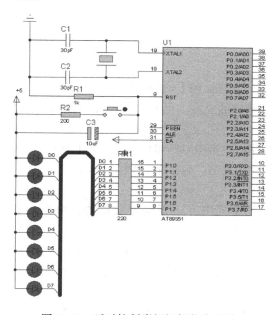

图 4-16　延时控制彩灯闪烁仿真电路

v4-1

3. 加载目标代码、设置时钟频率

将按键显示程序生成目标代码文件"caideng. hex",加载到图 4-17 中单片机"Program File"属性栏中,并设置时钟频率为 12 MHz。

4. 仿真

单击图标 ▶ ▶ ▌▌ ▉ 中的 ▶ 按键，启动仿真。

思考题与习题

一、简答题

1. 什么是汇编语言源程序、汇编语言、汇编？

2. 什么是伪指令，有什么作用？

3. 常用的程序结构有哪几种？每种结构的特点是什么呢？

4. 子程序调用时，如何传递参数？

二、设计题

1. 试编写程序，在外部 RAM3000H 单元中有一个 8 位二进制数，试编程将该数的低四位屏蔽掉，并送给外部 RAM3001H 单元中。

2. 试编写程序，将内部 RAM 20H 单元的 8 位无符号数，转换成 3 位 BCD 码，百位、十位、个位分别存放在内部 RAM 30H、31H、32H 单元中。

3. 试编写程序，将片外 RAM 1000H~1050H 单元的内容置为 55H。

4. 试编写程序，将外部 RAM 2000H 起始的 10 个单元的数据最高位无条件置"1"。

5. 若 f_{osc} = 6 MHz，试计算下面延时子程序的延时时间

```
DELAY: MOV R7,#0F6H
   LP: MOV R6,#0FAH
       DJNZ R6,$
       DJNZ R7,LP
       RET
```

6. 已知 f_{osc} = 12 MHz，试编写延时 20 ms 和 1 s 的程序。

7. 用查表的方法求 0~6 之间的整数的立方。已知整数存在内部 RAM30H 单元中，查表结果回存 30H 单元。

8. 若有 3 个无符号数 x、y、z 分别在内部 RAM 40H、41H、42H 单元中，试编写一个程序，实现 $x \geqslant y$，x+z 的结果（>255）存放在 43H、44H 单元中；当 $x < y$ 时，y+z 的结果（>255）存放入 43H、44H 单元中。

9. 在内部 RAM 的 BLOCK 开始的单元中有一无符号数据块，数据块长度存入 LEN 单元。试编程求其中的最小数并存入 MINI 单元。

10. 在外部 RAM 3000H 起始的单元中存放一组有符号数，字节个数存在内部 RAM20H 单元中，试统计其中大于 0、等于 0 和小于 0 的数的数目，并把统计结果存放在内部 RAM21H、22H 和 23H 单元中。

11. 查找内部 RAM 20H~40H 单元中是否有 0FFH 这一数据，如果有，将 PSW 中的 F0 位置"1"，没有则将其清零。

12. 在片内 RAM 30H 起始的单元中，连续存放 5 个无符号数，试使用冒泡法编写程序，使这组数据按照从小到大顺序排列。

第5章　AT89S51中断系统与定时/计数器

【知识目标】

1. 了解单片机中断系统的内部结构。
2. 熟悉单片机中断系统的中断源和中断入口地址。
3. 掌握单片机中断系统和定时器基本知识。
4. 掌握单片机定时/计数器功能。
5. 掌握中断系统和定时器相关寄存器设置。

【技能目标】

1. 掌握中断系统和定时器的程序设计。
2. 能够利用 Keil 和 Proteus 进行单片机的中断系统和定时器程序调试。

5.1　中断系统

中断是一项重要的计算机技术，是 CPU 与外部设备交换信息的一种重要方式。"中断系统"是单片机为实现中断、控制中断的功能组成部分，它使单片机能及时响应并处理运行过程中内部和外部的突发事件，解决单片机快速 CPU 与慢速外设间的矛盾，提高单片机的工作效率及可靠性。

5.1.1　中断基本概念

1. 中断的定义

中断是指计算机暂时停止原程序执行转而为外部设备服务（执行中断服务程序），并在服务完后自动返回原程序执行的过程。中断由中断源产生，中断源在需要时可以向 CPU 提出"中断请求"。"中断请求"通常是一种电信号，CPU 对这个电信号进行检测，一旦响应便可自动转入该中断源的中断服务程序执行，并在执行后自动返回原程序继续执行。中断源不同，中断服务程序的功能也不同。

单片机对外围设备中断服务过程的响应和处理过程如图 5-1 所示。

2. 中断技术

在单片机应用系统的硬件、软件设计中，应用中断系统处理随机发生事件和突发事件的技术称为中断技术。

3. 中断源

中断源是指引起中断原因的设备或部件，或发出中断请求信号的源泉。它包括中断请求信号的产生及该信号怎样被 CPU 有效识别，要求中断信号产生一次，CPU 只能接收一次。

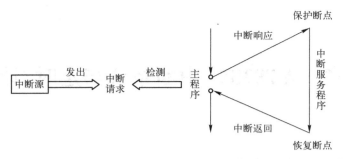

图 5-1　计算机中断过程示意图

5.1.2　AT89S51 单片机中断系统结构

AT89S51 单片机的中断系统由 5 个中断源（$\overline{INT0}$、$\overline{INT1}$、T0、T1、RXD/TXD）及中断标志位（位于 TCON、SCON 中）、中断允许控制器 IE 和中断优先级控制寄存器 IP 及中断入口地址组成。可对每个中断源，实现两级允许控制及两级优先级控制，系统结构如图 5-2 所示。

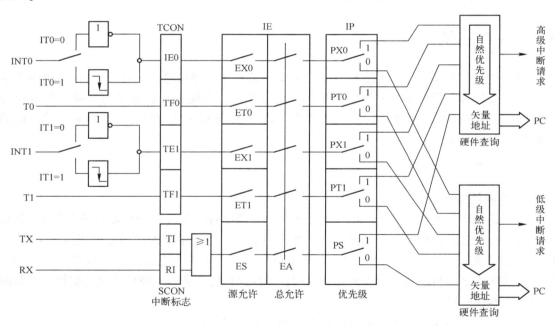

图 5-2　AT89S51 单片机的中断系统结构图

1. 中断源

AT89S51 单片机的中断源有 5 个：

1）外部中断 0（$\overline{INT0}$）：中断请求信号从单片机的 P3.2 脚输入。触发方式为低电平或下降沿。

2）外部中断 1（$\overline{INT1}$）：中断请求信号从单片机的 P3.3 脚输入。触发方式为低电平或下降沿。

3）内部定时/计数器 0（T0）：溢出中断。

4）内部定时/计数器 1（T1）：溢出中断。

5）串行口中断：包括串行口的发送中断标志 TI 和串行口接收中断标志 RI。

2. 中断入口地址

5 个中断源对应的中断入口地址见表 5-1，它们都在 ROM 中。

表 5-1　AT89S51 中断入口地址及内部优先权

中　断　源	中断请求标志位	中断入口地址	优　先　权
$\overline{\text{INT0}}$	IE0	0003H	最高级
T0	TF0	000BH	
$\overline{\text{INT1}}$	IE1	0013H	
T1	TF1	001BH	
串行口	RI、TI	0023H	最低级

若启动中断功能，则在程序设计时必须留出 ROM 中相应的中断入口地址，不得被其他程序占用。中断服务程序的首地址多经中断入口处的转移指令导入。

3. 中断优先级、优先权、中断嵌套

（1）优先级

AT89S51 单片机将 5 个中断源，分为两个优先级：高优先级和低优先级。不同级的中断源同时申请中断时，CPU 优先响应高优先级的中断请求，后响应低优先级的中断请求；中断优先级的划分是可编程的，即用指令可设置哪些中断源为高优先级，哪些中断源为低优先级。

（2）优先权

对于同一优先级中所有中断源，按优先权先后排序，见表 5-1。$\overline{\text{INT0}}$优先权最高，串行口优先权最低。若在同一时刻发出请求中断的两个中断源属于同一优先级，CPU 先响应优先权排在前面的中断源中断申请，后响应优先权排在后面的中断源中断申请。优先权由单片机决定，而非编程决定。

（3）中断嵌套

当 CPU 响应某一中断请求并进行中断处理时，若有优先级级别高的中断源发出中断申请，则 CPU 要暂时中断正在执行的中断服务程序，保留暂时中断的断点（称中断嵌套断点）和现场，响应高优先级中断源的中断。高优先级中的中断处理完毕后，再回到中断的断点，继续处理被暂时中断的低优先级中断，这就是中断嵌套。如图 5-3 所示为中断嵌套示意图。

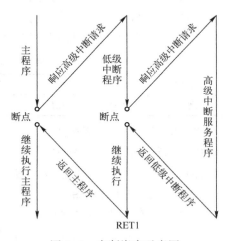

图 5-3　中断嵌套示意图

5.1.3 与中断控制有关的寄存器

AT89S51 单片机中涉及中断控制的有 4 个特殊功能寄存器，通过对它们的各位进行置"1"或清"0"操作，可实现中断控制功能。

1. TCON（定时/计数器和外中断控制寄存器）

TCON 是定时/计数器和外中断控制寄存器，字节地址 88H，它是可位寻址的特殊功能寄存器，各位定义见表 5-2，含义如下。

表 5-2　TCON 各位位名称及位地址

位名称	TF1	TR1	TF0	TR0	IE1	IT1	IE0	IT0
位地址	8FH	8EH	8DH	8CH	8BH	8AH	89H	88H

IT0：外部中断 0 请求（$\overline{INT0}$）触发方式控制位，由软件置"1"或清"0"。IT0 = 0，$\overline{INT0}$触发方式为电平触发方式，当 P3.2 引脚出现低电平时信号有效；IT0 = 1，$\overline{INT0}$触发方式为边沿触发方式，当 P3.2 引脚出现下降沿时信号有效。

IE0：外部中断 0 中断请求标志。当$\overline{INT0}$引脚 P3.2 出现有效的外部中断信号时，由硬件置"1"，请求中断。

IT1：外部中断 1 请求（$\overline{INT1}$）触发方式控制位。其意义和 IT0 类似。

IE1：外部中断 1 中断请求标志。其意义和 IE0 类似。

TF0：片内定时/计数器 0 溢出中断请求标志，在启动 T0 计数后定时/计数器 0 从初始值开始计数，当最高位产生溢出时，由硬件将 TF0 置"1"，向 CPU 申请中断。CPU 响应 TF0 中断时将该标志位清"0"，TF0 也可用软件清"0"（查询方式）。

TF1：片内的定时/计数器 1 的溢出中断申请标志，功能和 TF0 类似。

2. SCON（串行口控制寄存器）

SCON 为串行口控制寄存器，字节地址为 98H，它是可位寻址的特殊功能寄存器。SCON 的低 2 位 TI 和 RI 为串行口的接收中断和发送中断标志，SCON 各位位名称及位地址见表 5-3。

表 5-3　SCON 各位位名称及位地址

位名称	SM0	SM1	SM2	REN	TB8	RB8	TI	RI
位地址	9FH	9EH	9DH	9CH	9BH	9AH	99H	98H

TI：串行口发送中断标志。

RI：串行口接收中断标志。

注意，CPU 在响应串行发送、接收中断后，TI、RI 不能自动清"0"，必须用软件清"0"。

3. IE 中断允许寄存器

AT89S51 单片机是否接受中断申请，接受哪个中断申请由可以位寻址的特殊功能寄存器 IE 决定。其字节地址为 A8H，各位位名称及位地址见表 5-4。各控制位置"1"表示允许中断，清"0"表示禁止中断。

表 5-4　IE 各位位名称及位地址

位名称	EA	×	×	ES	ET1	EX1	ET0	EX0
位地址	AFH	×	×	ACH	ABH	AAH	A9H	A8H

EA：中断允许总控制位。EA=0，则 CPU 禁止所有中断；EA=1，则 CPU 开放中断。

ES：串行中断允许控制位。

ET1：定时/计数器 T1 中断允许控制位。

EX1：外部中断 1 中断允许控制位。

ET0：定时/计数器 T0 中断允许控制位。

EX0：外部中断 0 中断允许控制位。

【例 5-1】 若设置外部中断 0、外部中断 1 及定时/计数器 0 中断允许，其他不允许，求 IE 值。

解：参照表 5-4，根据题意设置 IE 中断允许位见表 5-5。

表 5-5　根据题意设置 IE 中断允许位

EA	×	×	ES	ET1	EX1	ET0	EX0
1	0	0	0	0	1	1	1

求得(IE)=87H。编写程序时，可用字节操作指令为：

```
MOVIE,#87H
```

也可以用位操作指令为：

```
SETB EA
SETB EX1
SETB ET0
SETB EX0
```

4. IP （中断优先级控制寄存器）

IP 是可以进行位寻址的特殊功能寄存器，其字节地址为 B8H。各位位名称及位地址见表 5-6。

表 5-6　IP 各位位名称及位地址

位名称	×	×	×	PS	PT1	PX1	PT0	PX0
位地址	BFH	BEH	BDH	BCH	BBH	BAH	B9H	B8H

以上某位被清 "0"，则定义相应中断为低优先级；某位被置 "1"，则定义相应中断为高优先级。

如果将 5 个中断源全部设定为高优先级或全部设定为低优先级，则相当于不分优先级。这时，响应中断的先后顺序依系统内规定的优先权而定，见表 5-1。

PS：串行口中断优先级控制位。

PT1：定时/计数器 T1 的中断优先级控制位。

PX1：外部中断 1 中断优先级控制位。

PT0：定时/计数器 T0 的中断优先级控制位。

PX0：外部中断 0 中断优先级控制位。

【例 5-2】 若将外部中断 0、定时/计数器 T1 设为高优先级，其他为低优先级，求 IP 值。

解： 根据表 5-6，外部中断 0、定时/计数器 T1 设为高优先级，则 PX0=1，PT1=1，其余为 0，见表 5-7。

表 5-7　例 5-2 IP 各位设置

×	×	×	PS	PT1	PX1	PT0	PX0
0	0	0	0	1	0	0	1

求得（IP）=09H，编写程序时，可用字节操作指令为：

  MOVIP,#09H

也可以用位操作指令为：

  SETB PX0
  SETB PT1

5.1.4　中断响应过程

AT89S51 单片机中断处理过程大致可分 4 步：中断请求、中断响应、中断服务、中断返回，如图 5-4 所示。其中大部分操作是由 CPU 完成的。用户只需了解设置堆栈、设置中断允许、设置中断优先级、编写中断服务程序等，若为外中断还需设置触发方式。

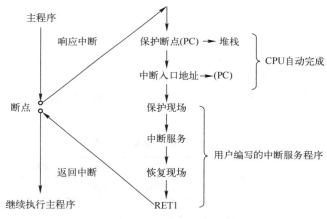

图 5-4　中断过程示意图

1. 中断请求

中断源要求 CPU 为它服务时，必须发出一个中断请求信号。若是外部中断源，则需将其连接到单片机的 P3.2（$\overline{\text{INT0}}$）或 P3.3（$\overline{\text{INT1}}$）引脚上。当外部中断源发出有效中断信号时，相应的中断请求标志 IE0 或 IE1 置"1"，提出中断请求。若是内部中断源发出有效信号，如 T0、T1 溢出，则相应的中断请求标志 TF0 或 TF1 置"1"，提出中断请求。

AT89S51 单片机在每一个机器周期的最后一个状态、按优先级顺序对中断请求标志位进行查询，即先查询高优先级中断后查询低优先级中断，同级中断按优先权的先后顺序查询。如果查询到有标志位为"1"，则表明有中断请求发生。由于中断请求是随机发生的，CPU 无法预先得知，因此在程序执行过程中，中断查询要在指令执行的每个机器周期中不停地重复进行。

2. 中断响应

中断响应就是对中断源提出的中断请求的接受，当查询到有效的中断请求时，就进行中断响应。

（1）中断响应条件

中断源发出中断请求后，CPU 响应中断必须满足如下条件。

1）已开总中断（EA＝1）和相应中断源的中断（相应允许控制位置位）。

2）未执行同级或更高级的中断。

3）当前执行指令的指令周期已经结束。

4）正在执行的是 RETI 和访问 IE、IP 指令，则要再执行一条指令后才能响应。

（2）中断响应操作

CPU 响应中断后，进行如下操作：

在一种中断响应后，屏蔽同优先级和低优先级的其他中断。

响应中断后，应清除该中断源的中断请求标志位，否则中断返回后将重复响应该中断而出错。有的中断请求标志（TF0、TF1，边沿触发方式下的 IE0、IE1）在 CPU 响应中断后，CPU 自动清除。有的中断标志（RI、TI）CPU 不能清除，只能由用户编程清除。另外，电平触发方式下的中断请求标志（IE0、IE1），一般要通过外电路清除。

CPU 响应中断后，首先将中断点的 PC 值压入堆栈保护起来。然后 PC 装入相应的中断入口地址，并转移到该入口地址执行中断服务程序。当执行完中断服务程序的最后一条指令 RETI 后，自动将原先压入堆栈的中断点的 PC 值弹回至 PC 中，中断返回。

中断响应是有条件的，并不是查询到的所有中断请求都能被立即响应，当存在下列情况之一时，中断响应被封锁。

1）CPU 正在处理同级或者更高优先级的中断。因为当一个中断被响应时，要把对应的中断优先级状态触发器置 1，封锁了低级和同级中断。

2）查询中断请求的机器周期不是当前指令的最后一个机器周期。做此限制的目的在于使当前指令执行完毕后，才能进行中断响应，以确保当前指令的完整执行。

3）当前指令是返回指令（RET、RETI）或访问 IE、IP 的指令。因为 AT89S51 单片机中断系统的特性规定，在执行完这些指令之后，还应再继续执行一条指令，然后才能响应中断。

如果存在上述三种情况之一，CPU 将丢弃中断查询结果，不能对中断进行响应。

3. 中断响应时间

用从外部中断请求有效到转向中断入口地址所需的机器周期数来计算中断响应时间。

AT89S51 单片机的最短响应时间为 3 个机器周期。其中中断请求标志位查询占 1 个机器周期，而这个机器周期又恰好是指令的最后一个机器周期，在这个机器周期结束后，中断即被响应，产生 LCALL 指令。执行这条长调用指令需 2 个机器周期，总计 3 个机器周期。

外部中断响应的最长时间为 8 个机器周期。这种情况发生在 CPU 进行中断标志查询时，刚好才开始执行 RETI 或访问 IE 或 IP 的指令，则需把当前指令执行完再继续执行一条指令后，才能响应中断。执行上述的 RETI 或访问 IE 或 IP 的指令，最长需要 2 个机器周期。而接着再执行一条指令，按最长的指令（MUL（乘）或 DIV（除））来计算，有 4 个机器周期。再加上硬件自动产生 LCALL 指令，需要 2 个机器周期，所以，外部中断响应的最长时间为 8 个机器周期。

当然，如果出现同级或高级中断正在响应或服务中需等待的时候，那么响应时间就无法计算。

4. 中断处理

根据要完成的项目和任务编写中断服务程序。一般来说，中断服务程序包含以下几部分。

1）保护现场。一旦进入中断服务程序，便将与断点处信息相关的且在中断服务程序中可能改变的存储单元（如 ACC、PSW、DPTR 等）的内容通过"PUSH direct"指令压入堆栈保护起来，以便中断返回时恢复。

2）执行中断服务程序主体，完成相应操作。中断服务程序中的操作内容和功能是中断源请求中断的目的，是 CPU 完成中断处理操作的核心和主体。

3）恢复现场。与保护现场相对应，在返回前（即执行返回指令 RETI 前），通过"POP direct"指令将保护现场时压入堆栈的内容弹出，送到原来相关的存储单元后，再中断返回。

5. 中断返回

在中断服务程序的最后，应安排一条中断返回指令 RETI，其作用是：

1）恢复断点地址。将原来压入堆栈中的断点地址弹出，送到 PC 中。这样 CPU 就返回到原中断断点处，继续执行被中断的程序。

2）开放响应中断时屏蔽的其他中断。

6. 中断请求的撤销

中断响应后，中断请求信号及中断请求标志不清除，就意味着请求仍然存在，很容易造成中断程序的多次重复执行。有关中断请求的撤销，具体分析如下：

1）硬件清零。定时/计数器 T0、T1 和边沿触发方式下的外部中断 $\overline{INT0}$、$\overline{INT1}$ 的中断请求标志位 TF0、TF1、IE0、IE1，在中断响应后由 CPU 硬件自动撤除。

2）软件清零。CPU 响应串行中断后，其硬件不能自动清除其中断请求标志位。用户应在串行中断服务程序中用指令清除标志位 TI、RI。

3）强制清零。对于外部中断的电平触发方式，当外中断源使 $\overline{INT0}$ 或 $\overline{INT1}$ 引脚端低电平维持。

时间过长，很容易引起中断的再次响应。对于这种情况，可采用外加电路的方法，清除引起置位中断请求标志来源。如图 5-5 所示为外加清零电路，当外部设备出现低电平的中断请求信号时，Q 端输出为低电平，$\overline{INT0}$ 有效，向计算机发出中断申请。CPU 响应后，为了撤销中断请求，可利用 D 触发器的直接置位端 S$_{-D}$ 实现，把 S$_{-D}$ 端接 AT89S51 单片机的 P1.7 引脚。因此，只要 P1.7 引脚输出一个负脉冲就可以使 D 触发器置 1，从而撤销低电平的中断请求信号。所需的负脉冲在中断程序中增加如下指令即可得到

```
ORL P1,#80H;P1.7 为 1
ANL P1,#07FH ;P1.7 为 0
ORL P1,#80H;P1.7 为 1
```

可见低电平方式外部中断请求信号的完全撤销是通过软硬件相结合的方法实现的。

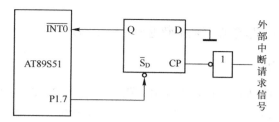

图 5-5　电平触发式外中断请求的撤除电路

【想一想】

1. 如果 AT89S51 单片机允许片内 2 个定时/计数器中断，禁止其他中断源的中断请求，请编写设置 IE 的相应程序。

2. 设置 AT89S51 单片机的两个外部中断请求为高优先级，其他中断请求为低优先级。

3. 某程序中对 IE 和 IP 的初始化如下，说出初始化的结果。

```
MOV IE,#8FH
MOV IP,#06H
```

4. 为什么一般的中断服务程序要在中断入口地址处设一条转移指令？

5.2　中断应用

5.2.1　中断应用步骤

中断系统应用中，编写程序要解决的问题是中断初始化和中断服务程序。

1. 中断初始化

中断初始化应在产生中断请求前完成，一般放在主程序中，并常与主程序初始化综合考虑一起进行。

1）开中断。将控制寄存器 IE 中的中断控制位 EA 和相应的中断允许控制位置"1"，其余位清"0"。

2）若是外中断，则要定义中断触发方式，将控制寄存器 TCON 中相关的控制位置"1"或清"0"。

3）定义中断优先级。将中断优先级控制寄存器 IP 中相关的控制位置"1"或清"0"。

2. 中断服务程序

中断服务程序中除包含中断处理的程序段外，还包括以下几个方面的内容，编程时予以注意。

1）在相应的中断入口地址处设置一条跳转指令（SJMP、AJMP 或 LJMP），将中断服务程序转到合适的 ROM 空间。若中断服务程序长度不大于 8 个字节时，可直接放置在中断入口地址处。

2）现场保护。为减轻堆栈负担，保护现场的数据存储单元数量力求少。

3）CPU 响应中断后，其硬件不能自动清除其中断请求标志位时，应考虑清除中断请求标志位的其他操作。

4）恢复现场最后一条指令必须是中断返回指令 RETI。

5.2.2　中断应用举例

【例 5-3】将单脉冲接到外中断 0（$\overline{\text{INT0}}$）引脚，利用 P1.0 作为输出，如图 5-6 所示。编写程序，每按动一次按钮，产生一个外中断信号，使发光二极管亮或灭。

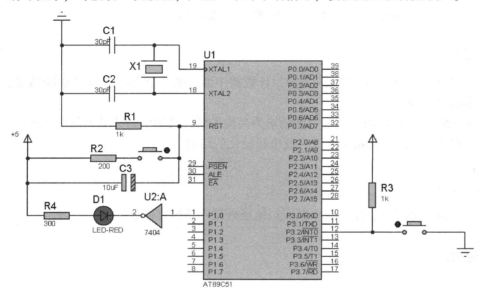

图 5-6　以中断方式使发光二极管状态变化电路仿真图

v5-1

解：依题意，需对外部中断 0 开放中断，则中断允许寄存器 IE 设置如下：

	EA		ES	ET1	EX1	ET0	EX0
IE	1	—	—	0	0	0	1

根据题目要求，程序如下：

```
        ORG  0000H
        LJMP   MAIN        ;转主程序
        ORG   0003H        ;外中断0中断入口
        LJMP   EX0INT       ;转中断服务程序入口
        ORG   0030H        ;主程序
MAIN：  SETB   IT0         ;置下降沿触发方式
        MOV   IE,#81H      ;外中断0开中断
        CLR   P1.0         ;灯的初始状态为暗
WAIT：  NOP               ;等待中断
        SJMP  WAIT
        ORG   0100H        ;中断服务程序
EX0INT：CPL   P1.0        ;中断处理
        RETI              ;中断返回
        END
```

5.3 案例：中断系统应用

【任务目的】 理解 AT89S51 单片机中断原理及中断过程，掌握中断系统编程方式。用 Proteus 设计电路以及仿真 AT89S51 单片机外部中断过程。

【任务描述】 该任务用 AT89S51 单片机外部中断功能控制 4 个发光二极管的显示。预先设定发光二极管的亮灭。当无外中断 0 时，发光二极管不显示，当有外中断 0 输入时，立即产生中断，转而执行中断服务程序，查询相应发光二极管的设定值，使其点亮。

1. 硬件电路设计

双击桌面上 ![] 图标，打开 ISIS 7 Professional 窗口。单击菜单命令 "File" → "New Design"，新建一个 DEFAULT 模板，保存文件名为 "中断系统应用.DSN"。在器件选择按钮 P L DEVICES 中单击 "P" 按钮，或执行菜单命令 "Library" → "Pick Device/Symbol"，添加如表 5-8 所示的元器件。

表 5-8 中断系统应用电路所需元器件清单

单片机 AT89C51	开关 SW-SPST	开关 SW-SPDT	电阻 RES	与非门 74LS00
发光二极管 LED-BLUE	发光二极管 LED-RED	发光二极管 LED-YELLOW		发光二极管 LED-GREEN

在 ISIS 原理图编辑窗口中放置元件，再单击工具箱中的"元件终端"图标 ![]，在对象选择器中单击"POWER"和"GROUND"放置电源和地。放置好元件后，布线。左键双击各元件，设置相应元件参数，完成原理图设计，如图 5-7 所示，省略时钟电路和复位电路。

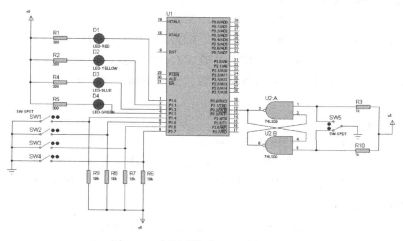

图 5-7 中断系统应用电路仿真图　　　　　　　v5-2

2. 程序设计

```
ORG    0000H
LJMP   MAIN       ;上电,转向主程序
ORG    0003H      ;外部中断0的入口地址
LJMP   NEXT       ;转向中断服务程序
ORG    0030H      ;主程序
```

```
MAIN: SETB    EX0              ;允许外部中断 0 中断
      SETB    IT0              ;选择下降沿触发方式
      SETB    EA               ;打开中断
HERE: SJMP    HERE             ;等待中断
      ORG     0100H            ;中断服务程序
NEXT: MOV     A,#0FFH
      MOV     P1,A             ;将 P1 口置高电平,准备读引脚
      MOV     A,P1             ;取开关状态
      SWAP    A                ;A 的高、低 4 位互换
      MOV     P1,A             ;输出驱动 LED 发光
      RETI                     ;中断返回
      END
```

3. 加载目标代码、设置时钟频率

将中断系统应用汇编程序生成目标代码文件"中断.hex",加载到图 5-7 中单片机"Program File"属性栏中,并设置时钟频率为 12 MHz。

4. 仿真

单击图标 ▶ ▐▶ ▐▐ ■ 中的按键 ▶ ,启动仿真。单击图 5-7 中的按键,可以看到二极管亮与灭,不仅取决于对应的按键,最终取决于外部中断 0 的控制。

5.4 案例:中断优先控制

【任务目的】理解 AT89S51 单片机中断优先级和优先权,掌握中断系统编程方法。用 Proteus 设计电路以及仿真 AT89S51 单片机的中断优先级控制。

【任务描述】该任务利用 AT89C51 单片机主程序控制 P0 口数码管循环显示 0~9;外中断 0(INT0)、外中断 1(INT1)发生时分别在 P2、P1 口依次显示 0~9;INT1 为高优先级,INT0 为低优先级。高优先级可以中断低优先级,低优先级不能中断高优先级,同一优先级不能相互中断。

1. 硬件电路设计

双击桌面上 ISIS 图标,打开 ISIS 7 Professional 窗口。单击菜单命令"File"→"New Design",新建一个 DEFAULT 模板,保存文件名为"中断优先控制.DSN"。在器件选择按钮 P L DEVICES 中单击"P"按钮,或执行菜单命令"Library"→"Pick Device/Symbol",添加表 5-9 中所示的元器件。

表 5-9   中断优先控制所需元器件清单

单片机 AT89C51	瓷片电容 CAP 30pF	晶振 CRYSTAL 12 MHz	电阻 RES	排阻 R×8
按钮 BUTTON	电解电容 CAP-ELEC	7SEG-COM- AN-GRN		排阻 RESPACK-8

在 ISIS 原理图编辑窗口中放置元件,再单击工具箱中的"元件终端"图标 ⊟ ,在对象选择器中单击"POWER"和"GROUND"放置电源和地。放置元件后进行布线。左键双击各元件,设置相应元件参数,完成电路设计,如图 5-8 所示。

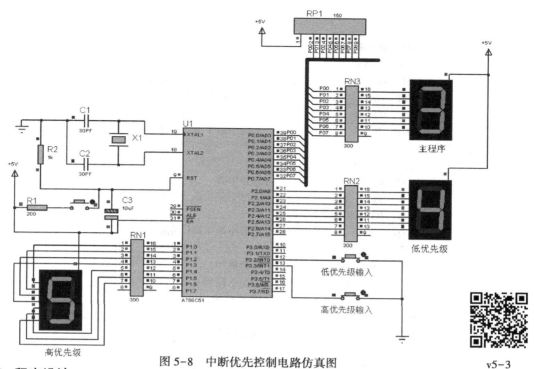

图 5-8　中断优先控制电路仿真图

v5-3

2. 程序设计

（1）程序流程图

中断优先控制主程序流程图如图 5-9 所示，中断服务程序流程图如图 5-10 所示。

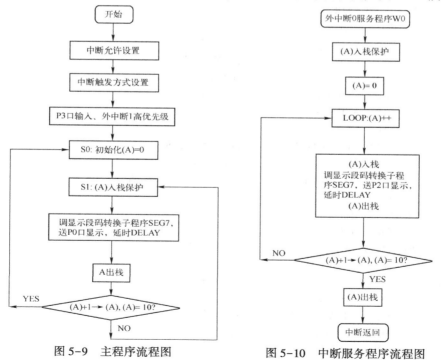

图 5-9　主程序流程图

图 5-10　中断服务程序流程图

（2）参考程序

```
                ORG    0000H
                SJMP   START
                ORG    0003H              ;外部中断 0 的入口地址
                LJMP   W0                 ;转向中断 0 服务程序
                ORG    0013H              ;外部中断 1 中断入口地址
                LJMP   W1                 ;转向中断 1 服务程序
;主程序
                ORG    0030H
    START：MOV   IE,#85H                  ;打开中断
                MOV    TCON,#5            ;选择下降沿触发方式
                MOV    P3,#0FFH
                SETB   PX1                ;外部中断 1 高优先级
    S0：MOV    A,#0
    S1：PUSH   ACC                        ;保护现场
                ACALL  SEG7               ;调显示段码
                MOV    P0,A               ;P0 口输出
                ACALL  DELAY              ;调延时
                POP    ACC                ;恢复现场
                INC    A
                CJNE   A,#10,S1           ;显示是否超过 9
                SJMP   S0                 ;是,从 0 重新显示
;外部中断 0 服务程序
                ORG    1030H
    W0：PUSH   ACC                        ;保护现场
                MOV    A,#0
    LOOP：PUSH   ACC                      ;保护现场
                ACALL  SEG7               ;调显示段码
                MOV    P2,A               ;P2 口输出
                ACALL  DELAY              ;调延时
                POP    ACC                ;恢复现场
                INC    A
                CJNE   A,#10,LOOP         ;显示是否超过 9
                POP    ACC                ;恢复现场
                MOV    P2,#0FFH           ;P2 口数码管各段全暗
                RETI
;外部中断 1 服务程序
                ORG    0230H
    W1：PUSH   ACC                        ;保护现场
                MOV    A,#0
    LOO P1：PUSH   ACC                    ;保护现场
                ACALL  SEG7
                MOV    P1,A               ;P1 口输出
                ACALL  DELAY              ;调延时
                POP    ACC                ;恢复现场
                INC    A
```

```
        CJNE    A,#10,LOOP1             ;显示是否超过 9
        MOV     P1,#0FFH                ;P1 口数码管各段全暗
        POP     ACC                     ;恢复现场
        RETI
;延时程序
        ORG     0280H
DELAY：MOV      R7,#250                 ;延时子程序,500 ms
    D1：MOV      R6,#250
    D2：NOP
        NOP
        NOP
        NOP
        NOP
        NOP
        DJNZ    R6,D2
        DJNZ    R7,D1
        RET
SEG7：INC       A
        MOVC    A,@ A+PC
        RET
        DB      0C0H,0F9H,0A4H,0B0H, 99H    ;0~4 的共阳型显示码
        DB      92H,82H,0F8H,80H,90H        ;5~9 的共阳型显示码
        END
```

3. 加载目标代码、设置时钟频率

将中断优先控制汇编程序生成目标代码文件 "中断优先 . hex",加载到图 5-8 中单片机 "Program File" 属性栏中,并设置时钟频率为 12 MHz。

4. 仿真

单击图标▶ ▶ ❙❙ ■ 中的按键▶ ,启动仿真。AT89C51 单片机主程序控制 P0 口数码管循环显示 0~9;低优先级 ($\overline{INT0}$) 按键闭合,中断 P0 口数码管显示,在 P2 口输出依次显示 0~9。高优先级 ($\overline{INT1}$) 按键闭合,中断 P2 口数码管显示,在 P1 口输出依次显示 0~9。

5.5 定时/计数器

在检测、控制和智能仪器等应用中,常用定时器作时钟,实现定时检测、定时控制。还可以用定时器产生毫秒宽的脉冲,驱动步进电动机等设备。AT89S51 单片机有两个可编程的定时/计数器：T0 和 T1。它们可以工作在定时状态,也可以工作在计数状态。作为定时器时,不能再作为计数器;反之亦然。

5.5.1 定时/计数器概述

1. 定时/计数器结构

AT89S51 单片机内部有两个可编程的定时/计数器 T0、T1。每个定时/计数器都可以实

现定时或计数功能。T0、T1 的结构框图如图 5-11 所示，它们各有一个 16 位的加 1 计数器，计数器由低 8 位 TL 和高 8 位 TH 组成。图中用特殊功能寄存器 TH0、TL0、TH1、TL1 表示，每输入一个脉冲，计数器加 1。当加法计数器计满时，计数器发出溢出信号，可由程序安排产生中断请求信号或不产生中断请求信号。

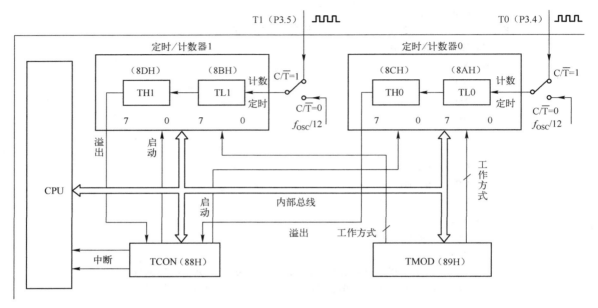

图 5-11　定时/计数器 T0、T1 的结构图

　　定时/计数器可由程序选择作为定时器或作为计数器。作为定时器用时，加法计数器对内部机器周期脉冲计数。由于机器周期是定值，如机器周期为 $1\,\mu s$，计数值 100，相当于定时 $100\,\mu s$。脉冲来自 T0（P3.4）或者 T1（P3.5）引脚时，可实现对外部事件的计数功能。

　　TMOD 是定时工作方式寄存器，用来控制 T0、T1 的工作方式。TCON 是定时器控制寄存器，用来控制定时器的运行及溢出标志等。

　　加法计数器的初值可以由程序设定，设置的初值不同，计数值或定时时间就不同。在定时/计数器的工作过程中，加法计数器的内容可由程序读回 CPU 中。

5.5.2　定时/计数器的控制

1. 工作方式寄存器 TMOD

　　TMOD 用来选择 T0、T1 的工作方式，低四位用于 T0，高 4 位用于 T1，TMOD 不可以进行位寻址，TMOD 各位定义见表 5-10。

表 5-10　TMOD 结构及各位名称

位名称	T1				T0			
	GATE	C/$\overline{\text{T}}$	M1	M0	GATE	C/$\overline{\text{T}}$	M1	M0

　　1）定时/计数器工作方式选择位 M1、M0。定时/计数器 4 种工作方式的选择由 M1、M0 的值决定，见表 5-11。

116

表 5-11　T0、T1 的工作方式

M1	M0	工作方式	工 作 方 式	容量
0	0	0	13 位计数器，$N=13$	$2^{13}=8192$
0	1	1	16 位计数器，$N=16$	$2^{16}=65536$
1	0	2	两个 8 位计数器，初值自动装入，$N=8$	$2^8=256$
1	1	3	两个 8 位计数器，仅适用于 T0，$N=8$	$2^8=256$

2）定时/计数器功能选择位 C/$\overline{T}$。C/$\overline{T}$=1 为计数器工作方式，C/$\overline{T}$=0 为定时器工作方式。

3）门控位 GATE。如果 GATE=0，定时/计数器的工作只受控制寄存器 TCON 中的运行控制位 TR0/TR1 的控制，与引脚$\overline{INT0}$、$\overline{INT1}$无关。如果 GATE=1，定时/计数器 0 的工作受运行控制位 TR0/TR1 和外部输入信号（$\overline{INT0}$、$\overline{INT1}$）的双重控制。

2. 控制寄存器 TCON

控制寄存器 TCON 的位名和地址见表 5-12。其中高 4 位用于控制定时器 0、1 的运行；低 4 位用于控制外部中断。

表 5-12　TCON 各位名称及位地址

位名称	TF1	TR1	TF0	TR0	IE1	IT1	IE0	IT0
位地址	8FH	8EH	8DH	8CH	8BH	8AH	89H	88H

1）TF0：定时/计数器 T0 溢出标志。在启动 TR0 后，T0 从初始值开始计数，当最高位产生溢出时，由硬件置 TF0 为"1"，向 CPU 申请中断。CPU 响应 TF0 中断时，由硬件自动将 TF0 清"0"，TF0 也可用软件清"0"（查询方式）。

2）TF1：定时/计数器 T1 的溢出标志，功能和 TF0 类似。

3）TR0：定时/计数器 T0 运行控制位 TR0。由软件置"1"/清"0"来开启/关闭。

4）TR1：定时/计数器 T1 运行控制位 TR1。由软件置"1"/清"0"来开启/关闭。

5.5.3　定时/计数器的工作方式

1. 方式 0

M1M0=00 时，定时/计数器 T1 工作于方式 0，构成 13 位定时/计数器。图 5-12 所示为定时/计数器 1 处于工作方式 0 的结构图。

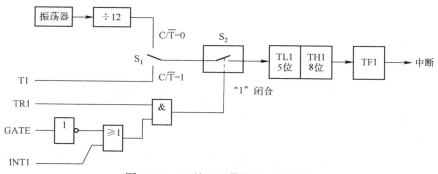

图 5-12　T1 处于工作方式 0 结构图

TH1 是高 8 位加法计数器，TL1 是低 5 位加法计数器（只用 5 位，其高 3 位未用）。TL1 低 5 位计数满时不向 TL1 的第 6 位进位，而是向 TH1 进位。13 位计数溢出时，TF1 = 1，请求中断，最大计数值为 2^{13} = 8192（计数器初值为 0 时）。

可用程序将 0~8191 的某一数送入 TH1、TL1 作为初值，TH1、TL1 从初值开始计数直至溢出。所以设置的初值不同，定时或计数也不同。要注意的是：当加法计数器 TH1 溢出后，必须用程序重新对 TH1、TL1 设置初值，否则下一次 TH1、TL1 将从 0 开始计数。

2. 方式 1

M1M0 = 01 时，定时/计数器 T1 工作于方式 1，构成 16 位定时/计数器。图 5-13 为定时/计数器 1 方式 1 的结构图。由 TH1 高 8 位、TL1 低 8 位组成。16 位计数溢出时，TF1 = 1，请求中断，最大计数值为 2^{16} = 65536（计数器初值为 0 时）。其他与工作方式 0 相同。

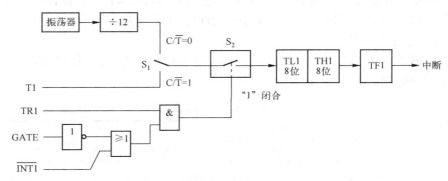

图 5-13 T1 处于工作方式 1 结构图

3. 方式 2

当 M1M0 = 10 时，定时/计数器 T1 工作于方式 2。方式 2 是自动重新装入初值（自动重装载）的 8 位定时/计数器，结构如图 5-14 所示。

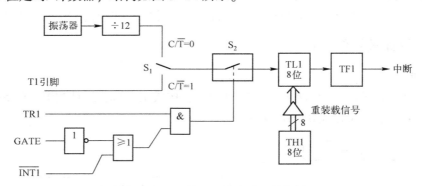

图 5-14 T1 处于工作方式 2 结构图

在图 5-14 中，TL1 作为 8 位加法计数器使用。TH1 作为初值寄存器使用。TH1、TL1 的初值都由软件预置。TL1 计算溢出时，不仅置位 TF1，而且发出重装载信号，使三态门打开，将 TH1 中初值自动送入 TL1，使 TL1 从初值开始重新计数。重新装入初值后，TH1 的内容保持不变。工作方式 2 最大计数值为 2^8 = 256。可以看出，方式 2 的优点是定时初值可自动恢复，缺点是计数范围小。

4. 方式3

M1M0＝11 时，定时/计数器 T1 工作于方式 3。T0 有工作方式 3，T1 无工作方式 3。有关工作方式 3 的情况，读者可参阅有关资料。

5.5.4 定时/计数器的编程和应用

1. 最大计数容量

定时/计数器本质上是一个加 1 计数器，每来一个脉冲，计数器计数加 1，其最大的计数量就是定时/计数器的最大计数容量，若用 N 表示计数的位数，则最大计数容量＝2^N。

若定时/计数器工作在方式 2，则 N＝8，为 8 位计数器，计数容量为 256。若从 0 开始计数，当计到 256 个数时，计数器的内容由 FFH 变为 100H，因为 8 位计数器只能容纳 8 位数，所以计数产生溢出，定时/计数器的中断标志位（TF0 或 TF1）被置 1，请求中断，与此同时，计数器内容变为 0。在方式 0 和方式 1 下，其最大计数容量分别为 2^{13} = 8192 和 2^{16} = 65536。

2. 初值确定方法

定时/计数器的计数起点不一定要从 0 开始。计数起点可根据需要，预先设定为 0 或任意小于计数容量的值。这个预先设定的计数起点值称为计数初值。从该初值开始计数，直到计数溢出，计数容量为（2^N−初值）。定时/计数器用作定时器时，由单片机内部提供脉冲源，频率为晶振频率 f_{osc} 的 1/12，周期就是机器周期，当工作方式确定后，N 便可确定。定时时间与计数初值之间有如下关系式：

$$定时时间＝(2^N−初值)×机器周期$$
$$初值＝2^N−定时时间/机器周期$$

其中，机器周期＝$12/f_{osc}$。所以又有

$$初值＝2^N−(定时时间×f_{osc})/12$$

显然，初值为零时的定时时间最大，称为最大定时时间。

3. 初始化

初始化程序主要完成以下工作：

1）对 TMOD 赋值，确定 T0 和 T1 的工作方式。

2）计算初值，并将其送入 TH0、TL0 或 TH1、TL1。

3）如使用中断，则还要对 IE 进行赋值，开放中断。

4）将 TR0 或 TR1 置位，启动定时/计数器。

【例 5-4】已知某单片机振荡频率 f_{osc}＝12 MHz，使用定时器产生周期为 1 ms 的等宽方波，由 P1.0 端输出。（1）使用定时器 1 以工作方式 0，采用查询方式；（2）使用定时器 0，以工作方式 1，采用中断方式。

解：

（1）使用定时器 1，工作方式 0，查询方式

1）计算计数初值 TH1、TL1

在 P1.0 引脚输出周期为 1 ms 的等宽方波，只要使用 P1.0 引脚交替输出各为 500 μs 的高、低电平即可。则定时时间为 500 μs，设计数初值为 x，由下式可得：

$$(2^{13}−x)×12/(12×10^6)=500×10^{-6}$$

解得 $x = 7692$，转化为二进制为：000 <u>11110000</u> <u>01100</u> 将其低 5 位装入 TL1，TL1 = 0CH；高 8 位装入 TH1，TH1 = 0F0H。

2）TMOD 寄存器初始化

定时器 1 定时功能，$C/\overline{T} = 0$；无需 $\overline{INT0}$ 控制，GATE = 0；工作方式为方式 0，则 M1M0 = 00，定时器 0 不用，有关位均设为 0。因此，TMOD 寄存器应初始化为 00H。

3）TR 及 IE 的使用

因为查询方式，要关闭中断，则 IE 应为 0。

由 TCON 中的 TR1 位控制定时的启动和停止，TR1 = 1 启动，则启动计数时，TR1 要置"1"。

4）程序设计

```
            ORG   0000H
            MOV   TMOD,#00H        ;设置 T1 为工作方式 0
            MOV   TH1,#0F0H        ;设置计数初值
            MOV   TL1,#0CH
            MOV   IE,#00H          ;禁止中断
            SETB  TR1              ;启动定时
    LOOP:   JNB   TF1,LOOP         ;查询计数溢出
            CPL   P1.0             ;输出取反
            MOV   TH1,#0F0H         ;重新设置计数初值
            MOV   TL1,#0CH
            CLR   TF1              ;清除计数溢出标志位
            AJMP  LOOP
            END
```

（2）使用定时器 0，工作方式 1，中断方式

1）计算计数初值

由下式得：

$$(2^{16} - x) \times 12 / (12 \times 10^6) = 500 \times 10^{-6}$$
$$x = 2^{16} - 500 = 10000H - 1F4H = 0FE0CH$$

所以 TH0 = 0FEH，TL0 = 0CH。

2）TMOD 寄存器初始化

$$(TMOD) = 01H$$

3）IE 及 TR 的使用

中断方式，要使 EA = 1 及 ET0 = 1 开放中断。由 TR0 = 1 启动定时。

4）程序设计

```
        ;主程序
            ORG   0000H
            LJMP  START
            ORG   000BH
            LJMP  T0F
            ORG   0100H
    START:  MOV   TMOD,#01H        ;定时器 0 工作方式 1
```

```
        MOV    TH0,#0FEH          ;设置计数初值
        MOV    TL0,#0CH
        SETB   EA                 ;开放中断
        SETB   ET0                ;开放定时 0 中断
        SETB   TR0                ;定时开始
        SJMP   $                  ;等待中断
;中断服务程序
        ORG    0200H
TOF：CPL    P1.0                  ;输出取反
        MOV    TH0,#0FEH          ;重新设置计数初值
        MOV    TL0,#0CH
        RETI
        END
```

【例 5-5】 使用定时器 0 以工作方式 2，由 P1.6 输出周期为 100 μs 连续等宽方波。已知晶振频率为 12 MHz。

解：计算计数初值

等宽方波周期 100 μs，定时时间应为 50 μs，设计数初值为 x，则有

$$(2^8-x)\times12/(12\times10^6)=50\times10^{-6}$$

$$x=2^8-50=100H-32H=0CEH$$

程序设计如下：

```
;主程序
        ORG    0000H
        LJMP   MAIN
        ORG    000BH
        LJMP   TOF
        ORG    0100H
MAIN：MOV    TMOD,#02H
        MOV    TH0,#0CEH
        MOV    TL0,#0CEH
        SETB   EA
        SETB   ET0
        SETB   TR0
        SJMP   $
;中断服务程序
        ORG    0200H
TOF：CPL    P1.6
        RETI
        END
```

【想一想】

1. 已知单片机振荡频率 $f_{osc}=6$ MHz，T0 工作于方式 1，定时时间 2 ms，请分别写出采用中断和查询方式的初始化程序。

2. 已知定时/计数器 T1 工作于计数方式，计数值为 12，中断方式，分别使用工作方式

0、工作方式1或工作方式2，请写出初始化程序。

5.6 案例：60 s 倒计时装置电路设计

【任务目的】理解定时及定时中断原理，掌握中断与定时/计数器综合程序设计及外围电路的设计。

【任务描述】AT89S51 有两个定时/计数器，在任务中，定时/计数器 1（T1）作定时器用，选用方式 1。基本定时时间为 50 ms，则定时溢出次数计数达 20 次为定时 1 s。显示器采用共阳极数码管，静态显示，每 1 s 显示刷新一次。

1. 硬件电路设计

双击桌面上 ISIS 图标，打开 ISIS 7 Professional 窗口。单击菜单命令"File"→"New Design"，新建一个 DEFAULT 模板，保存文件名为"60 s 倒计时 . DSN"。在器件选择按钮 P L DEVICES 中单击"P"按钮，或执行菜单命令"Library"→"Pick Device/Symbol"，添加表 5-13 所示的元器件。

表 5-13　60 s 倒计时装置所需元器件清单

单片机 AT89C51. BUS	瓷片电容 CAP 30pF	晶振 CRYSTAL 12 MHz	电阻 RES
按钮 BUTTON	电解电容 CAP-ELEC	7SEG-COM- AN-GRN	排阻 R×8

在 ISIS 原理图编辑窗口中放置元件，再单击工具箱中的"元件终端"图标 ᅥᄆ，在对象选择器中单击"POWER"和"GROUND"放置电源和地。放置好元件后布线。左键双击各元件，设置相应元件参数，完成电路设计，如图 5-15 所示。

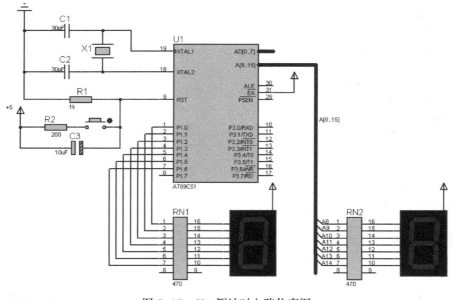

图 5-15　60 s 倒计时电路仿真图　　　　　　　　　　　　　v5-4

2. 程序设计

（1）程序流程

主程序流程图如图 5-16 所示，中断服务程序流程图如图 5-17 所示。

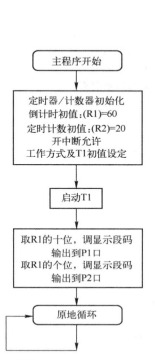

图 5-16　主程序流程图

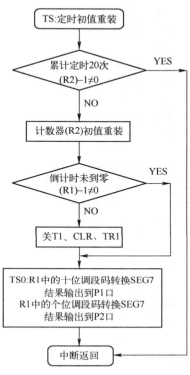

图 5-17　中断服务程序流程图

（2）参考程序

```
        ORG    0000H
        SJMP   MAIN
        ORG    001BH
        LJMP   TS              ;转 T1 中断服务程序
; *********************
;   主程序
; *********************
        ORG    0030H
MAIN:   MOV    R1,#60          ;倒计时初值
        MOV    R2,#20          ;定时中断溢出计数器 R2 初值为 20
        MOV    IE,#88H         ;T1 打开中断
        MOV    TMOD,#10H       ;T1 方式 1
        MOV    TH1,#3CH        ;定时初值
        MOV    TL1,#0B0H       ;定时初值
        SETB   TR1             ;启动 T1
        ACALL  DIS
        SJMP   $
```

```
;**********************
;定时器1中断服务子程序
;**********************
        ORG   0100H
   TS: MOV   TH,#3CH              ;重装初值
       MOV   TL1,#0B0H
       DJNZ  R2,TS1               ;定时1s到否
       MOV   R2,#20               ;到1s,重置R2=20
       DJNZ  R1,TS0               ;倒计时递减
       CLR   TR1                  ;倒计时结束,关定时器
       SJMP  TS1
  TS0: ACALL DIS                  ;调显示
  TS1: RETI                       ;中断返回

;**********************
;单字节十六进制数转为十进制数子程序
;**********************
  DIS: MOV   A,R1
       MOV   B,#10
       DIV   AB
       ACALL SEG7                 ;显示十位
       MOV   P1,A
       MOV   A,B
       ACALL SEG7                 ;显示个位
       MOV   P2,A
       RET                        ;子程序返回
 SEG7: INC   A
       MOVC  A,@A+PC              ;取显示段
       RET
       DB    0C0H,0F9H,0A4H,0B0H  ;0~3的共阳型显示码
       DB    99H,92H,82H,0F8H     ;4~7的共阳型显示码
       DB    80H,90H,88H,83H      ;8~B的共阳型显示码
       DB    0C6H,0A1H,86H,8EH    ;C~F的共阳型显示码
       END
```

3. 加载目标代码、设置时钟频率

将 60 s 倒计时装置汇编程序生成目标代码文件"60 s 倒计时 . hex",加载到图 5-15 中单片机"Program File"属性栏中,并设置时钟频率为 12 MHz。

4. 仿真

单击图标 ▶ ▶ ▮▶ ▮▮ ▮ ▪ 中的按键 ▶ ,启动仿真。可以见到两个数码管从 60 开始显示,每 1 s 显示刷新一次,数据依次递减,直到显示 01 停止,完成 60 s 倒计时。

思考题与习题

一、填空题

1. AT89S51 单片机的五个中断源的中断入口地址分别是 $\overline{\text{INT0}}$: _____ $\overline{\text{INT1}}$:

_____ T0：_____ T1：_____；串行口：_____。

2. AT89S51 单片机中断系统中共有 _____、_____、_____、_____、_____五个中断源，当处于同级中断优先级时，其中优先权最高的是_____，优先权最低的是_____。

3. 在 CPU 未执行同级或更高优先级中断服务程序的条件下，中断响应等待时间最少需要_____。

4. AT89S51 单片机的堆栈区只可设置在_____，堆栈寄存器 SP 是_____位寄存器。

5. 若（IP）= 00010100B，则中断优先级最高者为_____，最低者为_____。

6. 对中断进行查询时，查询的中断标志位共有 _____、_____、_____、_____、_____ 和_____六个中断标志位。

7. AT89S51 单片机内部有_____ 个位加 1 定时/计数器，可通过编程决定它们的工作方式，其中可进行 13 位定时/计数器的是方式是_____。

8. 处理定时/计数器的溢出请求有两种方法，分别是中断方式和查询方式。使用中断方式时，必须_____；使用查询方式时，必须_____。

9. 假定定时器 1 工作在方式 2，单片机的振荡频率为 6 MHz，则最大的定时时间为_____。

二、选择题

1. CPU 响应中断后，能自动清除中断请求"1"标志的有（   ）。
   A. $\overline{INT0}/\overline{INT1}$ 采用电平触发方式　　　B. $\overline{INT0}/\overline{INT1}$ 采用边沿触发方式
   C. 定时/计数器 T0/T1 中断　　　　　　　D. 串行口中断 TI/RI

2. AT89S51 五个中断源中，属外部中断的有 （   ）。
   A. $\overline{INT0}$　　　　B. $\overline{INT1}$　　　　C. T0　　　　D. T1
   E. TI　　　　F. RI

3. 按下列中断优先顺序排列，有可能实现的有 （   ）。
   A. T1、T0、$\overline{INT0}$、$\overline{INT1}$、串行口　　　B. $\overline{INT0}$、T1、T0、$\overline{INT1}$、串行口
   C. $\overline{INT0}$、$\overline{INT1}$、串行口、T0、T1　　　D. $\overline{INT1}$、串行口、T0、$\overline{INT0}$、T1

4. 各中断源发出的中断申请信号，都会标记在 AT89S51 系统中的（   ）中。
   A. TMOD　　　　B. TCON/SCON　　C. IE　　　　D. IP

5. 外中断初始化的内容不包括（   ）。
   A. 设置中断响应方式　　　　　　B. 设置外中断允许
   C. 设置中断总允许　　　　　　　D. 设置中断触发方式

6. 在 AT89S51 单片机中，仅通过软件就能实现中断撤销的是（   ）。
   A. 定时中断　　　　　　　　　　B. 脉冲触发的外部中断
   C. 电平触发的外部中断　　　　　D. 串行口中断

7. 在下列寄存器中，与定时器/计数器控制无关的是（   ）。
   A. TCON　　　　B. SCON　　　　C. IE　　　　D. TMOD

8. 与定时工作方式 0 和 1 相比较，定时工作方式 2 具备的特点是（   ）。
   A. 计数溢出后能自动恢复计数初值　　B. 增加计数器的位数

C. 提高了定时的精度　　　　　　　　　　D. 适于循环定时和循环计数

9. 对定时器 0 进行关中断操作，需要复位中断允许控制寄存器的（　　　）。

    A. EA 和 ET0　　　　B. EA 和 EX0　　　　C. EA 和 ET1　　　　D. EA 和 EX1

10. 执行中断返回指令，要从堆栈弹出断点地址，以便去执行被中断的主程序，从堆栈弹出的断点地址送给（　　　）。

    A. A　　　　　　　　B. PC　　　　　　　　C. DPTR　　　　　　　　D. B

11. 在 AT89S51 单片机中，需要外加电路实现中断撤除的是（　　　）。

    A. 定时中断　　　　　　　　　　　　　B. 脉冲方式的外部中断

    C. 串行中断　　　　　　　　　　　　　D. 电平方式的外部中断

三、判断题

1. 中断响应最快响应时间为 3 个机器周期。（　　　）

2. AT89S51 每个中断源相应地在芯片上都有其中断请求输入引脚。（　　　）

3. AT89S51 单片机对最高优先权的中断响应是无条件的。（　　　）

4. 中断初始化时，对中断控制器的状态设置，只可使用位操作指令，而不能使用字节操作指令。（　　　）

5. 外部中断 $\overline{\text{INT0}}$ 入口地址为 0013H。（　　　）

四、简答题

1. 什么叫中断？AT89S51 单片机能提供几个中断源？几个优先级？各个中断源的优先级怎样确定？在同一优先级中各个中断源的优先权怎样确定？

2. 写出 AT89S51 单片机 5 个中断源的入口地址、中断请求标志位名称及其所在的特殊功能寄存器。

3. 若允许 AT89S51 单片机外部中断 1，并禁止其他中断源的中断请求，该如何操作？写出操作指令。

4. AT89S51 单片机有几个定时/计数器？定时和计数有何异同？

5. AT89S51 单片机内部的定时/计数器控制寄存器有哪些？各有何作用？

6. 定时/计数器 T0 和 T1 各有几种工作方式？

7. 设 AT89S51 单片机的晶振频率为 12 MHz，定时器处于不同的工作方式时，最大定时时间分别是多少？

8. 设单片机的 $f_{osc}=12\,\text{MHz}$，要求用 T0 定时 150 μs，分别计算采用方式 0、方式 1 和方式 2 的定时初值。

五、编程题

1. 使用定时器从 P1.0 输出周期为 1 s 的方波，设系统时钟频率为 12 MHz。

2. 将定时器 T1 设置为外部事件计数器，要求每计 500 个脉冲，T1 转为定时方式，在 P1.2 输出一个脉宽 10 ms 的正脉冲。设系统时钟频率为 12 MHz。

3. 已知 $f_{osc}=12\,\text{MHz}$，采用查询方式编写 24 小时制的模拟电子钟程序，秒、分钟、小时分别存放于 R2、R3、R4 中。

第6章 单片机人机交互通道的接口技术

【知识目标】

1. 正确使用 LED 数码管、LCD 显示器。掌握单片机的静态、动态显示电路设计及程序设计。

2. 掌握矩阵式键盘工作原理及程序设计。

【技能目标】

1. 掌握利用 Keil 软件进行键盘、显示电路的程序设计及调试。

2. 掌握利用 Proteus 软件完成键盘、显示电路设计及调试。

6.1 单片机与 LED 数码管的接口技术

在单片机系统中，要实现良好的人—机界面，除了需要键盘等输入设备以外，一般还配有显示输出设备。常用的显示器有：发光二极管显示器，简称 LED 显示器；液晶显示器，简称 LCD。LED 显示器和 LCD 具有结构简单、成本低、配置灵活、与单片机接口方便等特点。

6.1.1 LED 结构

1. 结构和显示原理

发光二极管是由半导体发光材料做成的 PN 结，只要在发光二极管两端通过正向电流 5~20 mA 就能正常发光。LED 的发光颜色通常有红、绿、黄、白，其外形和电气图形符号如图 6-1 所示。单个 LED 通常是通过点亮、熄灭来指示系统运行状态和用快速闪烁实现报警功能。

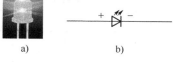

图 6-1　LED 外形及图形符号
a）外形　b）图形符号

通常所说的 LED 显示器由 7 个条形发光二极管组成，因此也称为七段 LED 数码管显示器。其排列形状如图 6-2a 所示。数码管中还有一个圈点型发光二极管（在图中以 dp 表示），用于显示小数点。通过 7 个发光二极管亮暗的不同组合，可以显示多种数字、字母以及其他符号。LED 数码管中的发光二极管有共阳极和共阴极两种连接方法，如图 6-2 所示。

（1）共阳极接法

把发光二极管的阳极连在一起构成公共阳极。使用时公共端 COM 接+5 V。当阴极端输入低电平的段，对应发光二极管导通点亮。输入高电平的段，对应发光二极管截止不点亮。

（2）共阴极接法

把发光二极管的阴极连在一起构成公共阴极。使用时公共端 COM 接地，当阳极端输入

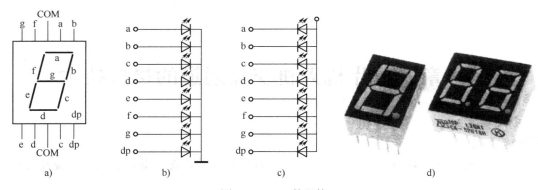

图 6-2 LED 数码管

a) 引脚图 b) 共阴极 c) 共阳极 d) 数码管外形

高电平的段, 对应发光二极管导通点亮。阳极端输入低电平的段, 对应发光二极管截止不点亮。

2. 字形码 (字段码)

由数码管的结构可知, 直接将要显示的数码或字符发送到显示器的驱动端是不可能正确显示的, 七段 LED 数码管显示器所显示的字形是由对应的字形代码确定的。七段 LED, 再加上一个小数点位, 共计八段。因此, 提供给 LED 显示器的字形代码正好一个字节。各位代码位的对应关系见表 6-1。

表 6-1 各位代码位的对应关系

代码位	D7	D6	D5	D4	D3	D2	D1	D0
显示段	dp	g	f	e	d	c	b	a

用 LED 数码管显示器, 显示十六进制数的字形代码见表 6-2。

表 6-2 十六进制数字形代码表

字 形	共阳极代码	共阴极代码	字 形	共阳极代码	共阴极代码
0	C0H	3FH	9	90H	6FH
1	F9H	06H	A	88H	77H
2	A4H	5BH	B	83H	7CH
3	B0H	4FH	C	C6H	39H
4	99H	66H	D	A1H	5EH
5	92H	6DH	E	86H	79H
6	82H	7DH	F	8EH	71H
7	F8H	07H	暗	FFH	00H
8	80H	7FH			

要获得显示数据的字段码, 一般可以通过硬件译码或软件译码方式得到。硬件译码采用专用译码器芯片将 BCD 码译成 LED 显示需要的字段码。软件译码采用程序转换方法将待显示数据, 翻译成字段码, 通过数据总线直接输出字段码。硬件译码可以简化程序, 减少对CPU 的依赖; 软件译码则能充分发挥 CPU 功能, 简化硬件结构, 降低成本。在单片机实际

应用系统中，普遍采用软件译码。

？【想一想】

分别写出表 6-1 中共阴极和共阳极 LED 数码管显示小数点"."的段码。

6.1.2 LED 数码显示器应用

图 6-3 所示为显示 4 位字符的 LED 数码管的结构原理图，4 个 LED 数码管有 4 位位选线和 8∗4 位段码线，段码线控制显示字符的字型，而位选线为各个 LED 数码管中各段的公共端，它控制着该显示的 LED 数码管的亮或暗。根据控制原理不同，LED 数码管有静态显示和动态显示两种显示方式。

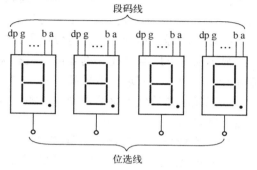

图 6-3　4 位 LED 数码管的结构原理图

1. 静态显示

静态显示就是当数码管显示器显示某一字符时，相应段的发光二极管恒定地导通或截止。这种显示方法的每 1 位 LED 都需要由一个 8 位输出口控制。

静态显示的优点是显示稳定，在发光二极管导通、电流一定的情况下数码管的亮度高。控制系统在运行过程中，仅仅在需要更新显示内容时，CPU 才执行一次显示更新子程序，这样大大节省了 CPU 的时间，提高了 CPU 的工作效率；缺点是位数较多时，所需的 I/O 接口较多，硬件开销太大。静态显示电路如图 6-4 所示。

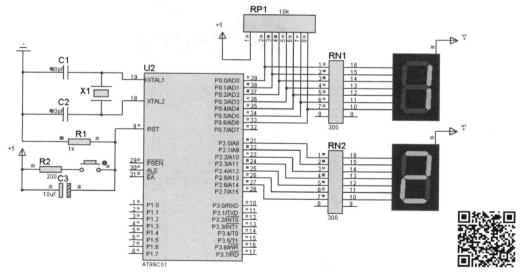

图 6-4　静态显示接口电路仿真图　　　　　　　　　　　v6-1

【例 6-1】 编程在 2 个 LED 数码管上显示数字"1""2"。

解：电路如图 6-4 所示，其中 RN1、RN2 为电阻排，起限流作用。数码管采用共阳极接法，只需要两条指令：

```
        MOV   P0,#0F9H
        MOV   P2,#0A4H
```

2. 动态显示

动态显示就是一位一位地轮流点亮各位显示器（扫描），对于显示器的每一位而言，每隔一段时间点亮一次。在同一时刻只有一位显示器在工作（点亮），利用人眼的视觉暂留效应和发光二极管熄灭时的余晖效应，看到的却是多个字符"同时"显示。一般来说，1 s 内对 4 位数码管扫描 24 次，就可看到不闪烁的显示，即扫描一次时间约 42 ms。由此可以计算出，对应于每位数码管，显示延时约为 11 ms。经实验证实，每位延时超过 18 ms，就可以观察到明显的闪烁，本例中选择每位数码管延时时间为 10 ms。

显示器亮度既与点亮时的导通电流有关，也与点亮时间和间隔时间的比例有关。调整电流和时间参数，可实现亮度较高且稳定的显示。

动态显示器的优点是节省硬件资源，成本较低。但在控制系统运行过程中，为了保证显示器正常显示，CPU 必须每隔一段时间执行一次显示子程序，占用 CPU 大量时间，降低了 CPU 的工作效率，同时显示亮度较静态显示器低。

若显示器的位数不大于 8 位，则控制显示器公共端电位只需一个 8 位 I/O 接口（称为扫描口或字位口），控制各位 LED 显示器所显示的字形也需要一个 8 位口（称为数据口或字形口）。

【例 6-2】 编程实现四位一体共阳极数码管从左到右显示数字"1"、"2"、"3"、"4"。

解： 数码管动态显示电路如图 6-5 所示。晶振为 12 MHz，设计采用动态显示数码管方式，它既满足 4 个数码管的显示要求，又节省单片机的 I/O 口资源。采用共阳极数码管，7 只限流电阻为 300Ω（电路采用电阻排 RN1）。

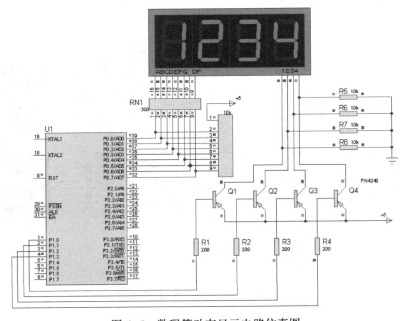

图 6-5　数码管动态显示电路仿真图　　　　　　　　v6-2

接口程序设计如下：

130

```
            ORG    0000H
            SJMP   START
            ORG    0030H
START:  MOV    P1,#0FFH              ;关闭位选口
            MOV    P0,#0FFH              ;关闭段选口
    L1：MOV    R0,#1                   ;计数器预设为 1
            MOV    R1,#0FEH             ;选通 P1.0 控制的显示器
    L2：MOV    A,R0
            LCALL  SEG7                   ;将 R0 中的数字转换为显示码,从 P0 口输出
            CPL    A                        ;取反,将阴码变为阳码
            MOV    P0,A                   ;通过 R0 得到的显示段码送 P0 口
            MOV    A,R1                   ;未选通数据送 P1
            MOV    P1,A
            LCALL  DLY                    ;延时 10 ms
            MOV    P1,#0FFH              ;关闭位选通
            INC    R0                     ;计数加 1
            CJNE   R0,#5H,L3             ;4 位是否是扫描完
            SJMP   L1                     ;1~4 扫完重新开始
    L3：MOV    A,R1                   ;1~4 依次显示
            RL     A                        ;更新选通位
            MOV    R1,A
            SJMP   L2                     ;循环,显示下一位
DLY：MOV    R7,#14H                ;延时 10 ms
DL1：MOV    R6,#0
            DJNZ   R6,$
            DJNZ   R7,DL1
            RET
SEG7：INC    A                        ;将数字转换为显示码
            MOVC   A,@ A+PC
            RET
            DB     3FH,06H,5BH,4FH
            DB     66H,6DH,7DH,07H
            DB     7FH,6FH,77H,7CH
            DB     39H,5EH,79H,71H
            END
```

在实际的单片机系统中，LED 显示程序都是作为一个子程序供主程序调用。因此各位显示器都扫描后，就返回主程序。返回主程序后，经过一段时间间隔后，再调用显示子程序。通过这种反复调用来实现 LED 显示器的动态扫描。

6.2 单片机与字符型 LCD 的接口技术

液晶显示器（LCD）由于其体积小巧和功耗低等特点已在显示器领域获得了广泛应用。在单片机系统中也随处可见液晶显示器的影子。在单片机系统中广泛应用的 LCD 主要有两种：字符型和点阵型。字符型可以用来显示 ASCII 码字符，点阵型可用来显示中文、图形等

更复杂的内容。

6.2.1 基础知识

1. 字符型 LCD 结构

液晶模块外形及引脚分配如图 6-6 所示。

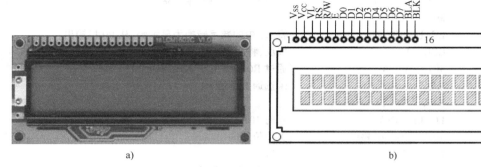

a)   b)

图 6-6　LCD1602 外形及引脚分配图

a）外形图　b）引脚分配图

字符型 LCD 是专用于显示字母、数字、符号等的点阵式 LCD。它们多与 HD44780 控制驱动器集成在一起，构成字符型 LCD 液晶显示模块，用 LCM 表示，有 16×1、16×2、20×2、40×2 等产品。图 6-6 所示 1602 型字符液晶是 16×2（每行显示 16 个，两行共 32 个 ASCII 码字符）模块，引脚为 16 条。1601、1602 两种液晶显示模块的引脚定义相同，见表 6-3。

表 6-3　液晶显示模块的引脚定义

编　号	符　号	引 脚 说 明	编　号	符　号	引 脚 说 明
1	V_{SS}	接地	9	D2	Data I/O
2	V_{CC}	+5V	10	D3	Data I/O
3	VL	液晶显示的偏压信号	11	D4	Data I/O
4	RS	数据/命令选择端	12	D5	Data I/O
5	R/W	读写选择端	13	D6	Data I/O
6	E	使能信号	14	D7	Data I/O
7	D0	Data I/O	15	BLA	背光源正极
8	D1	Data I/O	16	BLK	背光源负极

2. LCD1602 的控制命令

LCD1602 内部采用一片型号为 HD44780 的集成电路作为控制器。它具有驱动和控制两个主要功能。内部包含了 80B 显示缓冲区 DDRAM 及用户自定义的字符发生存储器 CGROM，可以用于显示数字、英文字母、常用符号和日文假名等，每个字符都有一个固定代码。如数字的代码为 30H～39H。将这些字符代码输入 DDRAM 中，就可以显示。还可以通过对 HD44780 的编程实现字符的移动、闪烁等功能。

显示缓冲区的地址分配按 16×2 格式一一对应，格式如下：

00	01	02	03	04	05	06	07	08	09	0A	0B	0C	0D	0E	0F	...	27
40	41	42	43	44	45	46	47	48	49	4A	4B	4C	4D	4E	4F	...	67

如果是第一行第一列，则地址为00H；若为第二行第五列，则地址为44H。

控制器内部设有一个数据地址指针，可用它访问内部显示缓冲区的所有地址，数据指针的设置必须在缓冲区地址基础上加80H。例如：要访问左上方第一行第一列的数据，则指针为80H+00H=80H。

LCD1602内部控制器有4种工作状态，见表6-4。

表6-4　内部控制器的4种工作状态

RS	RW	E	功　　能
0	1	1	从控制器中读出当前的工作状态
0	0	上升沿	向控制器写入控制命令
1	1	1	从控制器中读数据
1	0	上升沿	向控制器写入数据

LCD1602内部控制命令共有11条，这里简单介绍以下几条。

（1）清屏

功能	RS	R/W	E	D7	D6	D5	D4	D3	D2	D1	D0
清屏	0	0	1	0	0	0	0	0	0	0	1

该命令用于清除显示器，即将DDRAM中的内容全部写入"空"的ASCII码"20H"。此时，光标回到显示器的左上方。同时将地址计数器AC的值设置为0。

（2）光标归位

功能	RS	R/W	E	D7	D6	D5	D4	D3	D2	D1	D0
光标归位	0	0	1	0	0	0	0	0	0	1	×

该命令用于将光标回到显示器的左上方，同时地址计数器AC值设置为0，DDRAM中的内容不变。

（3）模式设定

功能	RS	R/W	E	D7	D6	D5	D4	D3	D2	D1	D0
模式设定	0	0	1	0	0	0	0	0	1	I/D	S

用于设定每写入一个字节数据后，光标的移动方向及字符是否移动。

1）若I/D=0、S=0，则光标左移一格且地址计数器AC减1。

2）若I/D=1、S=0，则光标右移一格且地址计数器AC加1。

3）若I/D=0、S=1，则显示器字符全部右移一格，但光标不动。

4）若I/D=1、S=1，则显示器字符全部左移一格，但光标不动。

（4）显示器开关控制

功能	RS	R/W	E	D7	D6	D5	D4	D3	D2	D1	D0
开关控制	0	0	1	0	0	0	0	1	D	C	B

控制显示器开/关，光标显示/关闭以及光标是否闪烁。

1）当 D=1 时，显示器显示；D=0 时，显示器不显示。

2）当 C=1 时，光标显示；C=0 时，光标不显示。

3）当 B=1 时，光标闪烁；当 B=0 时；光标不闪烁。

（5）功能设定

功能	RS	R/W	E	D7	D6	D5	D4	D3	D2	D1	D0
功能设定	0	0	1	0	0	1	1	1	0	0	0

功能设定命令表示设定当前显示器显示方式为 16×2，字符点阵 5×7，8 位数据接口。

6.2.2 接口电路设计

对 LCD1602 的编程分两步完成。首先进行初始化，即设置液晶控制模块的工作方式、显示模式控制、光标位置控制、起始位置控制、起始字符地址等；然后再将待输出显示的数据传送出去。

AT89S51 单片机与 LCD1602 的接口电路如图 6-7 所示。其中 VL 用于调整液晶显示器的对比度。接地时，对比度最高；接电源时，对比度最低。

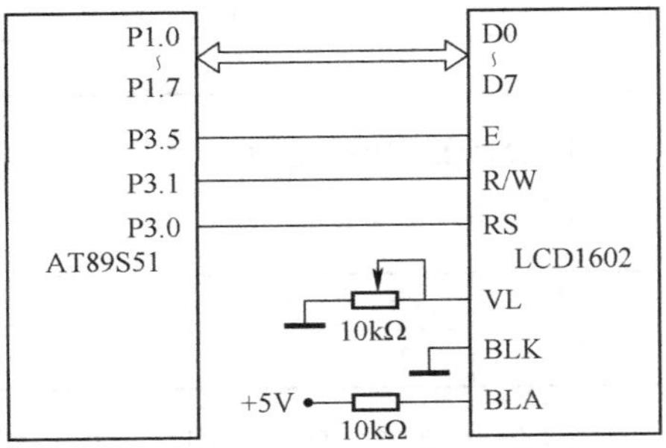

【例 6-3】 设计将字符"B"通过液晶模块 LM016L 显示在屏幕的中间。

解：

（1）硬件电路设计

LM016L 液晶显示电路仿真图如图 6-8 所示。

图 6-7 LCD1602 的接口电路原理图

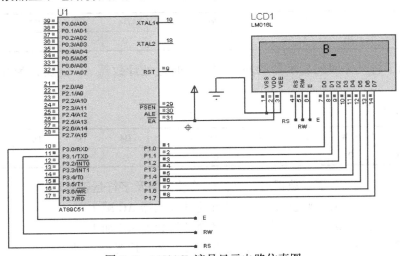

图 6-8 LM016L 液晶显示电路仿真图

v6-3

（2）接口程序设计

```
ORG    0000H
LJMP   START
ORG    000BH
```

```
            LJMP   L1
            ORG   0100H
START：MOV   TMOD,#00H
            MOV   TH0,#00H
            MOV   TL0,#00H
            MOV   IE,#82H
            SETB  TR0
            MOV   R5,#50H
            MOV   SP,#60H
            LCALL  NEXT              ;调用初始化程序
            MOV   A,#88H             ;写入显示地址
            ACALL  WHITE
            MOV   A,#42H             ;字母"B"的代码
            LCALL  WDR
            SJMP   $
     L1：MOV   TH0,#00H             ;中断服务子程序
            MOV   TL0,#00H
            DJNZ   R5,L2
            MOV   R5,#50H
     L2：RETI
  NEXT：MOV   A,#38H             ;初始化功能设定,显示方式为16×2
            LCALL  WHITE
            MOV   A,#0EH             ;显示器开、光标开、光标不闪烁
            LCALL  WHITE
            MOV   A,#06H             ;字符不动,光标自动右移一格
            LCALL  WHITE
            RET
WHITE：LCALL  L3              ;写入指令寄存器子程序
            CLR   P3.5              ;提供 E 端上升沿脉冲
            CLR   P3.0              ;使 RS=0,选通命令寄存器
            CLR   P3.1              ;使 R/W=0,发出写信号
            SETB  P3.5
            MOV   P1,A              ;写控制命令
            CLR   P 3.5
            RET
  WDR：LCALL  L3              ;写入数据寄存器子程序
            CLR   P3.5              ;提供 E 端上升沿脉冲
            SETB  P3.0              ;使 RS=0,选通命令寄存器
            CLR   P 3.1              ;使 R/W=0,发出写信号
            SETB  P3.5
            MOV   P1,A              ;写显示数据
            CLR   P3.5
            RET
```

```
         L3: PUSH   ACC                      ;检查忙碌子程序
        LOOP: CLR   P3.0
             SETB  P3.1                       ;使 R/W＝1,发出读信号
             CLR   P3.5
             SETB  P3.5
             MOV   A,P1                       ;读状态
             CLR   P3.5
             JB    ACC.7,LOOP                 ;若最高位＝1,表示 LCD 忙,等待
             POP   ACC
             ACALL  DELAY
             RET
       DELAY: MOV   R6,#255                   ;延时子程序
          D1: MOV   R7,#255
          D2: DJNZ  R7,D2
             DJNZ  R6,D1
             RET
             END
```

6.3 单片机与键盘的接口技术

在微机应用系统中，为了输入数据、查询和控制系统的工作状态，一般都设置有键盘，主要包括数字键、复位键和各种功能键。根据按键的连接方式可分为独立式键盘和矩阵式键盘。本节主要讲述单片机与矩阵式键盘的接口技术。

6.3.1 键盘概述

1. 键的可靠输入

常用键盘的键是一个机械开关结构，被按下时，由于机械触点的弹性作用，在触点闭合或断开的瞬间会出现电压抖动，抖动的时间一般为 5～10 ms，如图 6-9 所示。抖动现象会引起单片机对一次按键操作进行多次处理，因此必须加入去抖动措施。

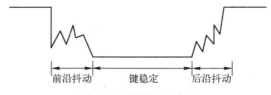

前沿抖动　　键稳定　　后沿抖动

图 6-9　按键电压波形

去抖动有硬件和软件两种方法。硬件方法就是在键盘中附加去抖动电路（RS 触发器），从根本上消除抖动产生的可能性；而软件方法则是采用时间延迟以躲过抖动（大约延时5～10 ms 即可），等待行线上状态稳定之后，再进行状态输入。一般多采用软件方法。

2. 独立式键盘

独立式键盘是一组相互独立的按键，这些按键可直接与单片机的 I/O 接口或扩展口相

连，每个按键独占一条口线，接口简单，电路如图 6-10 所示。按键输入采用低电平有效，上拉电阻保证按键断开时，I/O 口线有确定的高电平。当 I/O 口的内部有上拉电阻时，外电路可不连接上拉电阻。图中虚线部分为中断按键处理法而设。

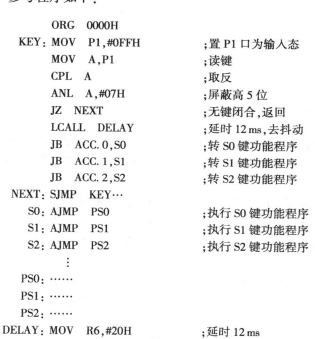

图 6-10　独立式按键电路

【例 6-4】如图 6-10 所示。S0、S1、S2 按键分别与单片机的 P1.0、P1.1、P1.2 相连，当不考虑虚线内电路时，试编制键盘管理程序。

解：参考程序如下：

```
          ORG    0000H
KEY：MOV   P1,#0FFH          ;置 P1 口为输入态
     MOV   A,P1              ;读键
     CPL   A                 ;取反
     ANL   A,#07H            ;屏蔽高 5 位
     JZ    NEXT              ;无键闭合,返回
     LCALL  DELAY            ;延时 12 ms,去抖动
     JB    ACC.0,S0          ;转 S0 键功能程序
     JB    ACC.1,S1          ;转 S1 键功能程序
     JB    ACC.2,S2          ;转 S2 键功能程序
NEXT：SJMP  KEY…
  S0：AJMP  PS0              ;执行 S0 键功能程序
  S1：AJMP  PS1              ;执行 S1 键功能程序
  S2：AJMP  PS2              ;执行 S2 键功能程序
        ⋮
 PS0：……
 PS1：……
 PS2：……
DELAY：MOV  R6,#20H          ;延时 12 ms
  Q6：MOV   R5,#0BBH
  Q5：DJNZ  R5,Q5
     DJNZ  R6,Q6
     RET
     END
```

由于独立式键盘占用单片机的硬件资源较多，一般只适合按键较少的场合。

3. 矩阵式键盘

（1）行列式键盘结构

独立式键盘每一按键都需要一根 I/O 线，当按键数较多时，占用硬件资源较多，I/O 接口利用率不高。在这种情况下，可采用矩阵式键盘，也称行列式键盘。图 6-11 所示为单片机与 4 行×4 列矩阵结构的键盘。按键设置在行列的交叉点上，只要有键按下，就将对应的行线和列线接通，使其电平互相影响。键盘中共有 16 个按键，每一个键都给予编号，键号分别为 0、1、2、…、15。

设键盘中有 $m×n$ 个按键，采用矩阵式结构需要 $m+n$ 条口线。图 6-11 中键盘有 4×4 个按

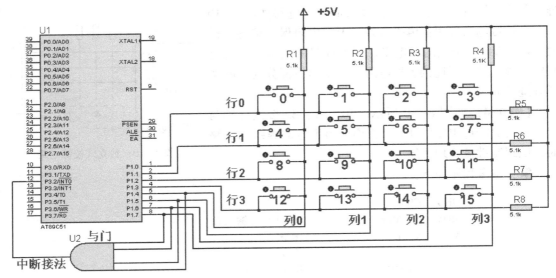

图 6-11　单片机与 4×4 键盘的接口电路图

键，则需要 4+4 条口线，若键 7 按下，则行线 1 与列线 3 接通。行 1 若为低电平，则列 3 也为低电平，而其他列都为高电平，根据行和列的电平信号就可以判断出按键所处的行和列的位置。

（2）按键的识别

按键的识别包括判断有无键的按下以及当前按下键的键号，判断键号是设计键盘接口程序的重要部分。按键的识别通常有两种方法：一种称为扫描法，另一种称为线反转法。其中扫描法使用较为常见，下面以图 6-11 所示键盘为例，说明扫描法识别按键的过程。

其识别过程如下：

1）判别键盘上有无按键闭合。由 AT89S51 单片机向所有行线发出低电平信号，如果该行线所连接的键没有按下，则连线所连接的输出端口得到的是全 1 信号；如果有键按下，则得到的是非全 1 信号。

2）判别键号。方法是先扫描第 0 行，即输出 0111（第 0 行为 0，其余 3 行为 1），然后读入列信号，判断是否为全 1。若是全 1，则表明当前行没有键按下，行输出值右移，即输出 1011（第 1 行为 0，其余 3 行为 1），再次读入列信号，判断是否为全 1。如此逐行扫描下去，直到读入的列信号不为全 1 为止。根据此时的行号和列号即可计算出当前闭合的键号。

整个工作过程可用图 6-12 表示。

3）键码计算

如图 6-13 所示，键号是按从左到右从上到下的顺序编排的，各行的首号依次是 00H、08H、10H、18H，如列号按 0~7 顺序排列，则键码的计算公式为：

$$键值 = 为低电平行的首键号 + 为低电平的列号$$

6.3.2　键盘的接口及程序设计

单片机对键盘的扫描方法有随机方式、中断扫描方式和定时扫描方式 3 种。

1. 随机方式

随机方式是利用 CPU 的空闲时间，调用键盘扫描子程序，响应键盘的输入请求。

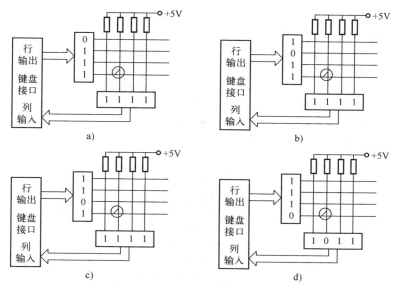

图6-12　键盘扫描法工作原理

a) 扫描第0行　b) 扫描第1行　c) 扫描第2行　d) 扫描第3行

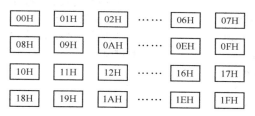

图6-13　键码图

【例6-5】利用随机方式，编写6-11所示电路的键扫描程序。其中R3存放为低电平的列号，R4存放为低电平行的首键号，R0存放键号。

解：参考程序如下：

```
        ORG   0020H
MAIN：MOV  P1,#0F0H        ;给列送高电平
        LCALL  Delay        ;延时,使电路稳定
        MOV   A,P1          ;取P1口的值
        ANL   A,#0F0H       ;屏蔽行线
        CJNE  A,#0F0H,L     ;如果有按键按下,就跳转L
        AJMP  MAIN
    L：LCALL Delay          ;消抖
        MOV   A,P1
        JB   ACC.4,L1       ;第0列是否有按键按下
        MOV   R3,#00H       ;若有将0存入R3
        AJMP  Q1
   L1：JB  ACC.5,L2         ;第1列是否有按键按下
        MOV   R3,#01H       ;若有将1存入R3
```

139

```
        AJMP    Q1
    L2:  JB    ACC.6,L3              ;第2列是否有按键按下
         MOV   R3,#02H              ;若有将2存入R3
         AJMP  Q1
    L3:  JB    ACC.7,MAIN           ;第3列是否有按键按下
         MOV   R3,#03H              ;若有将3存入R3
    Q1:  MOV   P1,#0FH             ;行线送高电平
         LCALL Delay
         MOV   A,P1
         ANL   A,#0FH              ;屏蔽高4位
         JB    ACC.0,Q2            ;判断是不是第0行
         MOV   R4,#00H             ;如果是,将第0行首键号0送给R4
         AJMP  JIA                 ;调用加法程序,取得键盘值
    Q2:  JB    ACC.1,Q3            ;判断是不是第1行
         MOV   R4,#04H             ;如果是,将第1行首键号4送给R4
         AJMP  JIA                 ;调用加法程序,取得键盘值
    Q3:  JB    ACC.2,Q4            ;判断是不是第2行
         MOV   R4,#08H             ;如果是,将第2行首键号8送给R4
         AJMP  JIA                 ;调用加法程序,取得键盘值
    Q4:  JB    ACC.3,MAIN          ;判断是不是第3行
         MOV   R4,#0CH             ;如果是,将第3行首键号12送给R4
   JIA:  MOV   A,R3                ;计算键值
         ADD   A,R4
         DA    A
         MOV   R0,A
         AJMP  MAIN
 Delay: MOV   R6,#20H             ;延时12 ms
    Q6:  MOV   R5,#0BBH
    Q5:  DJNZ  R5,Q5
         DJNZ  R6,Q6
         RET
         END
```

图6-14所示为键码仿真电路。在运行的Proteus软件中，通过菜单"Debug"→"8051 CPU Registers-U1"打开单片机寄存器窗口，弹出对应的观察窗，可以看出14号键码值存放在寄存器R0中。

2. 中断扫描方式

在图6-11中，当按键按下时，列线中必有一个为低电平，经与门输出低电平，向单片机$\overline{INT0}$引脚发出中断请求，CPU执行中断服务程序，判断闭合的键号，并进行相应的处理，这种方式可大大提高CPU的效率。

3. 定时扫描方式

利用单片机内部定时器，每隔一定时间CPU执行一次键盘扫描程序，并在有键闭合时转入该键的功能处理程序。定时扫描方式要求扫描间隔时间不能太长，否则有可能漏掉按键输入，一般取几十毫秒。

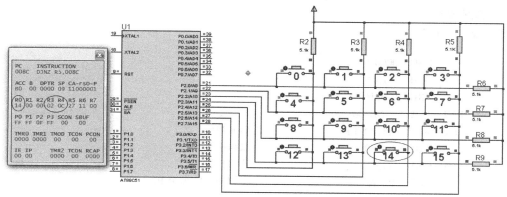

图 6-14 键码电路仿真图

6.4 案例：按键显示电路设计

【任务目的】掌握单片机的键盘、显示接口电路设计方法，并用 Proteus 实现该接口电路设计，利用 Keil 完成程序设计，并进行实时交互仿真。

【任务描述】该任务用 AT89S51 单片机对 4×4 矩阵键盘进行动态扫描，当按键盘的键时，可将相应按键值（0~F）实时显示在数码管上。

1. 硬件电路设计

双击桌面上 ISIS 图标，打开 ISIS 7 Professional 窗口。单击菜单命令 "File" → "New Design"，新建一个 DEFAULT 模板，保存文件名为 "键盘 .DSN"。在器件选择按钮 P L DEVICES 中单击 "P" 按钮，或执行菜单命令 "Library" → "Pick Device/Symbol"，添加表 6-5 所示的元件。

表 6-5 按键显示所用的元件

单片机 AT89C51	瓷片电容 CAP 30pF	晶振 CRYSTAL 12 MHz	电阻 RES
按钮 BUTTON	电解电容 CAP-ELEC	7SEG-COM-AN-GRN	排阻 R×8

在 ISIS 原理图编辑窗口中放置元件，再单击工具箱中的 "元件终端" 图标 ▯，在对象选择器中单击 "POWER" 和 "GROUND" 放置电源和地。放置元件后，布线。左键双击各元件，设置相应元件参数，完成电路设计，如图 6-15 所示。

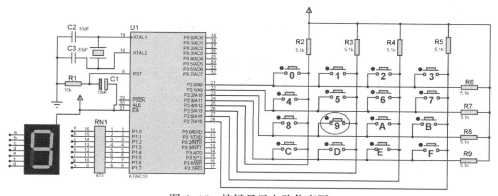

图 6-15 按键显示电路仿真图

v6-4

2. 程序设计

参考程序如下：

```
              ORG   0000H
              SJMP  STAR
              ORG   0030H
    STAR：ACALL  DE100
     KEY：MOV   R3,#0FEH           ;扫描初值
              MOV   R1,#0             ;取码指针
      Q1：MOV   A,R3              ;开始扫描
              MOV   P2,A             ;将扫描值输出至 P2
              MOV   A,P2             ;读入 P2 值,判断是否有按键按下
              SWAP  A
              MOV   R4,A             ;有按键按下,存入 R4,以判断是否放开
              SETB  C                ;C=1
              MOV   R5,#4            ;扫描 P2.4~P2.7
      Q2：RRC   A                ;将按键值右移 1 位
              JNC   Q3               ;C=0 有键按下,转 Q3
              INC   R1               ;无按键,取码指针加 1
              DJNZ  R5,Q2            ;4 列扫描完
              MOV   A,R3
              SETB  C
              RLC A                  ;扫描下一行
              MOV   R3,A             ;存扫描指针
              JB   ACC.4,Q1
              JMP  KEY               ;4 行扫描完
      Q3：ACALL  DE10             ;消抖动
      K1：MOV   A,P2             ;与上次读入值作比较
              XRL   A,R4
              JZ  K1                 ;相等,键未放开
              ACALL  Q4             ;键放开后调显示段码
              MOV   P1,A             ;段码送 P1 口显示
              SJMP  KEY              ;不相等,键放开,进入下一次的扫描
      Q4：MOV   A,R1
              INC   A
              MOVC  A,@ A+PC         ;取显示码(即共阳段码)
              RET
              DB   0C0H,0F9H,0A4H,0B0H    ;共阳段码0,1,2,3
              DB   99H,92H,82H,0F8H       ;4,5,6,7
              DB   80H,90H,88H,83H        ;8,9,A,B
              DB   0C6H,0A1H,86H,8EH      ;C,D,E,F
  DE100：MOV   R6,#200           ;延时 100 ms
      D1：MOV   R7,#250
              DJNZ  R7,$
              DJNZ  R6,D1
              RET
```

142

```
DE10：MOV   R6,#20              ;延时 10 ms
  D2：MOV   R7,#248
        DJNZ   R7,$
        DJNZ   R6,D2
        RET
        END
```

3. 加载目标代码、设置时钟频率

将按键显示程序生成目标代码文件"键盘 . hex"，加载到图 6-15 中单片机"Program File"属性栏中，并设置时钟频率为 12 MHz。

4. 仿真

单击图标 ▶ ▮▶ ▮▮ ▮ 中的 ▶ 按键，启动仿真。当按键盘的键时，可将相应按键值（0~F）实时显示在数码管上。

思考题与习题

一、填空题

1. LED 数码管的使用与发光二极管相同，根据其材料不同正向压降一般为_____ V，额定电流为_____ mA，最大电流为_____ mA。

2. 在单片机系统中，常用的显示器有_____和_____。

3. 键盘扫描控制方式可分为_____控制、_____控制和_____控制 3 种方式。

4. LED 显示器静态显示的优点是：_____；缺点是：_____。动态显示的优点是：_____；缺点是：_____。

5. 矩阵键盘的识别有_____和_____两种方式。

二、判断题

1. 为了消除按键的抖动，常用的方法有硬件方法和软件方法。（   ）

2. LED 显示器有两种显示方式：静态方式和动态方式。（   ）

3. LED 数码管显示器有共阴极和共阳极两种。（   ）

三、简答题

1. 为什么要消除按键的机械抖动？消除按键抖动的方法有几种？

2. 说明矩阵式键盘按键按下的识别原理。

3. 键盘有哪三种工作方式，它们各自的工作原理及特点是什么？

4. 说明 LCD 的工作原理，画出 AT89S51 单片机与 LCD1602 的接口电路连接图。

四、设计题

1. 设计将字符"AB"通过液晶模块 LCD1602 显示在屏幕第一行左边。

2. 设计 AT89S51 单片机外扩键盘和显示电路，要求扩展 8 个键，4 位 LED 显示器。

第7章 单片机的存储器及 I/O 口扩展技术

【知识目标】

1. 掌握 AT89S51 单片机外部扩展时总线的形成。
2. 熟悉单片机系统总线的扩展方法，理解扩展原理。
3. 掌握译码法和线选法进行单片机存储器的扩展方法。
4. 掌握 8255A 硬件接口设计及软件驱动程序设计。

【技能目标】

1. 掌握基于 Proteus 的单片机程序存储器及数据存储器扩展的仿真调试。
2. 掌握基于 Proteus 的单片机扩展 8255A 接口电路的仿真调试。

7.1 系统扩展结构及地址分配

7.1.1 系统扩展结构

在构建单片机应用系统时，许多情况下只靠片内资源是不够的。为此经常需要对单片机进行扩展，其中主要是存储器扩展和 I/O 接口扩展，以构成一个满足更强需求的单片机应用系统。

AT89S51 单片机系统的扩展结构如图 7-1 所示，单片机扩展是以单片机为核心进行的，主要包括 ROM、RAM 和 I/O 接口电路的扩展。

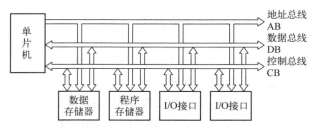

图 7-1 单片机扩展系统结构图

7.1.2 系统总线及总线构造

1. 系统总线

总线就是连接计算机各部件的一组公共信号线。AT89S51 单片机使用的是并行总线结构，按功能分为地址总线、数据总线和控制总线三组。AT89S51 单片机存储器扩展总线结构示意图如图 7-2 所示。

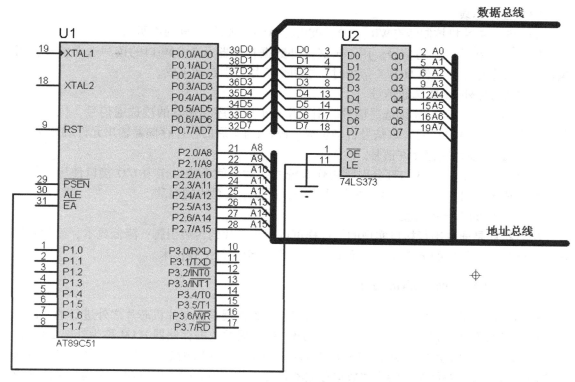

图 7-2　AT89S51 单片机存储器扩展总线结构示意图

（1）数据总线（Data Bus，DB）

数据总线用于数据传送，AT89S51 单片机是 8 位字长，数据总线有 8 根，存储单元和 I/O 端口等数据单元的各位由低到高分别与 8 根线相连。数据传输是双向的。但某一时刻只能有一个存储单元或外设与总线信号相通，其他单元尽管连接在数据总线上，但与数据总线的信息是隔离的。

（2）地址总线（Address Bus，AB）

地址总线上传送的是地址信号，用于数据单元（包括存储器单元或外设端口）的选择。CPU 从地址总线上发出地址信息，经地址译码器控制其中一个数据单元与数据总线相通。

地址总线的数目决定可直接访问的存储单元数目。例如：10 位地址线，可以产生 $2^{10}=$ 1024 个连续地址编码，因此可以访问 1024 个存储单元，即通常所说的寻址范围为 1 KB 地址单元。AT89S51 单片机存储器最多可扩展 64 KB，因此地址总线共有 16 条地址线。

（3）控制总线（Control Bus，CB）

控制总线实际上是一组控制信号线，有一些是 CPU 发出的，如数据读写命令等。

2. 总线构造

（1）数据总线

AT89S51 单片机数据总线是由 P0 口提供的，由 P0 口引出 8 根线作为数据总线。

（2）地址总线

AT89S51 单片机地址总线为 16 根，其中高 8 位由 P2 口提供，低 8 位由 P0 口提供。P0 口既作为数据总线，又作为低 8 位地址总线，采用分时复用技术，对地址和数据进行分离。

（3）控制总线

AT89S51 单片机控制线有 $\overline{\text{WR}}$、$\overline{\text{RD}}$、$\overline{\text{PSEN}}$、ALE、$\overline{\text{EA}}$ 等，分别说明如下：

1）$\overline{\text{WR}}$、$\overline{\text{RD}}$ 为读、写信号。用于扩展片外数据存储器及 I/O 端口的读写选通信号，当执行外部数据存储器操作 MOVX 指令时，这两个信号分别自动生成。

2）$\overline{\text{EA}}$ 为片外 ROM 选通信号。

3）$\overline{\text{PSEN}}$ 为外部 ROM 读选通信号。用于片外扩展程序存储器的读选通信号，执行片外程序或查表指令 MOVC 时，该信号自动生成。$\overline{\text{PSEN}}$ 与扩展的程序存储器输出允许端相接。

4）ALE 为地址锁存允许信号。

当 P0 口、P2 口、P3 口部分引脚用作系统总线时，就不能再作为 I/O 接口使用，程序中尽量不要出现对 P0、P2、P3 口的操作指令，以免造成总线的混乱。

3. 单片机的串行扩展技术

串行扩展是通过串行接口实现的，这样可以减少芯片的封装引脚，降低成本，简化系统结构，增加系统扩展的灵活性。在第 10 章会详细介绍串行扩展技术。

7.1.3　存储器扩展与编址技术

存储器扩展是单片机系统扩展的主要内容，因为扩展是在单片机芯片之外进行的，因此通常把扩展的程序存储器 ROM 称为外部 ROM，把扩展的数据存储器 RAM 称为外部 RAM。

AT89S51 单片机片内集成了 4 KB 的 Flash 存储器和 128B 的数据存储器，存储器结构采用的是哈佛结构，即程序存储器和数据存储器是分开的。但有时片内资源不能满足系统的设计需求，就需要扩展存储器，AT89S51 单片机数据存储器和程序存储器的最大扩展空间都是 64 KB。为了使一个存储单元唯一的对应一个地址，这就要求合理的使用系统提供的地址线，通过适当的连接来达到要求，这就是编址。内部存储器已经编址，只有扩展存储器才有编址问题。常用的编址方法有两种，即线选法和译码法。

（1）线选法

线选法是将高位地址线直接连到存储器芯片的片选端，如图 7-3 所示。图中芯片 6264 是 8K×8 位存储器芯片，高位地址线 P2.5、P2.6、P2.7 实现片选，均为低电平有效；低位地址线 A0 ~ A12 实现片内寻址。为了不出现寻址错误，要求在同一时刻 P2.5、P2.6、P2.7 中只允许有一个引脚为低电平，另二个引脚必须为高电平，否则寻址会出现错误。三片存储器芯片地址分配见表 7-1。

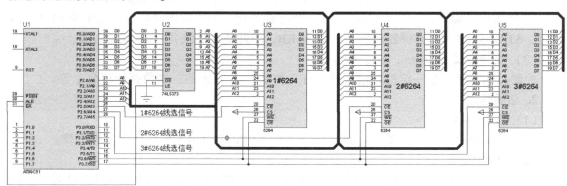

图 7-3　线选法扩展存储器电路图

表 7-1　图 7-3 中各 6264 芯片的地址空间分配

P2. 7	P2. 6	P2. 5	选中芯片	地址范围	存储容量
1	1	0	1#6264	C000H ~ DFFFH	8 KB
1	0	1	2#6264	A000H ~ BFFFH	8 KB
0	1	1	3#6264	6000H ~ 7FFFH	8 KB

从表 7-1 中看出 3 个存储器片内地址线 A0 ~ A12 都是从 0000000000000B 到 1111111111111B（共 13 位），为 8K 空间；而 P2.5、P2.6、P2.7 分别连接 3 个芯片的片选端，用来区别是哪一片存储器芯片。

线选法电路的优点是连接简单，缺点是芯片的地址空间相互之间可能不连续，致使存储空间得不到充分利用，扩充存储容量受限。因此线选法适用于扩展存储容量较小的场合。

（2）译码法

所谓译码法就是使用译码器对系统的高位地址进行译码，以其译码输出作为存储器的片选信号。这是一种最常用的存储器编址方法，能有效地利用存储空间，适用于大容量多芯片存储器扩展。译码电路通常使用现有的译码器芯片。如译码芯片 74LS139（双 2-4 译码器）和 74LS138（3-8 译码器）等。

1）74LS139 译码器

74LS139 片中共有两个 2-4 译码器，其引脚排列如图 7-4 所示。

其引脚功能如下：

$\overline{G}$：使能端，低电平有效。

A、B：选择端，即译码输入，控制译码输出的有效性。

Y_0、Y_1、Y_2、Y_3：译码输出信号，低电平有效。

图 7-4　74LS139 引脚图

74LS139 对两个输入信号译码后得 4 个输出状态，其真值表见表 7-2。

表 7-2　74LS139 真值表

输　入　端			输　出　端			
使能	选择		Y_0	Y_1	Y_2	Y_3
$\overline{G}$	B	A				
1	×	×	1	1	1	1
0	0	0	0	1	1	1
0	0	1	1	0	1	1
0	1	0	1	1	0	1
0	1	1	1	1	1	0

2）74LS138 译码器

74LS138 是 3-8 译码器，即对 3 个输入信号进行译码，得到 8 个输出状态。74LS138 的引脚排列如图 7-5 所示。

其引脚功能如下：

$\overline{E_1}$、$\overline{E_2}$、E_3：使能端，用于引入控制信号。$\overline{E_1}$、$\overline{E_2}$ 低电平有效，E_3 高电平有效。

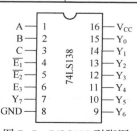

图 7-5　74LS138 引脚图

A、B、C：选择端，即译码信号输入端。

$Y_7 \sim Y_0$：译码输出信号，低电平有效。

74LS138 的真值表见表 7-3。

表 7-3　74LS138 真值表

输入端						输出端							
使能			选择			Y_7	Y_6	Y_5	Y_4	Y_3	Y_2	Y_1	Y_0
E_3	$\overline{E_2}$	$\overline{E_1}$	C	B	A								
0	×	×	×	×	1	1	1	1	1	1	1	1	1
×	1	×	×	×	1	1	1	1	1	1	1	1	1
×	×	1	×	×	1	1	1	1	1	1	1	1	1
1	0	0	0	0	0	1	1	1	1	1	1	1	0
1	0	0	0	0	1	1	1	1	1	1	1	0	1
1	0	0	0	1	0	1	1	1	1	1	0	1	1
1	0	0	0	1	1	1	1	1	1	0	1	1	1
1	0	0	1	0	0	1	1	1	0	1	1	1	1
1	0	0	1	0	1	1	1	0	1	1	1	1	1
1	0	0	1	1	0	1	0	1	1	1	1	1	1
1	0	0	1	1	1	0	1	1	1	1	1	1	1

图 7-6 所示为使用 74LS139 译码器存储器扩展电路，74LS139 输入端 A、B 分别接 AT89S51 单片机 P2.5、P2.6，使能端接 P2.7；输出仅使用 3 根，Y0、Y1、Y2 分别接 3 片数据存储器 6264 的片选端。三片存储器芯片地址分配见表 7-4。

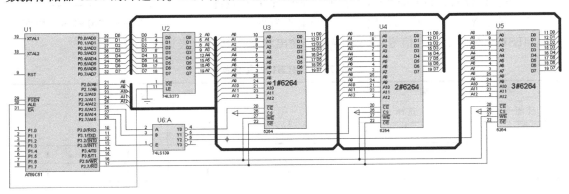

图 7-6　译码法扩展存储器电路图

表 7-4　图 7-6 中各 6264 芯片的地址空间分配

P2.7	P2.6	P2.5	选中芯片	地址范围	存储容量
0	1	0	3#6264	4000H~5FFFH	8 KB
0	0	1	2#6264	2000H~3FFFH	8 KB
0	0	0	1#6264	0000H~1FFFH	8 KB

译码法与线选法比较，硬件电路稍复杂，需要使用译码器，但可充分利用存储空间。译码法的另一个优点是若译码器输出端留有剩余端线未用时，便于继续扩展存储器或 I/O 接

口等。

不论是片选法还是译码法不仅仅适用于扩展存储器（包括外部 RAM 和外部 ROM），还可以用于扩展 I/O 接口（包括各种外围设备和接口芯片）。

7.1.4 外部地址锁存器

由于 P0 口在扩展存储器时既做地址总线低 8 位，又做数据总线，为了将它们分离出来，需要在单片机外部增加地址锁存器，以锁存低 8 位地址。一般可采用 74LS373，逻辑符号如图 7-7 所示。

74LS373 的引脚功能如下：

D0~D7：数据输入端。

Q0~Q7：数据输出端。

$\overline{OE}$：三态输出允许，低电平有效，高电平时输出呈高阻态。

LE：数据锁存端。

74LS373 有 8 个带三态输出的锁存器，适用于总线结构的系统。地址锁存信号 LE 由单片机 ALE 控制线提供，当 ALE 为高电平时，锁存器传输数据，输出端（Q0~Q7）的状态和输入端（D0~D7）的状态相同。ALE 下降沿时，锁存低 8 位地址。

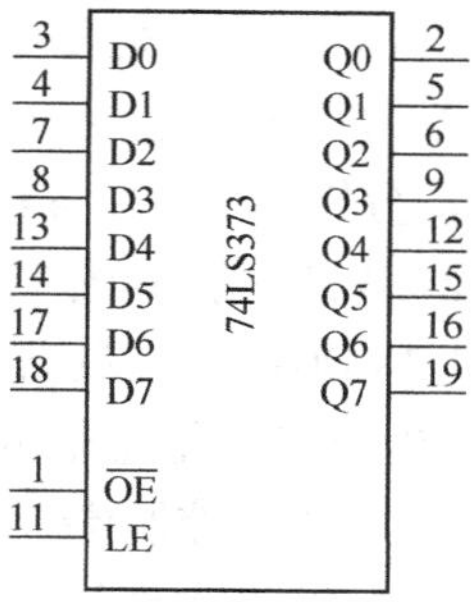

图 7-7 74LS373 逻辑符号图

7.2 程序存储器 EPROM 的扩展

单片机的程序存储器扩展使用只读存储器芯片，只读存储器简称为 ROM。ROM 中的信息一旦写入之后就不能随意更改，特别是不能在程序的运行过程中写入新的内容，而只能读存储单元内容，故称之为只读存储器。根据编程方式的不同，ROM 共分为以下 5 种：

（1）掩模存储器 ROM

掩模存储器 ROM 由芯片制造商在制造时写入内容，以后只能读而不能再次写入。基本存储原理：以元器件的"有/无"来表示存储的信息（"1"或"0"），可以用二极管或晶体管作为元件。

（2）可编程存储器 PROM（Programmable ROM，PROM）

PROM 可由用户根据自己的需要来确定 ROM 中的内容。常见的熔丝式 PROM 是以熔丝的接通和断开来表示所存的信息（"1"或"0"）。显而易见，断开后的熔丝是不能再接通，因此，它是一次性写入的存储器。

（3）紫外线擦除可编程存储器 EPROM（Erasable Programmable ROM，EPROM）

EPROM 中的内容可多次修改。这种芯片的上面有一个透明窗口，紫外线照射后能擦除芯片内的所有数据。当需要改写 EPROM 内容时，需先用紫外线擦除芯片的全部内容，然后再对芯片重新编程。

（4）电擦除可编程存储器 E^2PROM（Electrically Erasable Programmable ROM，E^2PROM）

E^2PROM 也称 EEPROM，是可电擦除的可编程只读存储器。E^2PROM 的编程原理与 EPROM 相同，但擦除原理完全不同，它利用电信号擦除数据，并能对单个存储单元擦除和写入，使用十分方便。常见的 E^2PROM 有两种，并行 E^2PROM 和串行 E^2PROM。常见的芯

片有：28C16、28C64、24C02 等

（5）闪速存储器（Flash Memory）

E²PROM 虽然具有可读又可写的特点，但是写入的速度较慢，使用起来不太方便。闪速存储器是在 EPROM 与 E²PROM 基础上发展起来的，读写速度都很快，存取时间可达 70 ns，而且成本却比普通的 E²PROM 低得多，所以目前大有取代 E²PROM 的趋势。常见的芯片有：28F256、28F516、AT89 等。

7.2.1 常用的 EPROM 芯片

EPROM 芯片是常用程序存储器芯片之一，是系列器件，以 27×××命名，其中×××代表存储器的容量，单位为 Kbit，即千位。常见的有 2716、2732、2764、27128、27256、27512，其容量分别为 2 KB、4 KB、8 KB、16 KB、32 KB、64 KB。下面以 2764 为典型芯片进行说明。

2764 的引脚如图 7-8 所示，引脚功能如下：

D7~D0：三态数据总线。

A0~A12：地址输入线。

$\overline{CE}$：片选控制端，0 有效。

$\overline{OE}$：输出允许控制端。

V_{PP}：编程电源输入端，编程电压为+12V 或者+25V。

$\overline{PGM}$：编程脉冲输入端。

V_{CC}：电源端，接+5V，为芯片的工作电压。

GND：接地端；

NC：空引脚。

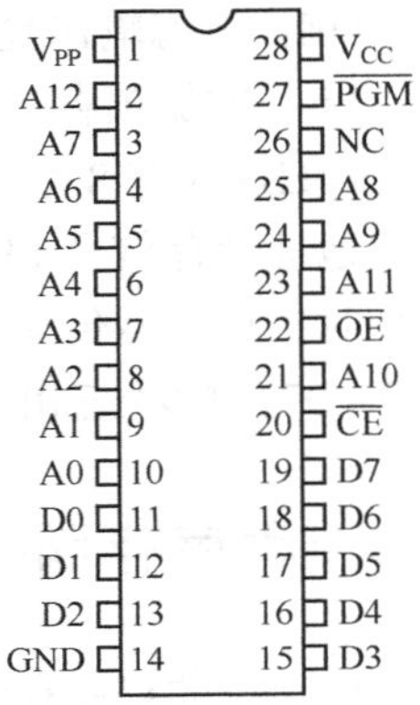

图 7-8　2764 引脚图

在读出方式下，电源电压为 5 V，最大功耗 500 mW，信号电平与 TTL 电平兼容，最大读出时间 250 ns；当使用 12 mW/cm² 紫外线灯时，擦除时间约 15~20 min。写好的芯片其窗口上宜贴上一层不透光的胶纸，以防止在强光照射下破坏片内信息。

7.2.2 单片机与 EPROM 的接口电路设计

由于 AT89S51、AT89S52 等单片机片内都集成了不同容量的 Flash ROM，所以在设计中，可根据实际需要来决定是否在外部扩展 EPROM。当系统的应用程序不大于单片机片内的 Flash ROM 容量时，无须扩展外部程序存储器。但是当应用程序大于单片机片内的 Flash ROM 容量时，就必须扩展外部程序存储器。

（1）AT89S51 单片机扩展单片 EPROM 的硬件电路

以单片 2764 为例，说明程序存储器扩展的有关问题，AT89S51 单片机扩展一片 2764 芯片的电路图如图 7-9 所示。存储器扩展的主要工作是地址线、数据线和控制信号线的连接。

地址线的连接与程序存储芯片的容量有直接关系。2764 的存储容量为 8 KB，需 13 位地址（A12~A0）进行存储单元的选择，为此先把芯片的 A7~A0 引脚与地址锁存器的 8 位地址输出对应连接，剩下的高位地址（A12~A8）引脚与 AT89S51 单片机 P2 口的 P2.0~ P2.4 相连。由于在本系统中只扩展了一片 EPROM，所以片选端 $\overline{CE}$ 直接接地，或者可以接到 AT89S51 单片机 P2.5~P2.7 的任何一位地址线均可。

数据线只要把存储芯片的数据总线 D7~D0 输出引脚与单片机 P0 口线对应连接就可以。

程序存储器的扩展只涉及 AT89S51 单片机PSEN（外部程序存储器读选通）信号，把该信号接 2764 的OE端，以便进行存储单元的读出选通。

根据图 7-9 所示分析程序存储器 2764 在存储空间中占据的地址范围，也就是根据地址线连接情况确定 2764 的最低地址和最高地址。如把 P2 口中没用到的高位地址线假定为"1"状态，则本例 2764 芯片的地址范围是：E000H~FFFFH。

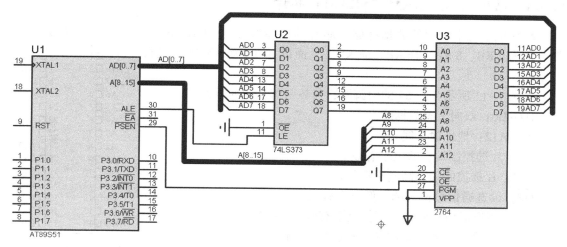

图 7-9　AT89S51 单片机扩展一片 2764 芯片的电路图

（2）AT89S51 单片机扩展多片 EPROM 的硬件电路

如图 7-10 所示，使用两片 2764 芯片扩展的程序存储器系统，两片 2764 共用数据总线、地址总线 A0~A12 及控制信号PSEN；片选信号由 74LS139 译码产生，即采用的是译码法编址。1#2764 芯片的地址范围为：0000H~1FFFH，2#2764 芯片的地址范围为：2000H~3FFFH。

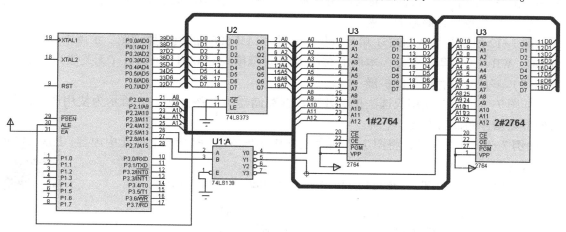

图 7-10　AT89S51 单片机扩展两片芯片 2764 的电路图

7.3　静态数据存储器 RAM 的扩展

单片机都有内部 RAM，其容量大小与单片机型号有关，通常在几百至几千字节之间。

如 AT89S51 单片机内部有 128B RAM，AT89S52 单片机内部有 256B RAM。这些内部 RAM 通常作为数据缓冲区、堆栈等使用，如果进行数据采集，则有大量的数据需要存储，那么在单片机系统中需要扩展外部数据存储器。通常在单片机系统中外部扩展的数据存储器采用静态数据存储器，即 SRAM。

7.3.1 常用的静态 RAM（SRAM）芯片

单片机系统中常用的数据存储器芯片的典型型号有 6116、6264、62128、62256，其容量分别为 2 KB、8 KB、16 KB、64 KB。下面以 6264 为典型芯片进行介绍。

如图 7-11 所示为 6264 的引脚图，其各引脚功能如下：

D7～D0：双向三态数据线。

A0～A12：地址输入线。

$\overline{CE}$：片选控制端，低电平有效。

CS2：片选控制端，高电平有效。

$\overline{OE}$：读选通信号输入端，低电平有效。

$\overline{WE}$：写选通信号输入端，低电平有效。

V_{CC}：电源端，接电源+5 V，即芯片的工作电压。

GND：接地端。

NC：空引脚。

```
NC    1        28  VCC
A12   2        27  WB
A7    3        26  CS2
A6    4        25  A8
A5    5        24  A9
A4    6        23  A11
A3    7        22  OE
A2    8        21  A10
A1    9        20  CS1
A0   10        19  D7
D0   11        18  D6
D1   12        17  D5
D2   13        16  D4
GND  14        15  D3
```

图 7-11　6264 引脚图

7.3.2 单片机与 RAM 的接口电路设计

数据存储器的扩展与程序存储器的扩展在数据总线、地址总线的连接上是完全相同的。所不同的是控制信号，数据存储器使用的是$\overline{OE}$和$\overline{WE}$，分别作为读选通信号和写选通信号。

（1）单片数据存储器的扩展

图 7-12 所示是为 AT89S51 单片机扩展一片 SRAM 6264 的典型原理图。扩展中用到单片机 RD、WR、ALE 等控制线。本例中 6264 的地址范围为 C000H～DFFFH（无关位为 1）。

（2）多片数据存储器的扩展

如图 7-3 所示为使用线选法扩展外部数据存储器的电路，图 7-6 所示为使用译码法扩展外部数据存储器的电路。

【例 7-1】编写程序，将图 7-3 所示电路中 1#6264 的前 256 个单元中内容全部置为 0FFH。

解： 由图 7-3 可知，1#6264 的起始地址为 C000H，程序如下。

```
      MOV   DPTR,#C000H        ;置数据块首地址
      MOV   R7,#00H            ;设置循环次数
      MOV   A,#0FFH
L1：  MOVX  @DPTR,A            ;向数据存储器写数据
      INC   DPTR               ;地址指针加 1
      DJNZ  R7,L1              ;次数减 1,若不为 0 则跳转到 L1
      SJMP  $                  ;停机
```

v7-1

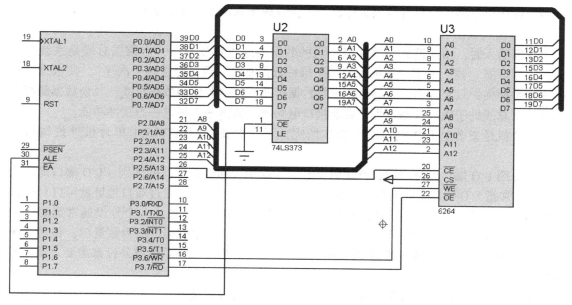

图 7-12　AT89S51 单片机扩展一片 6264 接线图

7.4　AT89S51 扩展并行 I/O 接口芯片 82C55 的设计

7.4.1　I/O 接口扩展概述

虽然 AT89S51 单片机有 4 个并行 I/O 口，但是真正用作 I/O 口的只有 P1 口和 P3 口的某些位，因此在较为复杂的单片机应用系统中，常常不可避免地要进行 I/O 接口的扩展。在单片机应用系统中，扩展 I/O 接口电路主要是针对以下几项功能：

（1）实现与不同外设的速度匹配

单片机的运行速度很快，但大多数外设的速度很慢，无法和微秒量级的单片机相比。CPU 和外设间的数据传送必须先确认外部设备已经准备好，就需要接口电路产生或传送设备的状态信息，也就是接口电路本身必须能实现 CPU 和外设间工作速度的匹配。通常，I/O 接口采用中断方式传送数据，以提高 CPU 的工作效率。

（2）改变信号的性质和电平

单片机只能处理数字信号，但是有些设备所提供或所需要的并不是数字信号。因此，需要使用接口电路将模拟信号转换为数字信号，或者将数字信号转换为模拟信号。

通常，CPU 输入/输出的数据和控制信号是 TTL 电平，即小于 0.6 V 表示 "0"，大于 3.4 V 表示 "1"。但是外部设备的信号电平类型较多，例如 RS-232、RS-485 等。为了实现 CPU 和外设间的信号传送，I/O 接口电路要完成将 TTL 信号与设备信号电平的自动变换。

（3）输出锁存

在单片机应用系统中，数据输出都是通过系统的公用数据通道（数据总线）进行的，单片机的工作速度快，数据在数据总线上保留的时间短，无法满足慢速输出设备的需要。在扩展 I/O 接口电路中应具有数据锁存器，以保存输出数据直至能为输出设备所接收。

（4）输入数据三态缓冲

数据输入时，输入设备向单片机传送的数据要通过数据总线，但数据总线是系统公用的，上面可能"挂"着多个数据源，为了维护数据总线上数据传送的"次序"，使数据传送时不发生冲突，只允许当前时刻正在进行数据传送的数据源使用数据总线，其余数据源都必须与数据总线处于隔离状态。为此要求接口电路能为数据输入提供三态缓冲功能。

单片机是怎么对 I/O 端口进行操作的呢？下面简要介绍 AT89S51 单片机外设端口的编址。

在介绍 I/O 端口编址之前，首先需要介绍 I/O 接口和 I/O 端口的区别。I/O 端口简称为 I/O 口，常指 I/O 接口中带有端口地址的寄存器或缓冲器，CPU 通过端口地址就可以对端口中的信息进行读写。I/O 接口是指 CPU 和外设间的 I/O 接口芯片，一个外设通常需要一个 I/O 接口，但一个 I/O 接口中可以有多个 I/O 端口，传送数据的端口称为数量口，传送命令字的端口称为命令口，传送状态字的端口称为状态口。当然，不是所有外设都需要三端口齐全的 I/O 接口。

AT89S51 单片机将外设端口和存储器统一编址，这种编址方式是把外设端口当作外部存储单元对待，也就是让外设端口地址占用部分外部数据存储器单元地址。AT89S51 单片机对外设 I/O 端口操作时，使用的指令是访问外部数据存储器的指令进行输入、输出操作。这种编址方式增强了 CPU 对外设端口信息的处理能力，而且不需要专门的操作指令，外设端口地址安排灵活，数量不受限制。但是这种方式外设端口占用了部分存储器地址。

目前常用的 I/O 接口芯片有 8255A 和 81C55。

7.4.2　并行 I/O 芯片 8255A 简介

8255A 是 Intel 公司生产的一种可编程并行 I/O 接口芯片，其内部集成了锁存、缓冲及与 CPU 联络的控制逻辑，通用性强、应用广泛，可以与 AT89S51 单片机方便地连接和编程应用的 I/O 接口芯片。

1. 8255A 的引脚

8255A 共有 40 个引脚，一般为双列直插 DIP 封装，40 个引脚分为与 CPU 连接的数据线、地址线和控制信号、以及与外围设备连接的三个端口线等。图 7-13 所示为 8255A 功能引脚。

其各引脚功能说明如下：

$D_0 \sim D_7$：三态双向数据线。与单片机数据总线，用来传送数据、命令和状态字等信息。

RESET：复位信号线。高电平有效。复位后，片内各寄存器被清"0"，且 A 口、B 口、C 口被置为输入方式。

$\overline{CS}$：片选信号线。低电平有效时，8255A 芯片被选中工作。

$\overline{RD}$：读命令信号线。低电平有效时，允许 CPU 通过 8255A 的 $D_0 \sim D_7$ 读取数据或状态信息。

$\overline{WR}$：写命令信号线。低电平有效时，允许 CPU 将数据控制字通过 $D_0 \sim D_7$ 写入 8255A。

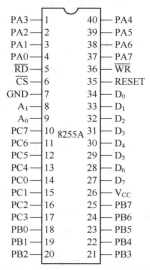

图 7-13　8255A 功能引脚图

A_1、A_0：地址线。2 位可构成四种状态，分别寻址 A 口、B 口、C 口和控制寄存器。

PA0~PA7：A 口双向数据线。

PB0~PB7：B 口双向数据线。

PC0~PC7：C 口双向数据/信号线。

A_1、A_0 与 $\overline{WR}$、$\overline{RD}$、$\overline{CS}$ 信号一起，可确定 8255A 的操作状态，见表 7-5。

表 7-5　8255A 读/写控制表

$\overline{CS}$	A_1	A_0	$\overline{RD}$	$\overline{WR}$	所 选 端 口	操　　作
0	0	0	0	1	A 口	读端口 A
0	0	1	0	1	B 口	读端口 B
0	1	0	0	1	C 口	读端口 C
0	0	0	1	0	A 口	写端口 A
0	0	1	1	0	B 口	写端口 B
0	1	0	1	0	C 口	写端口 C
0	1	1	1	0	控制寄存器	写控制字
1	×	×	×	×	/	数据总线缓冲器输出阻抗

2. 8255A 的工作方式

8255A 共有 3 种工作方式，即方式 0、方式 1 及方式 2。

（1）方式 0：基本输入/输出方式

方式 0 下，可供使用的是两个 8 位口（A 口和 B 口）及两个 4 位口（C 口高位部分和低位部分）。4 个口可以是输入和输出的任何组合。方式 0 适用于无条件数据传送，也可以把 C 口的某一位作为状态位，实现查询方式的数据传送。

（2）方式 1：选通输入/输出方式

方式 1 下，A 口和 B 口分别用于数据的输入/输出，而 C 口则作为数据传送的联络信号。

（3）方式 2：双向数据传送方式

只有 A 口才能选择这种工作方式，这时 A 口既能输入数据又能输出数据。在这种方式下需使用 C 口的 5 位口线作控制线。方式 2 适用于查询或中断方式的双向数据传送。如果 A 口置于方式 2 下，B 口可工作于方式 0 或方式 1。

3. 8255A 控制字

8255A 是可编程接口芯片，以控制字形式对其工作方式以及 C 口各位的状态进行设置。为此共有两种控制字，即工作方式控制字和 C 口位置位/复位控制字。

（1）工作方式控制字

工作方式控制字用于确定各口的工作方式及数据传送方向。其格式如图 7-14 所示。D7 为工作方式控制字标志位，"1"有效；D6~D3 为 A 组（包括 A 口和 C 口高 4 位）工作方式；D2~D0 为 B 组（包括 B 口和 C 口低 4 位）工作方式。

（2）C 口位置位/复位控制字

在应用情况下，C 口用来定义控制信号和状态信号，因此 C 口的每一位都可以进行置位或复位。对 C 口各位的置位或复位是由位置位/复位控制字进行的。8255A 的 C 口位置位/复位控制字格式如图 7-15 所示。

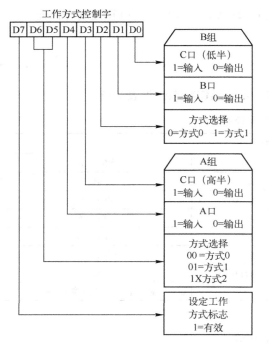

工作方式控制字

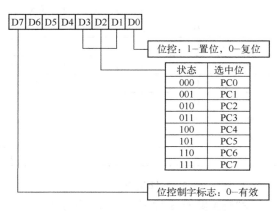

图 7-14 8255A 工作方式控制字格式

图 7-15 8255A 位置位/复位控制字格式

其中 D7 是该控制字的标志，其状态固定为"0"。在使用中，控制字每次只能对 C 口中的 1 位进行置位或复位。

7.4.3 单片机与 8255A 的接口设计

图 7-16 所示为扩展一片 8255A 的电路图，图中 8255A 的$\overline{WR}$、$\overline{RD}$、RESET 与 AT89S51 单片机的$\overline{WR}$、$\overline{RD}$、RST 端相连；8255A 的 D0~D7 与 AT89S51 单片机的 P0.0~P0.7 引脚相

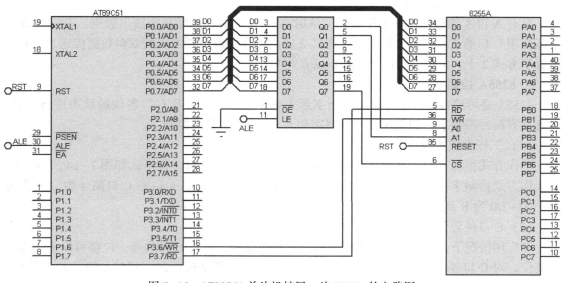

图 7-16 AT89S51 单片机扩展一片 8255A 的电路图

连；8255A 的片选端 $\overline{CS}$ 与 AT89S51 单片机的 P0.7 经过 74LS373 锁存后的信号 Q7 相连，8255A 的 A1、A0 与 74LS373 锁存后的信号 Q1、Q0 相连，其他地址线悬空。因此只要 P0.7 引脚为低电平，即可选中 8255A。如果 P0.1、P0.0 为 00，则选中 8255A 的 PA 口。如果没有用到的位取 1，则 PA 口的地址为 FF7CH。同理可以得到 PB 口的地址为 FF7DH，PC 口的地址为 FF7EH，控制口的地址为 FF7FH。

【例 7-2】8255A 的 PA 口低 4 位接一组开关，PB 口高 4 位接一组指示灯，将 PA 口低 4 位的开关状态用 PB 口高 4 位指示灯显示，设计该电路并编写相应程序。

解：电路设计如图 7-17 所示。

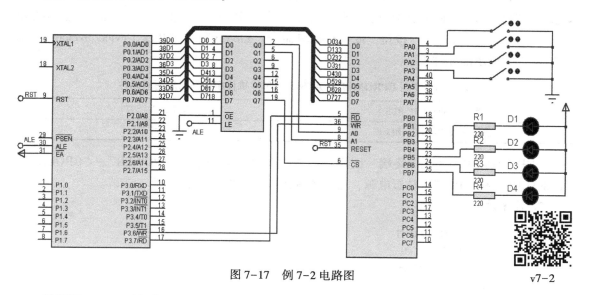

图 7-17 例 7-2 电路图

v7-2

根据图 7-17，得到 PA 口的地址为 FF7CH，PB 口的地址为 FF7DH，控制口的地址为 FF7FH。PA 口作为输入，PB 口作为输出，所以控制字为 90H。

程序设计如下：

```
            ORG    0000H
            AJMP   MAIN
            ORG    0030H
    MAIN:   MOV    DPTR,#0FF7FH      ;置 8255A 控制字地址
            MOV    A,#90H
            MOVX   @DPTR,A           ;写入控制字,A 口输入,B 口输出
      L:    MOV    DPTR,#0FF7CH      ;置 8255A 的 A 口地址
            MOVX   A,@DPTR           ;读 A 口
            SWAP   A                 ;高低半交换
            INC    DPTR              ;置 8255A 的 B 口地址
            MOVX   @DPTR,A           ;状态送给 B 口
            AJMP   L
            END
```

7.5 案例：使用 EPROM 扩展 AT89S51 单片机程序存储器

【任务目的】用 EPROM2764 扩展 AT89S51 单片机程序存储器。掌握使用外部程序存储器的方法。

【任务描述】使用 2764 扩展 AT89S51 单片机程序存储器。

1. 硬件电路设计

双击桌面上 ISIS 图标，打开 ISIS 7 Professional 窗口。单击菜单命令"File"→"New Design"，新建一个 DEFAULT 模板，保存文件名为"外部 ROM. DSN"。在器件选择按钮 P L DEVICES 中单击"P"按钮，或执行菜单命令"Library"→"Pick Device/Symbol"，添加如表 7-6 所示的元件。

表 7-6 使用 EPROM 扩展 AT89S51 单片机程序存储器所用的元件

单片机 AT89C51. BUS	锁存器 74LS373
数码管 7SEG-BCD-BLUE	EPROM 2764

单击工具箱中的"元件终端"图标 ，在对象选择器中单击"POWER"、"GROUND"、"DEFAULT"和"BUS"，放置电源、地、终端及总线终端。放置元件后，布线。

2. 程序设计

```
        ORG   0000H
        MOV   A,#0
        MOV   R7,#9
L1:     MOV   P1,A
        ACALL  DELAY
        INC   A
        DJNZ  R7,L1
        SJMP  $
DELAY:  MOV   R4,#02H
DELAY1: MOV   R5,#250
DELAY2: MOV   R6,#200
        DJNZ  R6, $
        DJNZ  R5,DELAY2
        DJNZ  R4,DELAY1
        RET
        END
```

3. 加载目标代码、设置时钟频率

将按键显示程序生成目标代码文件"案例 7_5. hex"，加载到图 7-18 中 2764"Image File"属性栏中，并设置时钟频率为 1 MHz。

4. 仿真

单击图标 ▶ ▮▶ ▮▮ ▮ 中的 ▶ 按键，启动仿真。

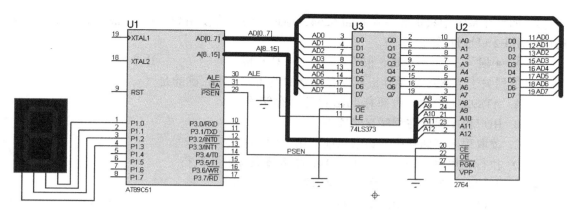

图 7-18 使用 2764 扩展 AT89C51 单片机程序存储器

v7-3

思考题与习题

一、填空题

1. 单片机程序存储器的主要功能是存储_____和_____。

2. AT89S51 单片机程序存储器的寻址范围是由程序计数器 PC 的位数所决定的，因为 AT89S51 的 PC 是_____的，因此其寻址空间为_____，地址范围是从 0000H 到_____。

3. 13 根地址线最多可选_____个连续存储单元，64 KB 存储单元需要_____根地址线。

4. 在 AT89S51 单片机中，使用 P2 口、P0 口传送_____信号，使用 P0 口传送_____信号，这里采用的是_____技术。

5. 起止地址为 0000H~1FFFH 的外部扩展存储器芯片的容量是_____。若外部扩展的存储器芯片的容量是 4 KB，起始地址是 B000H，则终止地址应为_____。

6. AT89S51 单片机读写内部 RAM 使用_____指令，读写外部 RAM 使用_____指令，读取 ROM 使用_____指令。

7. 在存储器扩展中，无论是线选法还是译码法，最终都是为扩展芯片的_____引脚提供信号。

8. 8255A 能为数据 I/O 操作提供 A、B、C 3 个 8 位口，其中 A 口和 B 口能作为数据口使用，而 C 口则既可作为_____口使用，又可作为_____使用。

二、判断题

1. AT89S51 单片机片外部扩展的数据存储器与扩展 I/O 口是分别独立编址。(   )

2. 单片机系统扩展时使用锁存器是用于锁存低 8 位地址。(   )

3. 使用 8255A 可以扩展的 I/O 口线是 32 根。(   )

4. 使用线选法扩展存储器不会使地址空间造成不连续的现象。(   )

三、选择题

1. 下列信号中，不是给数据存储器扩展使用的是 (   )。

A. $\overline{EA}$　　　　　　B. $\overline{RD}$　　　　　　C. $\overline{WR}$　　　　　　D. ALE

2. 如果在系统中只扩展一片 Intel 6264，地址总线除应使用 P0 口的 8 根地址线外，至少还应使用 P2 口地址线 （　　）。

　　A. 4 根　　　　　　　B. 5 根　　　　　　　C. 6 根　　　　　　　D. 7 根

3. 下列关于 AT89S51 单片机程序存储器的叙述中，不正确的是 （　　）。

　　A. AT89S51 单片机内部有 4 KB 的程序存储器

　　B. 用户程序保存在程序存储器中

　　C. 读取程序存储器中的参数只能使用 MOVC 指令

　　D. 执行程序时，需用户使用 MOVC 指令逐条读取并执行

4. 在单片机系统中，1 KB 表示的字节数是 （　　）。

　　A. 1000　　　　　　　B. 8×1000　　　　　　C. 1024　　　　　　　D. 8×1024

5. 下列关于 AT89S51 单片机数据存储器的叙述中，不正确的是 （　　）。

　　A. 堆栈在数据存储器中开辟

　　B. AT89S51 单片机内部 RAM 有 128 B

　　C. 访问内部数据存储器使用的是 MOV 指令，访问外部数据存储器使用的是 MOVX 指令

　　D. 特殊功能寄存器区位于外部数据存储器

四、简答题

1. 为什么扩展外部程序存储器时，低 8 位的地址需要锁存？

2. 访问外部 RAM 和内部 RAM 时，所用指令有什么不同？分别写出读片内 RAM30H 单元和读片外 RAM30H 单元的程序。

3. 为什么要进行地址空间的分配？何谓线选法和译码法？各有何优、缺点？

4. 何谓 8255A 的控制字？控制字的主要内容是什么？

5. 8255A 的 "方式控制字" 和 "C 口按位置位/复位控制字" 都可以写入 8255A 的同一控制寄存器，8255A 是如何来区分这两个控制字的？

6. 在 AT89S51 单片机扩展系统中，片外程序存储器和片外数据存储器共用 P0 和 P2 口扩展，共处同一地址空间，为什么不会发生总线冲突呢？

五、设计题

1. 使用 AT89S51 单片机外扩 1 片 SRAM6264，且 6264 的首地址为 8000H。要求：

（1）确定 6264 芯片的末地址。

（2）画出该应用系统的硬件连线图。

（3）编程，将扩展 RAM 中 8000H~80FFH 单元中的内容移至 8100H 开始的单元中。

2. 在以 AT89S51 单片机为核心的应用系统中扩展程序存储器 8 KB 和数据存储器 32 KB。请选择存储器件，设计原理图并说明各个存储器件占用的存储空间。

第8章 AT89S51单片机串行通信接口技术

【知识目标】

1. 了解串行口的结构和工作原理。
2. 掌握串行口相关的特殊功能寄存器。
3. 熟悉标准串行接口的硬件接口设计。
4. 掌握串行通信程序设计。

【技能目标】

1. 掌握串行口的硬件接口电路设计及软件程序设计方法。
2. 掌握基于 Proteus 的串行通信接口电路的仿真调试。

8.1 串行通信的相关概念

8.1.1 数据通信的方式

按照串行数据的同步方式，串行通信可以分为同步通信和异步通信两类。同步通信是按照软件识别同步字符来实现数据的发送和接收，异步通信是一种利用字符的再同步技术的通信方式。

（1）异步通信

在异步通信中，数据通常以字符（或字节）为单位组成字符帧传送。字符帧由发送端逐帧发送，通过传输线被接收端逐帧接收。发送端和接收端可以由各自的时钟来控制数据的发送和接收，这两个时钟源彼此独立，互不同步。

在异步通信中，字符帧格式和波特率是两个重要指标，由用户根据实际情况选定。

1）字符帧。字符帧也称数据帧，由起始位、数据位、奇偶校验位和停止位 4 部分组成，如图 8-1 所示。现对各部分结构和功能分述如下：

起始位：位于字符帧开头，只占 1 位，始终为逻辑"0"低电平，用于向接收设备表示发送端开始发送一帧信息。

数据位：紧跟起始位之后，用户根据情况可取 5 位、6 位、7 位或 8 位，低位在前高位在后。若所传数据为 ASCII 字符，则常取 7 位。

奇偶校验位：位于数据位后，仅占 1 位，用于表征串行通信中使用奇校验还是偶校验，由用户根据需要决定。

停止位：位于字符帧末尾，为逻辑"1"高电平，通常可取 1 位、1.5 位或 2 位，用于向接收端表示一帧字符信息已发送完毕，也为发送下一帧字符做准备。

在串行通信中，发送端逐帧发送信息，接收端逐帧接收信息。两相邻字符帧之间可以无

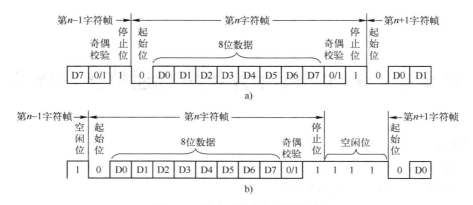

图 8-1　异步通信的字符帧格式

a) 无空闲位字符帧　b) 有空闲位字符帧

空闲位，也可以有若干空闲位，这由用户根据需要决定。图 8-1b 为有三个空闲位时的字符帧格式。

2) 波特率。波特率是指每秒钟传送二进制数码的位数（亦称比特数），单位是 bit/s。波特率是串行通信的重要指标，用于表征数据传输的速度。波特率越高，数据传输速度越快。

异步通信的优点是不需要传送同步脉冲，字符帧长度也不受限制，故所需设备简单，缺点是字符帧中因包含有起始位和停止位而降低了有效数据的传输速率。

（2）同步通信

同步通信是一种连续串行传送数据的通信方式，一次通信只传送一帧信息。这里的信息帧和异步通信中的字符帧不同，通常含有若干个数据字符，但它们均由同步字符、数据字符和校验字符三部分组成。

同步通信的数据传输速率较高，通常可达 56 Mbit/s 或更高。同步通信的缺点是要求发送时钟和接收时钟保持严格同步，故发送时钟除应和发送波特率保持一致外，还要求把它同时传送到接收端。

8.1.2　串行数据的传输方式

一般情况下，串行通信中数据信息的传输总是在两个通信端口之间进行的。根据数据信息的传输方向可分为以下几种方式。

（1）单工方式

在串行通信单工方式下，一根通信传输线的一端与发送方相连接，称为发送端，其另一端与接收方相连接，称为接收端。数据信息只允许按照一个固定的方向传送，也就是只能发送端向接收端传输数据信息，而不能反过来传输。

（2）半双工方式

半双工方式的串行通信系统中设有接收器和发送器，通过控制电子模拟开关进行切换，两台串行通信设备或计算机之间只用一根通信传输线相互连接。这样，通信双方可以相互进行数据信息的接收或发送，但在同一时间仍只能单方向传输，不能同时进行接收和发送。由于只有一根通信传输线，所以每次只能从一方传输给另一方，要改变传输方向时，必须通过电子模拟开关互相切换，即由一方的接收切换成发送，另一方由发送切换成接收状态，然后才能进行反方向数据信息的传输。其优点是节省了一根通信传输线，其缺点是显而易见的。

（3）全双工方式

由于半双工通信方式只用一根通信传输线进行数据信息的接收或发送，其通信的速度和效率较低。要改变数据信息的传输方向必须通过软件编程双方均需进行方向切换，由方向切换所产生的延时较长，由无数次重复切换所引起的延时积累，正是半双工串行通信效率不高的主要原因。克服上述半双工方式缺点的方法是采用信道划分技术，即一方的发送端与另一方的接收端用一根专用的信息传输线相连接，再用另一根信息传输线相反方向连接。所谓全双工方式，就是采用两根通信传输线各自连接发送与接收端，从而实现数据信息的双向传输。这样，可快速实施接收、发送数据信息的双向传输，大大提高了数据信息的传输速率和效率，操作简单而方便，故而得以被广泛应用。

8.2 AT89S51 单片机的串行口

AT89S51 单片机内部有一个全双工的异步通信串口。

8.2.1 串行口结构

AT89S51 单片机的串口由 2 个数据缓冲器（SBUF）、1 个移位寄存器和 1 个串行控制寄存器（SCON）等组成，如图 8-2 所示。数据缓冲器 SBUF 由串行接收缓冲器和发送缓冲器构成，它们在物理上是独立的，可以同时发送和接收数据。接收缓冲器只能读出，不能写入，而发送缓冲器则只能写入，不能读出，它们共用一个地址（99H）。

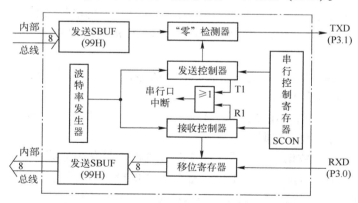

图 8-2　串行通信接口内部逻辑电路结构示意图

数据缓冲寄存器 SBUF 用于保存要发送的数据或者从串口接收到的数据，CPU 执行写 MOV　SBUF，A 指令便开始触发串口数据的发送。SBUF 便一位一位地发送数据，发送完成后置发送标志位 TI＝1；在 CPU 允许接收串行数据的时，外部串行数据经 RXD 送入 SBUF 时，电路便自动启动接收，第 9 位则装入 SCON 寄存器的 RB8 位，直至完成一帧数据后将接收标志位 RI 置“1”，当串口接收缓冲器接收到一帧数据时，可以执行 MOV　A，SBUF 指令进行读取。

与串行通信相关的寄存器有：SBUF、SCON、PCON 和 IE。

8.2.2 串行口控制寄存器 SCON

SCON 是 AT89S51 单片机可位寻址的特殊功能寄存器，主要用于控制串口的数据通信。单元地址是 98H，复位后为 00H，各位的定义见表 8-1。

表 8-1 SCON 各位定义

位名称	SM0	SM1	SM2	REN	TB8	RB8	TI	RI
位地址	9FH	9EH	9DH	9CH	9BH	9AH	99H	98H

下面介绍 SCON 各位的功能。

SM0 SM1：串行口 4 种工作方式的选择位，功能见表 8-2。

表 8-2 串行通信工作方式

SM0	SM1	工作方式	功能简述
0	0	工作方式 0	移位寄存器工作方式，波特率为 $f_{osc}/12$
0	1	工作方式 1	8 位数据异步收发，波特率可变
1	0	工作方式 2	9 位数据异步收发，波特率为 $f_{osc}/32$ 或 $f_{osc}/64$
1	1	工作方式 3	9 位数据异步收发，波特率可变

SM2：多机通信控制位。因为多机通信是在方式 2 和方式 3 下进行的，因此，SM2 位主要用于方式 2 和方式 3 中。当串行口以方式 2 或方式 3 接收时，如果 SM2＝1，则只有当接收到的第 9 位数据（RB8）为 1 时，才将接收到的前 8 位数据送入 SBUF，并将 RI 置"1"，产生中断请求；当接收到的第 9 位数据（RB8）为 0 时，则将接收到的前 8 位数据丢弃。而当 SM2＝0 时，则不论第 9 位数据是 1 还是 0，都将前 8 位数据送入 SBUF 中，并将 RI 置"1"，产生中断请求。

在方式 1 时，如果 SM2＝1，则只有收到有效的停止位时才会激活 RI。

在方式 0 时，SM2 必须为 0。

REN：允许串行接收位。由软件置"1"或清"0"。若 REN＝1，允许串行口接收数据；若 REN＝0，禁止串行口接收数据。

TB8：发送的第 9 位数据。在方式 2 和 3 时，TB8 是要发送的第 9 位数据。其值由软件置"1"或清"0"。在双机通信时，TB8 一般作为奇偶校验位使用；在多机通信中用来表示主机发送的是地址帧还是数据帧，TB8＝1 为地址帧，TB8＝0 为数据帧。

RB8：接收到的第 9 位数据。在方式 2 和 3 时，RB8 存放接收到的第 9 位数据。在方式 1，如果 SM2＝0，RB8 接收到的是停止位。在方式 0，则不使用 RB8。

TI：发送中断标志位。串行口工作在方式 0 时，串行口发送第 8 位数据结束时由硬件置"1"，在其他工作方式，串行口发送停止位的开始时置"1"。TI＝1，表示一帧数据发送结束，可供软件查询，也可申请中断。CPU 响应中断后，在中断服务程序中向 SBUF 写入要发送的下一帧数据。TI 必须由软件清 0。

RI：接收中断标志位。串行口在工作方式 0 时，接收完第 8 位数据时，RI 位由硬件置"1"。在其他工作方式中，串行口接收到停止位时，该位置 1。RI＝1，表示一帧数据接收完毕，并申请中断，要求 CPU 从接收 SBUF 取走数据。该位的状态也可供软件查询。RI 必须由软件清 0。

8.2.3 电源控制寄存器 PCON

PCON 是电源控制寄存器，不能位寻址。地址为 87H。各位的定义见表 8-3。

表 8-3 PCON 各位定义

位名称	SMOD	—	—	—	GF1	GF0	PD	IDL

其中，与串行通信相关的位是 SMOD。

SMOD：串行口波特率系数控制位。若 SMOD=1，方式 1、方式 2 和方式 3 的波特率加倍。若 SMOD=0，各工作方式的波特率保持不变。

8.3 串行口的工作方式

AT89S51 单片机的串行接口有 4 种工作模式，可通过对 SCON 中的 SM0、SM1 位的设置选择。

1. 工作方式 0

在方式 0 下，串行口的 SBUF 是作为同步移位寄存器使用的。在串行口发送时，"SBUF（发送）"相当于并入一个串行的移位寄存器，由 AT89S51 单片机的内部总线并行接收 8 位数据，并从 TXD 引脚串行输出；在接收操作时，"SBUF（接收）"相当于一个串入并出的移位寄存器，从 RXD 引脚接收一帧串行数据，并把它并行地送入内部总线。在方式 0 下，SM2、RB8 和 TB8 均不起作用，它们通常均应设置为"0"状态。

在串行口方式 0 下工作并非是一种同步通信方式。它的主要用途是和外部同步移位寄存器相连接，以达到扩展一个并行 I/O 口的目的。

2. 工作方式 1

串行数据通过 TXD 发送，RXD 接收。一帧数据是 10 位，包括 1 位起始位，8 位数据位和 1 位停止位，如图 8-3 所示。波特率是可变的，由定时器 T1 溢出率和 SMOD 共同决定。方式 1 的波特率由下式确定：

$$\text{方式 1 波特率} = \frac{2^{\text{SMOD}}}{32} \times \text{定时器 T1 的溢出率}$$

图 8-3 方式 1 帧格式

发送操作是在 TI=0 时，执行"MOV SBUF,A"指令后开始，然后发送电路自动在 8 位发送字符前后分别添加 1 位起始位和停止位，并在移位脉冲作用下在 TXD 线上依次发送一帧信息，发送完后自动维持 TXD 线为高电平。TI 也由硬件在发送停止位时置位，并通知 CPU 数据发送已经结束，可以发送下一帧数据。

接收操作在 RI=0 和 REN=1 条件下进行，这与方式 0 时相同。当接收电路连续 8 次采样到 RXD 引脚为低电平时，相应检测器便可确认 RXD 线上有了起始位。在接收到停止位时，接收电路必须同时满足以下两个条件：RI=0 且 SM2=0 或接收到的停止位为"1"，才能把接收到的 8 位字符存入"SBUF（接收）"中，当一帧数据接收完毕后，将 SCON 中的 RI 置 1，通知 CPU 从 SBUF 取走接收到的数据。

3. 工作方式 2

串行数据通过 TXD 发送，RXD 接收。每帧数据均为 11 位，包括 1 位起始位，8 位数据位，1 位可程控位，即 1 或 0 的第 9 位以及 1 位停止位，如图 8-4 所示。此方式下波特率由下式确定：

$$方式2的波特率 = \frac{2^{SMOD}}{64} \times f_{osc}$$

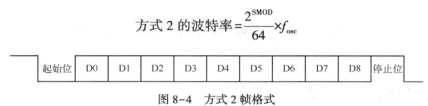

图 8-4　方式 2 帧格式

第 9 位数据可以自己定义，一般在双机通信时作为奇偶校验位，多机通信时作为地址/数据的标志位。发送前，先根据通信协议由软件设置 TB8，然后将要发送的数据写入 SBUF，即可启动发送过程。串行口能自动把 TB8 取出，并装入到第 9 位数据位的位置，再逐一发送出去。发送完毕，则使 TI 位置 1。

当串行口的 SCON 寄存器的 SM0、SM1 两位为 10，且 REN=1 时，允许串行口以方式 2 接收数据。接收时，数据由 RXD 端输入，接收 11 位信息。当位检测逻辑采样到 RXD 引脚从 1 到 0 的负跳变，并判断起始位有效后，便开始接收一帧信息。在接收完第 9 位数据后，如果 RI=0 且 SM2=0 或接收到的第 9 位数据位 RB8=1。则将接收到的数据送入 SBUF（接收缓冲器），第 9 位数据送入 RB8，将 RI 置 1。否则，接收的信息将被丢弃。

4. 工作方式 3

除了波特率外，工作方式 3 和方式 2 相同，方式 3 的波特率由下式确定：

$$方式3波特率 = \frac{2^{SMOD}}{32} \times 定时器 T1 的溢出率$$

8.4　波特率的设定

AT89S51 单片机的串行口以方式 0 工作时，波特率为 $f_{osc}/12$。

串行口工作于方式 2 时，若 SMOD=1，波特率为振荡频率的 1/32；若 SMOD=0，波特率为振荡频率的 1/64。

串行口以方式 1 或方式 3 工作时，波特率是可变的。波特率的计算公式为：

$$波特率 = \frac{2^{SMOD}}{32} \times 定时器 T1 的溢出率$$

如果定时器 T1 用作波特率发生器，则就不能用作中断。在典型的应用中 T1 以定时方式工作，并处于定时方式 2 即自动重新装载的模式下，因为定时器 T1 在方式 2 下工作，TH1 和 TL1 分别设定为两个 8 位重装计数器（当 TL1 从全"1"变为全"0"时，TH1 中内容重装 TL1）。这种方式不仅可使操作方便，也可避免因重装初值（时间常数初值）而带来的定时误差。如果使用定时器 T1 处于方式 2 下，则：

$$\text{溢出率} = \frac{1}{\text{定时器 1 定时时间}} = \frac{f_{\text{osc}}}{12 \times (256 - C)}$$

其中，C 为初值。

所以，波特率为：

$$\text{波特率} = \frac{2^{\text{SMOD}}}{32} \times \frac{f_{\text{osc}}}{12 \times (256 - C)}$$

在实际应用时，经常根据已知波特率和时钟频率来计算初值，常用的波特率和初值间的关系可列成表 8-4，以供查用。

表 8-4 常用波特率与系统时钟及初值之间的关系

时钟频率/MHz	波特率/bit·s⁻¹	常 数	
		SMOD = 1	SMOD = 0
12	28800	FEH	FFH
	19200	FDH	--
	14400	FCH	FEH
	9600	F9H	FDH
	4800	F3H	F9H
	2400	E6H	F3H
	1200	CCH	E6H
11.0592	28800	FEH	FFH
	19200	FDH	--
	14400	FCH	FEH
	9600	FAH	FDH
	4800	F4H	FAH
	2400	E8H	F4H
	1200	D0H	E8H

8.5 单片机的串行通信接口技术

AT89S51 单片机串行口的输入、输出均为 TTL 电平。使用 TTL 电平进行串行数据的传送，传输距离短，抗干扰能力差。为了提高通信的可靠性，增大串行通信的距离，通常采用标准串行接口，如 RS-232C、RS-422A 以及 RS-485 等标准接口。

RS-232C 是美国电子工业协会（EIA）的推荐标准，适用于短距离或带调制解调器的串行通信场合。为了提高串行数据传输率和通信距离以及抗干扰能力，EIA 又公布了 RS-422A 和 RS-485 串行总线接口标准。

8.5.1 标准串行通信接口

1. RS-232C 接口

RS-232C 是异步串行通信中应用最广的标准串行接口，它定义了数据终端设备和数据通信设备之间的串行接口标准。

（1）RS-232C 信号引脚定义

RS-232C 标准规定了 25 针连接器，但许多信号是为了通信业务联系或信息控制而定义的，所以 PC 机配置的都是 9 针"D"型连接器。图 8-5 所示为 RS-232C 的"D"型 9 针插头的引脚定义。

（2）电气特性

RS-232C 上传送的数字量采用负逻辑，且与地对称。

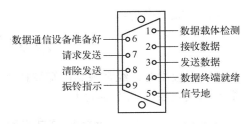

图 8-5 "D"型 9 针插头的引脚定义

逻辑 1：-3~-15 V；

逻辑 0：+3~+15 V。

RS-232C 标准的信号传输的最大电缆长度为 30 m，最高数据传输速率位 20 kbit/s。

（3）电平转换

由于 AT89S51 单片机串行口的输入、输出都是 TTL 电平，TTL 电平和 RS-232C 电平互不兼容，所以必须进行电平转换，常用的芯片是美国 MAXIM 公司的产品 MAX232 芯片。MAX232 是 RS-232C 双工发送器/接收器电路芯片，其外部引脚如图 8-6 所示，使用 MAX232 实现 TTL/RS-232C 之间的电平转换电路如图 8-7 所示。

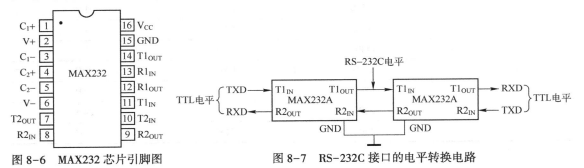

图 8-6　MAX232 芯片引脚图　　　　图 8-7　RS-232C 接口的电平转换电路

2. RS-422A 接口

由于 RS-232C 传输的速率低、通信距离短、抗干扰能力差等，所以 EIA 又制定了 RS-422A 标准。

（1）电气特性

RS-422A 的全称是"平衡电压数字接口电路的电气特性"，全双工，传输信号为两对平衡差分信号线，因此 RS-422A 的传输距离长，最大传输距离可达到 1200 m，最大传输速率为 10 Mbit/s。

（2）电平转换

TTL 电平转换成 RS-422A 电平的常用芯片有 MC3487、SN75174 等；RS-422A 电平转换成 TTL 电平的常用芯片有 MC3486、SN75175 等。典型的转换电路如图 8-8 所示。

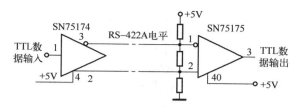

图 8-8　RS-422A 接口电平转换电路

3. RS-485 接口

RS-485 是 RS-422A 的变形，它与 RS-422A 的区别是 RS-485 为半双工，采用 1 对平衡差分信号线。

（1）电气特性

RS-485 的信号传输采用两线间的电压来表示逻辑 1 和逻辑 0，数据采用差分传输，抗干扰能力强，传输距离可达到 1200 m，传输速率可达 10 Mbit/s。

驱动器输出电平在−1.5 V 以下时为逻辑 1，在+1.5 V 以上时为逻辑 0。接收器输入电平在−0.2 V 以下时为逻辑 1，在+0.2 V 以上为逻辑 0。

（2）电平转换

适用于 RS-422A 标准中所用的驱动器和接收器芯片，在 RS-485 中均可以使用。普通的 PC 机一般不带 RS-485 接口，因此要使用 TTL/RS-485 转换器。RS-485 接口电平转换电路如图 8-9 所示。

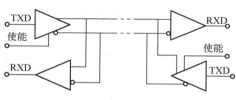

图 8-9　RS-485 接口电平转换电路

8.5.2　串口转换为并口输出

【例 8-1】用 AT89S51 单片机串行口外接 74LS164 扩展并行输出口，8 位并行口的各位分别连接一个发光二极管，要求发光二极管轮流点亮。

解：

1. 硬件电路的设计

根据例 8-1 中的要求，接口电路如图 8-11 所示。图中使用了 74LS164，74LS164 为 8 位移位寄存器，引脚如图 8-10 所示。

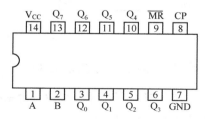

图 8-10　74LS164 引脚图

CP：时钟输入端。

$\overline{\text{MR}}$：同步清除输入端，低电平有效。

A，B：串行数据输入端。

Q0~Q7：数据输出端。

2. 程序设计

```
        ORG     0000H
        AJMP    MAIN
        ORG     0030H
MAIN:   MOV             SCON,#00H    ;设置方式 0
        MOV     A,#7FH               ;最高位先亮
```

```
OUT:    MOV     SBUF,A          ;开始串行输出
        JNB     TI,$            ;输出是否完毕?
        CLR     TI              ;清 TI
        ACALL   DELAY           ;延时
        RR      A               ;循环右移
        SJMP    OUT             ;循环
DELAY:  MOV     R7,#5           ;延时程序
D1:     MOV     R6,#250
D2:     MOV     R5,#250
        DJNZ    R5,$
        DJNZ    R6,D2
        DJNZ    R7,D1
        RET
        END
```

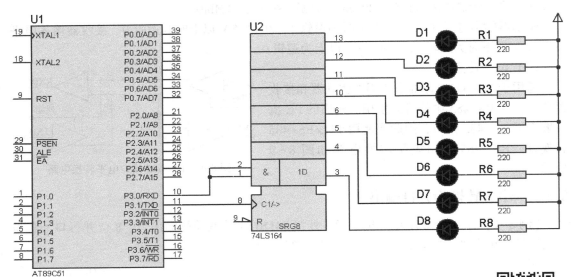

图 8-11　AT89S51 单片机串行口扩展 74LS164 电路仿真图

v8-1

8.5.3　多机串行通信接口

单片机的多机通信是指一台主机和多台从机之间的通信，在多机通信中，使用单片机构成分布式系统，主机与各从机可实现全双工通信，各从机之间只能通过主机交换信息。

【例 8-2】甲乙丙三机相距 1 m 进行串行通信，要求：甲机是主机，乙机和丙机是从机，乙机的编号是 1，丙机的编号是 2；主机将要发送的 10 个数据存放在内部数据存储器 30H 开始的单元中，从机将接收到的数据放入内部数据存储器 30H 开始的单元中；主机和从机时钟振荡频率为 11.0592 MHz。

解：

1. 硬件电路设计

根据例 8-2 中的要求，选择 TTL 电平进行通信，电路如图 8-12 所示。

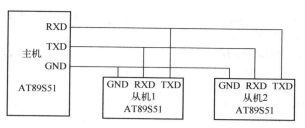

图 8-12　单片机多机通信系统逻辑连接图

2. 通信协议

在单片机多机通信中，要确保主机与从机之间可靠的通信，必须保证通信接口具有识别功能，串行口控制器 SCON 的 SM2 就可以满足这一要求。当串行口以方式 2 或方式 3 工作时，发送和接收的每一帧信息都是 11 位，其中第 9 位数据是可编程的，通过对 SCON 中的 TB8 置 "1" 或清零，以区分发送的是地址还是数据，若 TB8 为 1 发送的是地址帧，否则发送的是数据帧。如果从机的控制位 SM2 = 1，则当接收的是地址帧时，数据装入 SBUF，并置 RI = 1；如果接收的是数据帧时，则从机不予理睬，数据丢弃。若 SM2 = 0，则无论接收地址帧还是数据帧都将 RI 置 1，数据装入 SBUF。因此，我们可以拟定多机通信的编程要求如下：

1）将所有从机的 SM2 置 1，只接收地址帧。

2）主机发送一帧地址信息，第 9 位为 1。

3）当从机接收到地址帧后，与自己的地址相比较。若相同，则从机将 SM2 清零，否则从机维持 SM2 = 1 不变。

4）主机将第 9 位清零，发送数据或控制信息。对于已经被寻址的从机，因为 SM2 = 0，故可以接收主机的信息；而其他从机因为 SM2 = 1，对主机发来的信息不予理睬。

5）从机接收数据结束后，将接收到的数据送 P1 口显示，然后恢复其 SM2 = 1。

6）当主机改为与另外从机联系时，再发出地址帧寻址其他从机。

3. 程序设计

主机程序如下：

```
            ORG 0000H
            LJMP MAIN
            ORG 0100H
MAIN：      MOV A,#01H
            MOV R0,#30H
            MOV R7,#10
INITIAL：   MOV SP,#75H           ;设置堆栈指针
            MOV 20H,#01H          ;设置下位机编号
            MOV 21H,#0AH          ;设置要发送的数据个数
            MOV 22H,#02H          ;设置下位机个数
            MOV R0,#30H           ;设置数据起始地址
;**********初始化串行口
            CLR EA
            CLR ES                ;使用查询方式,关中断
```

```
                MOV SCON,#0F0H              ;串行口工作方式3,允许接收
; * * * * * * * * * 设置波特率
                MOV TMOD,#20H              ;定时器1处于工作方式2
                MOV TH1,#0F4H             ;2400 bit/s 的时间常数,时钟频率 11.0592 MHz
                MOV TL1,#0F4H
                MOV PCON,#00H              ;SMOD=0
                SETB TR1                   ;启动定时器 T1
; * * * * * * * * * * 发送地址帧
CONNECT: SETB TB8
                MOV SBUF,20H               ;发送地址编号
                JNB TI,$
                CLR TI
                LCALL DELAY
; * * * * * * * * * * 发送数据帧
                CLR TB8                    ;发送数据帧
SEND:      MOV SBUF,@ R0
                JNB TI,$
                CLR TI
                LCALL DELAY
                INC R0
                DJNZ 21H,SEND
; * * * * * * * * * * 1号从机发送完毕,准备下一个从机数据发送
                INC 20H                    ;下位机编号加1
                MOV 21H,#0AH               ;设置要发送的数据个数
                MOV R0,#30H                ;设置数据起始地址
                DJNZ 22H,CONNECT
                CLR P0.0                   ;数据发送完毕
                SJMP $
DELAY:    MOV R6,#200
DELAY1:   MOV R5,#255
                DJNZ R5,$
                DJNZ R6,DELAY1
                RET
                END
```

从机程序如下:

```
         ORG     0000H
         LJMP    MAIN
         ORG     0023H
         LJMP    SINT
         ORG     0100H
MAIN:    MOV     SP,#70H               ;设置堆栈指针
; * * * * * * * * * * 初始化串行口
         MOV     TMOD,#20H            ;定时器1处于工作方式2
         MOV     TH1,#0F4H           ;2400 bit/s 的时间常数,时钟频率 11.0592 MHz
         MOV     TL1,#0F4H
```

172

```
            MOV     PCON,#00H            ;SMOD=0
            SETB    TR1                  ;启动定时器
            MOV     SCON,#0F0H           ;串行口处于工作方式3,允许接收
;**********接收数据的个数和首地址
            MOV     R0,#30H              ;设置数据起始地址
            MOV     21H,#0AH             ;设置要接收的数据个数
;中断方式,开中断
            SETB    ES
            SETB    EA
            SJMP    $
SINT:       CLR     EA                   ;关中断
            CLR     RI
            JNB     RB8,DATA1
            MOV     A,SBUF
            CJNE    A,#02H,SRET          ;判断地址编号
            CLR     SM2                  ;寻找到从机,从机清 SM2
            LJMP    SRET
DATA1:      MOV     @R0,SBUF             ;接收数据
            INC     R0
            DJNZ    21H,SRET
            SETB    SM2                  ;数据接收完,置 SM2
            MOV     21H,#0AH
            MOV     R0,#30H
SEND1:      MOV     A,@R0
            MOV     P1,A
            ACALL   DELAY
            INC     R0
            DJNZ    21H,SEND1
            CLR     P1.7                 ;数据传输完毕, P1.7 闪烁
            LCALL   DELAY
            SETB    P1.7
SRET:       SETB    EA                   ;开中断
            RETI
DELAY:      MOV     R6,#2
DELAY1:     MOV     R5,#255
DELAY2:     MOV     R4,#255
            DJNZ    R4,$
            DJNZ    R5,DELAY2
            DJNZ    R6,DELAY1
            RET
            END
```

8.6 案例：双机通信

【任务目的】理解 AT89S51 单片机串行通信原理,掌握双机串行通信的软件设计。用

Proteus 设计、仿真 AT89S51 单片机双机通信过程。

【任务描述】 该任务用甲乙两台 AT89S51 单片机完成双机串行通信。两机相距 1m；甲机将 P1 口指拨开关数据传送给乙机，乙机将接收的数据输出至 P1 口，点亮相应端口的 LED，然后乙机将接收的数据加 1 后发送给甲机，甲机将数据输出至 P2 口，点亮对应的 LED。要求：使用串口方式 1，波特率为 9600 bit/s。

1. 硬件电路设计

双击桌面上 ⅡⅡ 图标，打开 ISIS 7 Professional 窗口。单击菜单命令 "File" → "New Design"，新建一个 DEFAULT 模板，保存文件名为 "双机通信 . DSN"。在器件选择按钮 [P][L] DEVICES 中单击 "P" 按钮，或执行菜单命令 "Library" → "Pick Device/Symbol"，添加表 8-5 所示的元件。

表 8-5 双机通信所用的元件

单片机 AT89C51	发光二极管 LED-YELLOW	DIPSW-9 开关	电阻 RES

在小工具栏中单击虚拟仪器按钮 📋，然后在对象选择器中选择 VIRTUAL TERMINAL（虚拟终端），如图 8-13 所示。

单击 "POWER" 和 "GROUND" 放置电源和地。放置元件后，布线。左键双击各元件，设置相应元件参数，完成仿真电路设计，如图 8-14 所示。

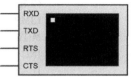

图 8-13　虚拟终端

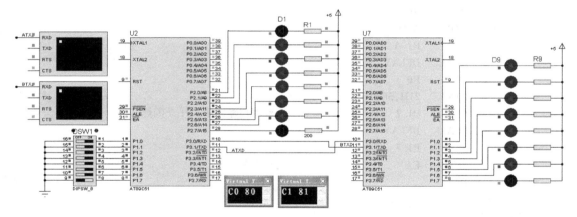

图 8-14　双机通信电路仿真图

v8-2

2. 程序设计

（1）程序流程图（如图 8-15 和图 8-16 所示）

（2）汇编源程序

甲机程序如下：

```
          ORG 0000H
          LJMP MAIN
          ORG 0100H
MAIN:     MOV SP,#75H        ;设置堆栈指针
```

174

```
;*****设置串行口工作方式
        MOV SCON,#50H          串行口处于工作方式1,允许接收
;*****设置波特率
        MOV TMOD,#20H          ;定时器1处于工作方式2
        MOV TH1,#0F4H          ;2400 bit/s 的时间常数,时钟频率11.0592 MHz
        MOV TL1,#0F4H
        MOV PCON,#00H          ;SMOD=0
        SETB TR1              ;启动定时器
;*****使用查询方式,关中断
        CLR EA
        CLR ES
        CLR ET1
        MOV 30H,#0FFH
CONNECT:  MOV P1,#0FFh ;       读P1口状态
        MOV A,P1
        CJNE A,30H,CONNECT1
        AJMP CONNECT
CONNECT1: MOV 30H,A            ;将当前P1口状态暂存
        MOV SBUF,A            ;发送P1口状态
        JNB TI,$
        CLR TI
        JNB RI,$
        MOV A,SBUF
        CLR RI
        MOV P2,A
        LJMP CONNECT
        END
```

乙机程序如下:

```
        ORG 0000H
        LJMP MAIN
        ORG 0023H
        LJMP SINT
        ORG 0030H
MAIN: MOV SP,#70H              ;设置堆栈指针
;*****设置串行口工作方式
        MOV SCON,#50H          ;串行口处于工作方式1,允许接收
;*****设置波特率
        MOV TMOD,#20H          ;定时器1处于工作方式2
        MOV TH1,#0F4H          ;2400 bit/s 的时间常数,时钟频率11.0592 MHz
        MOV TL1,#0F4H
        MOV PCON,#00H          ;SMOD=0
        SETB TR1              ;启动定时器
        MOV R0,#30H           ;设置数据起始地址
;*****使用中断方式,开中断
        SETB ES
```

```
        SETB EA
        SJMP $
;＊＊＊＊＊串行中断服务子程序
SINT：JB RI,REC
        CLR TI
        LJMP SRET
REC：CLR RI
        MOV A,SBUF              ;读取数据
        MOV P1,A               ;将数据送 P1 口
        INC A
        MOV SBUF,A             ;发送数据
SRET：RETI
        END
```

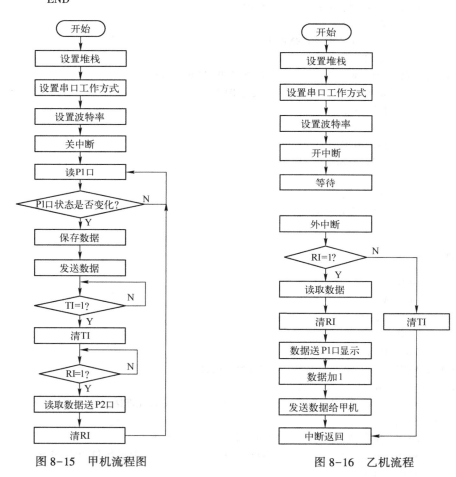

图 8-15　甲机流程图　　　　　　　　图 8-16　乙机流程

3. 加载目标代码、设置时钟频率

将甲机汇编源程序文件生成目标代码文件"甲机.hex",加载到图 8-14 中单片机 U2 "Program File"属性栏中,将乙机汇编源程序文件生成目标代码文件"乙机.hex",加载到图 8-14 中单片机 U7 "Program File"属性栏中,同时设置时钟频率为 12 MHz。

4. 仿真

单击图标 ▶ ▶ ▐▐ ■ 中的 ▶ 按键，启动仿真。拨动指拨开关，在与单片机 U7 的 P1 口显示当前状态，在单片机 U2 的 P2 口显示加 1 后的状态。

思考题与习题

一、填空

1. 按照串行数据的同步方式，串行通信可以分为_____和_____两类。

2. 串行通信按照数据传送方向可分为三种制式：_____、_____和_____。

3. 帧格式为 1 个起始位，9 个数据位和 1 个停止位的异步串行通信方式是方式_____。

4. AT89S51 单片机串行接口有 4 种工作方式，由特殊功能寄存器_____中的__、_____确定。

5. AT89S51 单片机有一个_____异步串行口。

6. 串行通信对波特率的要求是通信双方的波特率必须_____。

7. 多机通信时，主机向从机发送信息分地址帧和数据帧两类，以第 9 位可编程的 TB8 作区分标志。TB8＝0，表示_____；TB8＝1，表示_____。

8. AT89S51 单片机发送数据后将标志位_____置 1。

9. 多机通信开始时，主机首先发送地址，各从机校对主机发送的地址与本机地址是否相符，若相符，则从机将_____清"0"。

10. 串行口中断标志 RI/TI 位由_____置位，_____清零。

11. 进行多机通信时，AT89S51 单片机串行口工作方式应设置为_____。

二、判断题

1. AT89S51 单片机上电复位时，SBUF＝00H。（   ）

2. AT89S51 单片机的串行口是全双工的。（   ）

3. 接收 SBUF 和发送 SBUF 的物理地址相同。（   ）

4. 串行通信接收到的第 9 位数据送 SCON 寄存器的 RB8 中保存。（   ）

5. 串行口工作于方式 0 的波特率是可变的。（   ）

6. 串行口工作于方式 3 的波特率是可变的，通常使用定时器 T0 工作于方式 1 实现。（   ）

7. 在多机通信时，串行口以方式 2 或方式 3 接收，如果 SM2＝1，则当接收的 RB8＝0 时，将接收的数据送入 SBUF。（   ）

8. 进行多机通信，AT89S51 单片机串行接口的工作方式应为方式 1。（   ）

9. 串行中断入口地址是 0023H。（   ）

三、选择题

1. AT89S51 单片机用串行扩展并行 I/O 口时，串行口工作方式选择（   ）。

　A. 方式 0　　　　B. 方式 1　　　　C. 方式 2　　　　D. 方式 3

2. 串行口工作方式 3 的波特率是（   ）。

　A. 固定的，为 $f_{\text{osc}}/32$

B. 固定的，为 $f_{osc}/16$

C. 可变的，通定时器/计数器 T1 的溢出率设定

D. 固定的，为 $f_{osc}/64$

3. 通过串行口发送或接收数据时，在程序中应使用（　　）。

A．MOVC 指令　　　B. MOVX 指令　　　C. MOV 指令　　　D. XCHD 指令

4. 帧格式为 1 个起始位，8 个数据位和 1 个停止位的异步串行通信方式是（　　）。

A．方式 0　　　　　B. 方式 1　　　　　C. 方式 2　　　　　D. 方式 3

5. 控制串行口工作方式的寄存器是（　　）。

A．TMOD　　　　　B. SCON　　　　　C. TCON　　　　　D. PCON

四、简答题

1. 解释同步通信和异步通信。

2. 串行通信有几种传输方式，说出每种方式的特点。

3. AT89S51 单片机串行口有几种工作方式？有几种帧格式？各种工作方式的波特率如何确定？

4. AT89S51 单片机串行口接收/发送数据缓冲器都用 SBUF，如果同时接收/发送数据时，是否会发生冲突？为什么？

5. 为什么定时器/计数器 T1 用做串行口波特率发生器时，常采用方式 2？

6. 简述利用串行口进行多机通信的原理。

7. AT89S51 单片机晶振频率是 11.0592 MHz，串行口工作于方式 1，波特率是 9600 bit/s，写出控制字和计数初值。

第9章　AT89S51 单片机的串行扩展技术

【知识目标】

1. 了解单总线时序，理解工作原理，掌握单片机与单总线接口电路的设计。

2. 了解 SPI、I²C 总线的协议，理解工作原理，掌握单片机与 SPI 总线和 I²C 总线的程序设计方法。

3. 熟悉串行键盘的扩展方法。

【技能目标】

1. 学会使用 AT89S51 单片机的 I/O 口与 DS18B20 接口电路设计方法。

2. 学会使用 AT89S51 单片机的 I/O 口结合软件模拟 I²C 总线时序实现 I²C 接口的方法。

3. 学会使用 AT89S51 单片机的 I/O 口结合软件模拟 SPI 总线时序实现 SPI 接口的方法。

9.1　单总线串行扩展与 DS18B20

9.1.1　单总线概述

单总线（1- Wire）是美国 Dallas 公司的一项专利技术。与目前广泛应用的其他串行数据通信方式不同，它采用单根信号线完成数据的双向传输，并同时通过该信号线为单总线器件提供电源，具有节省 I/O 引脚资源、结构简单、成本低廉、便于总线扩展和维护等诸多优点，在电池供电设备、便携式仪器以及现场监控系统中有良好的应用前景。

单总线标准为外设器件沿着一条数据线进行双向数据传输提供了一种简单的方案，任何单总线系统都包含一台主机和一个或多个从机，它们共用一条数据线。这条数据线被地址、控制和数据信息复用。由于主机和从机都是开漏输出，在主设备的总线一侧必须加上拉电阻，系统才能正常工作。此外，单总线器件通常采用 3 引脚封装，在这三个引脚中有一个公共接地端、一个数据输入/输出端和一个电源端。电源端可为单总线器件提供外部电源，从而免除总线集中馈电。如图 9-1 所示为一个由单总线构成的分布式测温系统，带有单总线接口的温度集成电路 DS18B20 都挂在 DQ 总线上，单片机对每个 DS18820 通过总线 DQ 寻址。DQ 为漏极开路，加上拉电阻 R_{p}。

单总线技术有 3 个显著的特点：

1）单总线芯片通过一根信号线进行地址信息、控制信息和数据信息的传送，并通过该信号线为单总线芯片提供电源。

2）每个单总线芯片都具有全球唯一的访问序列号，当多个单总线器件挂在同一单总线上时，对所有单总线芯片的访问都通过该唯一序列号进行区分。

3）单总线芯片在工作过程中，不需要提供外接电源，而通过它本身具有的"总线窃

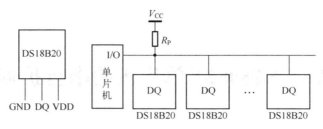

图 9-1　单总线构成的分布式温度系统

电"技术从总线上获取电源。

此外，单总线技术采用特殊的总线通信协议实现数据通信。在通信过程中，单总线数据波形类似于脉冲宽度调制信号，总线发出复位信号（保持低电平的周期最长）同步整个总线，然后由系统主机初始化每一位数据时隙，利用宽脉冲或窄脉冲来实现写"0"或写"1"。在读数据时，主机利用窄脉冲初始化时隙，从机将数据线保持在低电平，通过展宽低电平脉冲返回逻辑"0"，或保持脉冲宽度不变来返回逻辑"1"。多数单总线器件支持两种数据速率，较低的数据速率约为 14 kbit/s，较高的数据速率约为 140 kbit/s。

9.1.2　常用的单总线器件

单线总线器件主要提供存储器、混合信号电路、识别、安全认证等功能。目前 Dallas 公司采用单总线技术生产的芯片包括数字温度计、数字电位器、A/D 转换器、定时器、RAM 与 E^2PROM 存储器、线路驱动器及微型局域网耦合器等系列器件。常用的单线总线器件见表 9-1。

表 9-1　常用的单线总线器件

类　型	型　号
存储器	DS2431、DS28EC20、DS2502、DS1993
温度传感元件和开关	DS28EA00、DS1825、DS1822、DS18B20、DS18S20、DS1922、DS1923
A/D 转换器	DS2450
计时时钟	DS2417、DS2422、DS1904
电池监护	DS2871、DS2762、DS2438、DS2775
身份识别和安全应用	DS1990A、DS1961S
单线总线控制和驱动器	DSIWM、DS2482、DS2480B

9.1.3　单总线器件温度传感器 DS18B20

DS18B20 是美国 Dallas 公司生产的单总线数字式温度传感器，采用单总线协议，即与单片机接口仅需占用一个 I/O 端口，无须任何外部元件，直接将环境温度转化为数字信号，以数字码形式串行输出，从而极大地简化了传感器与微处理器的接口。在使用过程中，可由一根 I/O 数据线实现传输数据，并可由用户设置温度报警界限，被广泛应用于精密仪器、存储仓库等需要测量和控制温度的地方。DS18B20 具有以下特点：

1）测量范围：-55~+125℃，在-10~+85℃范围内精度为±0.5℃。

2）分辨率：可编程分辨率为 9~12 位（其中包括 1 位符号位），对应的可分辨温度分别为 0.5℃、0.25℃、0.125℃和 0.0625℃，可实现高精度测温。

3）温度转换时间：其转换时间与设定的分辨率有关。当设定为 9 位时，最大转换时间为 93.75 ms；当设定为 10 位时，为 187.5 ms；当设定为 11 位时，为 375 ms；当设定为 12 位时，为 750 ms。

4）电源电压范围：在保证温度转换精度为±0.5℃的情况下，电源电压可为+3.0~+5.5 V。

5）程序设置寄存器：该寄存器用于设置器件是处于测试模式还是工作模式（出厂时设置为工作模式），此外还用于设置温度分辨率，可设为 9 位、10 位、11 位或 12 位。

6）64 位 ROM 编码：从高位算起，该 ROM 有一个字节的 CRC 校验码，6 个字节的产品序列和一个字节的产品家族代码。DS18B20 的家族代码是 10H。

7）DS18B20 内部存储器分配：DS18B20 中含有 E^2PROM，其报警上、下限温度值和设定的分辨率倍数是可记忆的，在出厂时被设定为 12 位分辨率。

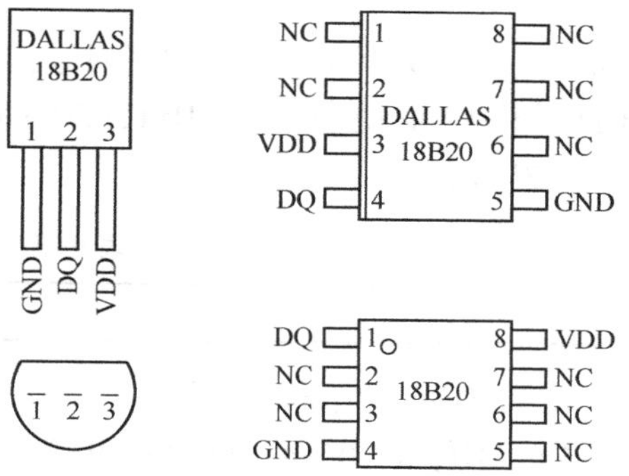

图 9-2　DS18B20 封装

1. D318B20 引脚

DS18820 的封装采用 TO-92 和 8Pin SOIC 封装，外形及引脚排列如图 9-2 所示。DS18B20 引脚功能定义见表 9-2。

表 9-2　DS18B20 引脚功能定义

引 脚 名 称	引 脚 功 能
GND	电源地
DQ	数字信号输入/输出端
VDD	外接供电电源输入端　（在寄生电源接线方式时接地）
NC	空引脚

2. 与单片机的连接

主机可以是微控制器，从机可以是单总线器件，它们之间的数据交换只通过一条信号线。当只有一个从机设备时，系统可按单节点系统操作；当有多个从机设备时，系统则按多接点系统操作。单总线通常要求外接一个约为 5 kΩ 的上拉电阻，如图 9-3 所示。

DS18B20 和单片机的连接非常简单，单片机只需要一个 I/O 口就可以控制 DS18B20。如果要控制多个 DS18B20 进行温度采集，只要将所有的 DS18B20 的 I/O 口全部连接到一起就可以。在具体操作时，通过读取每个 DS18B20 内部芯片的序列号来识别。

3. ROM 操作指令

主机检测到应答脉冲后，就可以发出 ROM 命令，这些命令与各个从机设备的唯一 64 位 ROM 代码相关。见表 9-3，列出 64 位光刻 ROM 各位定义，64 位光刻 ROM 中的序列号是出厂前被光刻好的，它可以看作该 DS18B20 的地址序列号。开始 8 位为产品类型标号，接下

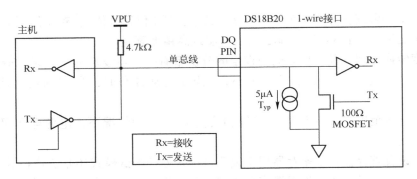

图 9-3 单总线接口电路图

来 48 位是该 DS18B20 自身的序列号, 最后 8 位是前面 56 位的 CRC 循环冗余校验码。光刻 ROM 的作用是使每一个 DS18B20 都各不相同, 这样就可以实现一条总线上挂接多个 DS18B20。

表 9-3 64 位光刻 ROM 各位定义

8 位 CRC 码	48 位序列号	8 位产品类型标号

主要 ROM 操作命令如下。

1) 33H, 读 ROM。读 DS18B20 温度传感器 ROM 中的编码 (即 64 位地址)

2) 55H, 匹配 ROM。发出此命令之后, 接着发出 64 位 ROM 编码, 访问单总线上与该编码相对应的 DS18B20 使之做出响应, 为下一步对该 DS18B20 的读/写做好准备。

3) F0H, 搜索 ROM。用于确定挂接在同一总线上 DS18B20 的个数, 识别 64 位 ROM 地址, 为操作各器件做好准备。

4) CCH, 跳过 ROM。忽略 64 位 ROM 地址, 直接向 DS18B20 发出温度变换命令, 该命令适用于一个从机工作。

5) ECH, 报警搜索命令。执行后只有温度超过设定值上限或下限的芯片才做出响应。

4. 功能命令

在主机发出 ROM 命令, 以访问某个指定的 DS18B20 后, 接着就可以发出 DS18B20 支持的某个功能命令。这些命令允许主机写入或读出 DS18B20 暂存器、启动温度转换以及判断从机的供电方式。DS18B20 的功能命令如下。

1) 44H, 温度转换。启动 DS18B20 进行温度转换, 12 位转换时最长为 750ms。结果存入内部 9 字节的 RAM 中。

2) BEH, 读暂存器。读内部 RAM 中 9 字节的温度数据。

3) 4EH, 写暂存器。发出向内部 RAM 的第 2、第 3 字节写上、下限温度数据命令, 紧跟该命令之后, 是传送两字节的数据。

4) 48H, 复制暂存器。将 RAM 中的第 2、第 3 字节的内容复制到 E^2PROM 中。

5) B8H, 重调 E^2PROM。将 E^2PROM 中内容恢复到 RAM 中的第 3、4 字节。

6) B4H, 读供电方式。读 DS18B20 的供电模式。寄生供电时, DS18B20 发送 0; 外接电源供电时, DS18B20 发送 1。

以上这些指令涉及的存储器为高速暂存器 RAM, 见表 9-4。

表 9-4 高速暂存器 RAM

寄存器内容	字 节 地 址
温度值低位	0
温度值高位	1
高温限值	2
低温限制	3
配置寄存器	4
保留	5
保留	6
保留	7
CRC 校验值	8

表 9-5 列出了温度数据在高速暂存器 RAM 的第 0 个和第 1 个字节中的存储格式。

表 9-5 温度数据存储格式

位 7	位 6	位 5	位 4	位 3	位 2	位 1	位 0
2^3	2^2	2^1	2^0	2^{-1}	2^{-2}	2^{-3}	2^{-4}
位 15	位 14	位 13	位 12	位 11	位 10	位 9	位 8
S	S	S	S	S	2^6	2^5	2^4

DS18B20 在出厂时默认配置为 12 位，其中最高位为符号位，即温度值共 11 位，单片机在读取数据时，一次会读 2 字节共 16 位，读完后将低 11 位的二进制数转化为十进制数后再乘以 0.0625 便为所测的实际温度值。另外，还需要判断温度的正负。前 5 个数字为符号位，这 5 位同时变化，我们只需要判断 11 位就可以了。前 5 位为 1 时，读取的温度为负值，且测到的数值需要取反加 1 再乘以 0.0625 才可得到实际温度值。前 5 位为 0 时，读取的温度为正值，且温度为正值时，只要将测得的数值乘以 0.0625 即可得到实际温度值。

DSl8B20 输出数据与温度的关系见表 9-6。输出数据由两字节的二进制补码表示，其中低字节为温度的小数部分，高半字节和第二字节的低 3 位为温度的整数部分，见表 9-5。

表 9-6 DS18B20 输出数据与温度关系

温度/℃	二进制数据	十六进制数据
+125	0000 0111 1101 0000	07D0H
+85	0000 0101 0101 0000	0550H
+25.0625	0000 0001 1001 0001	0191H
+10.125	0000 0000 1001 0010	00A2H
+0.5	0000 0000 0000 1000	0008H
0	1111 1111 1111 1000	FFF8H
−10.125	1111 1111 0101 1110	FF5EH
−25.0625	1111 1111 0110 1111	FF6FH
−55	1111 1100 1001 0000	FC90H

5. 工作时序图

DS18B20 初始化如图 9-4 所示，先将数据线置高电平 1，延时（该延时要求不是很严格，但要尽可能短）；然后将数据线拉到低电平 0，延时至少 480 μs，产生复位脉冲，然后自动释放该线，进入接收模式。主机释放总线时，4.7 kΩ 的电阻将单总线拉高，产生一个上升沿。DS18B20 检测到该上升沿后，延时 15~60 μs，然后向总线发出一个 60~240 μs 的低电平应答脉冲。主机接收到 DS18B20 的应答脉冲后，可以确定 DS18B20 存在。但是应注意，不能无限的等待，不然会使程序进入死循环，所以要进行超时判断。如果 CPU 读到数据线上的低电平 0 后，还要进行延时，其延时的时间从发出高电平算起，最少要 480 μs。将数据线再次拉到高电平 1 后结束。

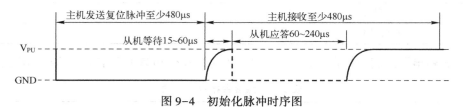

图 9-4　初始化脉冲时序图

DS18B20 写数据脉冲时序如图 9-5 所示，数据线先置低电平，延时 15 μs；按从低位到高位的顺序一位一位发送数据，一次只能发送一位，延时 45 μs；将数据线达到高电平 1，重复以上步骤，直到发送完整个字节，最后将数据线拉到高电平 1。

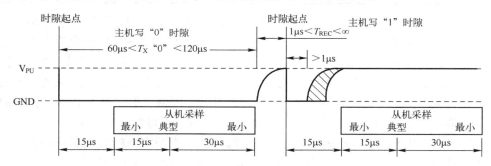

图 9-5　总线写脉冲时序图

DS18B20 读数据脉冲时序如图 9-6 所示，将数据线线拉高到 1，延时 2 μs；将数据线拉低到 0，延时 6 μs；将数据线拉高到 1，延时 4 μs；读数据线的状态得到一个状态位，并进行数据处理，延时 45 μs；重复以上步骤，直到读取完一个字节。

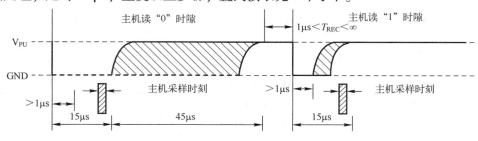

图 9-6　总线读脉冲时序图

6. 应用程序设计

【例 9-1】用 DSl8B20 一线式温度传感器检测环境温度，4 位 LED 数码管显示，温度测量范围 $-50 \sim +110℃$ ，测量精度误差为 $0.1℃$ 。

解： 在 Proteus 软件中设计硬件电路，如图 9-7 所示。

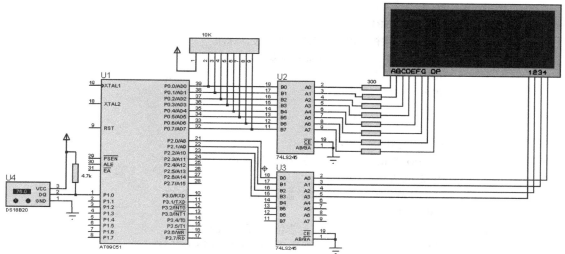

图 9-7　例 9-1 电路图

v9-1

　　软件程序设计时必须经过三个步骤：初始化、写字节操作和读字节操作。每一次读写操作之前都要先将 DS18B20 初始化复位，复位成功后才能对 DS18B20 进行预订的操作，三个步骤缺一不可。具体程序如下：

```
        ORG 0000H
        AJMP MAIN
        ORG 0030H
        ;单片机内部 RAM 分配
TMPL_B20 EQU 31H          ;用于保存读出温度的低 8 位
TMPH_B20 EQU 30H          ;用于保存读出温度的高 8 位
FLAGB20 EQU F0            ;检测到 DS18B20 标志位
;32H,33H,34H,35H 分别存放符号位/百位、十位、个位以及小数点后第一位
        DQ BIT P1.0      ;DS18B20 数据线
MAIN：  MOV SP,#70H      ;堆栈设置在内部 RAM70H 起始的单元
        MOV P0,#0FFH     ;关显示
        LCALL GET_TEMPER ;调用读温度子程序
        LCALL DL1S
MAIN1： LCALL GET_TEMPER ;调用读温度子程序
        LCALL CONVBCDTMP_B20
        LCALL DISP1
        AJMP MAIN3
    ; ＊＊＊＊＊＊＊＊＊＊ 这是 DS18B20 复位初始化子程序
INIT_1820：SETB DQ       ;置 1
```

185

```
                NOP                     ;短延时
                CLR DQ                  ;数据线拉低
      ; * * * * * * * * * * 主机发出延时最少 480us 的低脉冲
                MOV R1,#3
TSR1:           MOV R0,#123
DJNZ            R0,$
                DJNZ R1,TSR1
      ; * * * * * * * * * 主机发出延时 537us 的复位低脉冲
                SETB DQ                 ;拉高数据线
                NOP
                NOP
                NOP
      ; * * * * 延时等待
                MOV R0,#120
TSR2:           JNB DQ,TSR3             ;等待 DS18B20 回应
                DJNZ R0,TSR2
                CLR FLAGB20             ;清标志位,表示 DS1820 不存在
                SJMP TSR7
TSR3:           SETB FLAGB20            ;置标志位,表示 DS1820 存在
                CLR P1.7                ;检查到 DS18B20 就点亮 P1.7LED
                MOV R0,#200
TSR6:           DJNZ R0,$;TSR6          ;时序要求延时一段时间
TSR7:           SETB DQ
                RET
GET_TEMPER:                             ;转换温度
                SETB DQ
                LCALL INIT_1820         ;先复位 DS18B20
                JB FLAGB20,TSS2
                NOP
                RET                     ;不存在则返回
TSS2:           MOV A,#0CCH             ;跳过 ROM 匹配
                LCALL WRITE_1820
                ACALL DL100uS
                MOV A,#44H              ;发出温度转换命令
                LCALL WRITE_1820
                ACALL DL100uS
                LCALL READ_1820
      ; * * * * * * * * * * 读出转换后的温度值
                LCALL INIT_1820         ;准备读温度前先复位
                MOV A,#0CCH             ;跳过 ROM 匹配
                LCALL WRITE_1820
                ACALL DL100uS
                MOV A,#0BEH             ;发出读温度命令
                LCALL WRITE_1820
                ACALL DL100uS
                LCALL READ_1820         ;将读出的温度数据保存到 35H/36H
```

```
              RET
; * * * * * * * * * * 写 DS18B20 的子程序,按照时序写
WRITE_1820:
      MOV R2,#8            ;一共 8 位数据
      CLR C
WRITE_1820_1:
      CLR DQ               ;数据线低电平 0
      MOV R3,#6            ;延时 15 μs
      DJNZ R3,$
      RRC A
      MOV DQ,C             ;发送 1 位
      MOV R3,#22           ;延时 45 μs
      DJNZ R3,$
      SETB DQ              ;数据线拉高
      NOP
      DJNZ R2,WRITE_1820_1
      SETB DQ              ;发送完毕,数据线拉高
      RET
; * * * * * * * * * * 读 DS18B20 的程序,按照时序写
READ_1820:
      MOV R4,#2            ;将温度高位和低位从 DS18B20 中读出
      MOV R1,#TMPL_B20     ;低位存入 29H(TMPL_B20),高位存入 28H(TMPH_B20)
READ_1820_1: MOV R2,#8    ;数据一共有 8 位
READ_1820_2: CLR C
      SETB DQ              ;数据线拉高
      NOP                 ;延时 2 μs
      NOP
      CLR DQ               ;数据线拉低
      NOP                 ;延时 6 μs
      NOP
      NOP
      NOP
      NOP
      SETB DQ              ;数据线拉高
      NOP                 ;延时 4 μs
      NOP
      NOP
      NOP
      MOV C,DQ             ;读数据
      MOV R3,#22           ;延时 45 μs
      DJNZ R3,$
      RRC A
      DJNZ R2,READ_1820_2
      MOV @R1,A
      DEC R1
```

```
            DJNZ R4,READ_1820_1
            RET
; * * * * * * * * * * * * *
;处理温度将其转换为 BCD 码,分别存入 32H~35H 单元
;32H~35H 存放符号位/百位、十位、个位以及小数点后第一位
; * * * * * * * * * * * * *
CONVBCDTMP_B20:
            MOV A,TMPH_B20
            ANL A,#80H
            JZ TMPC1                ;正数还是负数
            CLR C                   ;负数
            MOV A,TMPL_B20          ;取反加 1 求原码
            CPL A
            ADD A,#1
            MOV TMPL_B20,A
            MOV A,TMPH_B20
            CPL A
            ADDC A,#0
            MOV TMPH_B20,A
            MOV 35H,#0BH            ;存符号位,负数为 B
            SJMP TMPC11
TMPC1:      MOV 35H,#0AH            ;正数为 A,不显示
TMPC11:     MOV A,TMPL_B20
            ANL A,#0FH
            MOV DPTR,#TMPTAB
            MOVC A,@A+DPTR
            MOV 32H,A               ;小数部分
;整合整数部分,将 TMPH_B20 的高半字节和 TMPL_B20 的低半字节组合到一起,结果存
;入累加器 A 中
            MOV A,TMPL_B20
            ANL A,#0F0H
            SWAP A
            MOV TMPL_B20, A
            MOV A,TMPH_B20
            ANL A,#0FH
            SWAP A
            ORL A,TMPL_B20
H2BCD: MOV B,#100
            DIV AB
            JZ B2BCD1              ;百位为 0,35H 单元中存放的是符号位
            MOV 35H,A             ;百位不为 0,说明是正数。将百位保存在 35H 单元,覆盖掉符
;号位 0A0H
B2BCD1:     MOV A,#10             ;十位和个位
            XCH A,B
            DIV AB
            MOV 34H,A             ;十位存在 34H 单元
```

```
                MOV 33H,B              ;个位存在 33H 单元
TMPC12：        NOP
DISBCD：        MOV A,35H;
                ANL A,#0FH;
                CJNE A,#1,DISBCD0
                SJMP DISBCD1           ;百位=1,个十位不管是不是 0,都要显示
DISBCD0：       MOV A,34H              ;百位非 1,即无百位,就是 0AH 不显示,0BH 负号
                ANL A,#0FH             ;十位是 0 时,正数只显示个位
                JNZ DISBCD1            ;十位是 0,负数的负号移到十位的位置上
                MOV A,35H;             ;此时百位就不显示,为 0BH
                MOV 34H,A              ;百位和十位都没有,将符号位存 34H 单元
                MOV 35H,#0AH
DISBCD1：       RET
TMPTAB：        DB 0,1,1,2,3,3,4,4,5,6,6,7,8,8,9,9
;＊＊＊＊＊＊＊＊＊＊＊ 显示程序,带显示的数据存放在内部 RAM32H 起始的单元中
DISP1：         MOV R1,#32H
                MOV R5,#01H
PLAY：          MOV A,R5
                MOV P2,A
                MOV A,@R1
                MOV DPTR,#TAB
                MOVC A,@A+DPTR
                MOV P0,A
                MOV A,R5
                JNB ACC.1,LOOP1
                CLR P0.7               ;显示小数点
LOOP1：         LCALL DL1MS
                INC R1
                MOV A,R5
                JB ACC.3,ENDOUT
                RL A
                MOV R5,A
                SJMP PLAY
ENDOUT：        MOV P0,#0FFH           ;关显示
                MOV P2,#00H
                RET
TAB：           DB 0C0H,0F9H,0A4H,0B0H,99H ;显示的段代码
                DB 92H,82H,0F8H,80H,90H,0FFH,0BFH ;A 时关显示,0BF 为负号
;＊＊＊＊＊＊＊＊＊＊ 延时程序,延时 1ms
DL1MS：         SETB RS1               ;换 2 组
                MOV R6,#14H            ;R6、R7 用于循环
DL1：           MOV R7,#100
                DJNZ R7,$
                DJNZ R6,DL1
CLR RS1         ;恢复为 0 组
                RET
```

```
;********* 延时程序,延时 1s
DL1S:      SETB RS1            ;换 2 组
           MOV R5,#8
           DL1S_2:MOV R6,#250
           DL1S_1:MOV R7,#250
           DJNZ R7,$
           DJNZ R6,DL1S_1
           DJNZ R5,DL1S_2
           CLR RS1             ;恢复为 0 组
           RET
;********* 延时程序,延时 100 μs
DL100uS:   SETB RS1            ;换 2 组
           MOV R7,#34H
           DJNZ R7,$
           CLR RS1             ;恢复为 0 组
           RET
           END
```

9.2 SPI 串行总线扩展

9.2.1 SPI 串行总线简介

v9-2

　　SPI（Serial Peripheral Interface）是由 Motorola 公司提出的一种同步串行总线，采用 3 根或 4 根信号线进行数据传输，所需要的信号包括使能信号、同步时钟、同步数据（输入和输出），它允许 MCU 与各种外围设备以串行方式进行通信。

　　SPI 串行接口设备既可以工作在主设备模式下，也可以工作在从设备模式下。系统主设备为 SPI 总线通信过程提供同步时钟信号，并决定从设备片选信号的状态，控制将要进行通信的 SPI 从器件。SPI 从器件则从系统主设备获取时钟及片选信号，因此从器件的控制信号 CS、SCLK 都是输入信号。

　　SPI 串行总线使用两条控制信号线 CS 和 SCLK，一条或两条数据信号线 SDI、SDO。在 Motorola 公司的 SPI 技术规范中将数据信号线 SDI 称为 MISO（Master In Slave Out），数据信号线 SDO 称为 MOSI（Master Out Slave In），控制信号线 CS 称为 SS（Slave Select），时钟信号线 SCLK 称为 SCK（Serial Clock）。

　　在 SPI 串行扩展系统中，作为主器件的单片机在启动一次传送时，便产生 8 个时钟，传送给接口芯片作为同步时钟，控制数据的输入和输出。数据的传送格式是高位（MSB）在前，低位（LSB）在后，如图 9-8 所示。数据线上输出数据的变化以及输入数据时的采样，都取决于 SCK。但对于不同的外围芯片，有的可能是 SCK 的上升沿起作用，有的可能是 SCK 的下降沿起作用。SPI 有较高的数据传输速度，最高可达 1.05 Mbit/s。

　　采用 SPI 串行总线可以简化系统结构，降低系统成本，使系统具有灵活的可扩展性，此外还可用于多 MCU 间的通信。

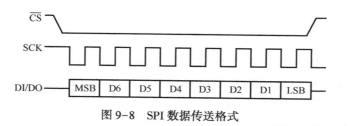

图 9-8 SPI 数据传送格式

9.2.2 常用的 SPI 总线器件

目前采用 SPI 串行总线接口的器件非常多，有 A/D 与 D/A 转换器、存储器（E²PROM/FLASH）、实时时钟（RTC）、LCD 控制器、温度传感器、压力传感器等。常用的 SPI 总线器件见表 9-7。

表 9-7 常用的 SPI 总线器件

类　　型	型　　号
存储器	Microchip 公司的 93LCXX 系列 E²PROM，Atmel 公司的 AT25XXX 系列 E²PROM，Xicor 公司的 X5323/25 等
SPI 扩展并行 I/O 口	PCA9502、MAX7317、MAX7301
实时时钟芯片	PCA2125、DS1390、DS1391、DS1305、DS1302
数据采集 ADC 芯片	ADS8517（16 位 ADC）、TLC4541（16 位 ADC）、MAX11200（24 位 ADC）、MAX1225（12 位 ADC）、AD7789（24 位 ADC）
数模转换 DAC 芯片	DAC7611（12 位 DAC）、DAC8881（16 位 DAC）、DAC7631（16 位 DAC）、AD421（16 位 DAC）
键盘、显示芯片	MAX6954、MAX6966、MAX7219、ZLG7289、CH451
温度传感器	MAX6662、MAX31722、DS1722

9.2.3 扩展带有 SPI 接口的显示芯片 MAX7219

MAX7219 是 MAXIM 公司生产的串行输入/输出共阴极数码管显示驱动芯片，一片 MAX7219 可驱动 8 个 7 段（包括小数点共 8 段）数码管、LED 条线图形显示器或 64 个分立的 LED。该芯片具有 10 MHz 传输率的三线串行接口可与任何微处理器相连，只需一个外接电阻即可设置所有 LED 的段电流。它操作很简单，MCU 只需通过模拟 SPI 三线接口就可以将相关的指令写入 MAX7219 的内部指令和数据寄存器，同时它还允许用户选择多种译码方式和译码位。

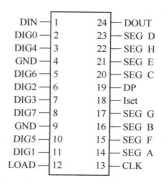

1. MAX7219 的引脚

MAX7219 的外部引脚图如图 9-9 所示。

各引脚的功能如下：

DIN：串行数据输入端。

DOUT：串行数据输出端，用于多片 MAX7219 级联扩展。　图 9-9 MAX7219 的外部引脚图

LOAD：数据锁定控制引脚，在 LOAD 的上升沿到来时片内

数据被锁定。

CLK：串行时钟输入。

SEG A ~ SEG G，DP：7 段驱动和小数点驱动。

Iset：段电流大小控制端。通过一个 10 kΩ 电阻和 V_{cc} 相连，设置段电流。

DIG0 ~ DIG7：数码管位选择引脚。

2. MAX7219 的数据格式

MAX7219 的串行数据为 16 位串行数据，由 4 位无效数据、4 位地址和 8 位数据组成，见表 9-8。

表 9-8　MAX7219 的数据格式

D15	D14	D13	D12	D11	D10	D9	D8	D7	D6	D5	D4	D3	D2	D1	D0
×	×	×	×	地址				数据							

MAX7219 在 DIN 引脚上输入的 16 位数据在每一个 CLK 时钟信号的上升沿被移入内部移位寄存器，然后在 LOAD 信号的上升沿到来时这些数据被送到数据/控制寄存器，在发送过程中遵循高位在前、低位在后的原则。

MAX7219 内部有 14 个可寻址的数据/控制寄存器，8 字节的数据寄存器在片内是一个 8×8 的内存空间，5B 的控制寄存器包括编码模式、显示亮度、扫描控制、关闭模式及显示检测 5 个寄存器，见表 9-9。编程时只有正确操作这些寄存器，MAX7219 才可工作。

表 9-9　MAX7219 的内部寄存器

寄存器	D11	D10	D9	D8	编码
位 0/DIG0	0	0	0	1	01H
位 1/DIG1	0	0	1	0	02H
位 2/DIG2	0	0	1	1	03H
位 3/DIG3	0	1	0	0	04H
位 4/DIG4	0	1	0	1	05H
位 5/DIG5	0	1	1	0	06H
位 6/DIG6	0	1	1	1	07H
位 7/DIG7	1	0	0	0	08H
编码模式	1	0	0	1	09H
显示亮度	1	0	1	0	0AH
扫描限制	1	0	1	1	0BH
关闭模式	1	1	0	0	0CH
显示检测	1	1	0	1	0DH

1）译码控制寄存器（09H）。MAX7219 有两种译码方式：译码方式和不译码方式。当选择不译码时，8 个数据位分别一一对应 7 个段和小数点位；译码方式是 BCD 译码，直接送数据就可以显示。实际应用中可以按位设置选择译码或是不译码方式，也就是译码的位为 1，不译码的位为 0。

2）扫描控制寄存器（0BH），此寄存器用于设置显示的 LED 的个数，扫描控制寄存器与扫描位的关系见表 9-10。

表 9-10　MAX7219 扫描控制寄存器与扫描位的关系

扫描的位	D7~D3	D2	D1	D0	编码
0	×	0	0	0	00H
0~1	×	0	0	1	01H
0~2	×	0	1	0	02H
0~3	×	0	1	1	03H
0~4	×	1	0	0	04H
0~5	×	1	0	1	05H
0~6	×	1	1	0	06H
0~7	×	1	1	1	07H

3）亮度控制寄存器（0AH），共有 16 级可选择，用于设置 LED 的显示亮度，从 00H~FFH。

4）关断模式寄存器（XCH），共有两种模式选择，一是关断状态（最低位 D0＝0），一是正常工作状态（D0＝1）。

5）显示测试寄存器（0FH），用于设置 LED 是测试状态还是正常工作状态，当测试状态时（最低位 D0＝1），各位显示全亮，正常工作状态（D0＝0）。

3. MAX7219 的应用

【例 9-2】使用 AT89S51 单片机利用 I/O 引脚扩展 MAX7219 驱动 8 位数码管，8 位数码管显示 "20150709"

解：根据要求扩展 8 位数码管，应用电路如图 9-10 所示。51 单片机使用 P2.0~P2.2 和 MAX7219 相连接，MAX7219 的位输出和数据输出分别连接 8 位数码管的对应端口。

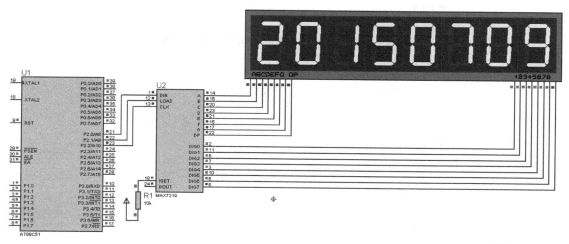

图 9-10　例 9-2 电路图

根据要求设计程序如下：

v9-3

```
        SBDIN BIT P2.0
        SBLOAD  BIT P2.1
        SBCLK BIT P2.2
        ORG 0000H
        LJMPMAIN
MAIN:   LCALL XIANSHI          ;调用显示程序
        SJMPMAIN
XIANSHI:PUSH PSW
        ACALL INIT7219         ;7219 初始化
MAIN1:  MOV 30H,#2             ;30H 单元开始存入要显示的内容
        MOV 31H,#0
        MOV 32H,#1
        MOV 33H,#5
        MOV 34H,#0
        MOV 35H,#7
        MOV 36H,#0
        MOV 37H,#9
        MOV R0,#30H
        MOV R1,#01H
        MOV R6,#8
        CLR SBLOAD
L1:     MOV A,R1
        MOV B,@R0
        ACALL WRITE
        INC R0
        INC R1
        DJNZ R6,L1
        POP PSW
        RET
WRITE:  CLR SBLOAD             ;地址放在 A,数据放在 B 中
        ACALL WR7219           ;写地址
        MOV A,B
        ACALL WR7219           ;写数据
        SETB SBLOAD
        NOP
        NOP
        RET
WR7219: MOV R7,#8             ;8 位数据分别移入
WRITE1: CLR SBCLK             ;CLK 拉低
        RLC A                 ;A 中的值左移
        MOV SBDIN,C          ;输出的值送给 DIN
        NOP
        SETB SBCLK           ;CLK 拉高,上升沿,数据移入
        NOP
        DJNZ R7,WRITE1
        RET
```

194

```
NIT7219: MOV A,#09H          ;译码模式寄存器
         MOV B,#0FFH         ;均译码
         ACALL WRITE
         MOV A,#0AH          ;显示亮度控制
         MOV B,#05H
         ACALL WRITE
         MOV A,#0BH          ;扫描控制
         MOV B,#07H          ;扫描 0~7 位
         ACALL WRITE
         MOV A,#0CH          ;显示测试寄存器
         MOV B,#01H
         ACALL WRITE
         RET
         END
```

v9-4

9.3 I²C 总线的串行扩展介绍

二线制 I²C 串行 E²PROM 是应用非常广泛的存储器件。它是带 I²C 总线接口的电擦除可编程存储器。其特点是二线制、在线读写、断电保护数据，广泛应用于电子产品、计算机及其外设、通信产品等。二线制 I²C 有多种型号，如美国 ATMEL 公司的 AT24C×× 芯片。下面结合 AT24C×× 芯片为例，讲述串行 E²PROM 扩展单片机存储器技术。

9.3.1 I²C 总线基础知识

1. I²C 总线

I²C 总线是荷兰飞利浦（Philips）公司首创的两线串行多主总线，是一种用于连接微控制器及其外围设备，实现同步双向串行数据传输的二线式串行总线，目前已经发展到 2.1 版本。该总线在物理上由一根串行数据线 SDA 和一根串行时钟 SCL 组成，各种使用该标准的器件都可以直接连接到该总线上进行通信，可以在同一条总线上连接多个外部资源。总线上的器件既可以作为发送器，也可以作为接收器，按照一定的通信协议进行数据交换。在每次数据交换开始时，作为主控器的器件需要通过总线竞争获得主控权。每个器件都具有唯一的地址，各器件间通过寻址确定接收方。如图 9-11 所示为单片机使用 I²C 总线扩展多个外部资源的示意图。

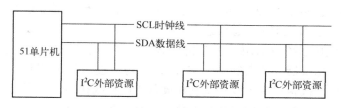

图 9-11　单片机使用 I²C 总线扩展多个外部资源的示意图

I²C 总线在便携式微功耗领域中具有较广泛的应用，许多 IC 卡芯片的接口形式就是 I²C

总线，如 A/D 及 D/A 转换器、存储器等。目前很多单片机内部都集成了 I^2C 总线，而 AT89S51 单片机内部虽然没有集成，但可以通过软件实现与 I^2C 总线的通信。

I^2C 总线的基本特性如下：

1）只要求两条信号线：一条串行数据线 SDA 和一条串行时钟线 SCL。SDA 是双向串行数据线，用于地址、数据的输入和数据的输出，使用时需加上拉电阻。SCL 是时钟线，为器件数据传输的同步时钟信号。

2）每根连接到总线的器件都可以通过唯一的地址进行寻址。

3）它是一个真正的多主机总线，如果两个或更多主机同时初始化数据传输，则可以通过冲突检测和仲裁防止数据被破坏。

4）在 CPU 和被控制器件间双向传送，最高传送速率为 400 kbit/s。片上的滤波器可以滤去总线数据上的毛刺，保证数据可靠传输。

2. I^2C 总线协议

在 I^2C 总线协议中，数据的传输必须由主器件发送的启动信号开始，以主器件发送的停止信号结束，从器件在收到启动信号之后需要发送应答信号来通知主器件已经完成了一次数据接收。当时钟线 SCL 保持高电平时，并且数据线 SDA 由高变低时，为 I^2C 总线工作的起始信号；当 SCL 为高电平时，且 SDA 由低变高时，为 I^2C 总线停止信号；标志操作的结束，即将结束所有相关的通信。图 9-12 所示是 I^2C 总线的启动信号和停止信号时序图。

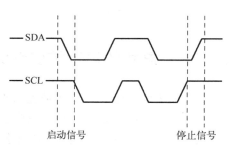

图 9-12　I^2C 总线的启动
信号和停止信号时序图

在 I^2C 总线开始信号后，送出的第一个字节数据是用来选择从器件地址，系统发出开始信号后，系统中的各器件将自己的地址和 CPU 发送到总线上的地址进行比较，如果与 CPU 发送到总线上的地址一致，则该器件是被 CPU 寻址的器件。

I^2C 总线上以字节为单位进行传送，每次先传送最高位。每次传送的数据字节数不限，在每个被传送的字节后面，接收器都必须发一位应答位（ACK），总线上第 9 个时钟脉冲对应于应答位，数据线上低电平为应答信号，高电平为非应答信号。待发送器确认后，再发送下一个数据。

9.3.2　I^2C 总线协议的软件模拟

I^2C 总线为一种完善的串行总线扩展，标准的 I^2C 总线有严格规范的电气接口和标准的状态处理软件包，要求系统中 I^2C 总线连接的所有节点都具有 I^2C 总线接口。

大多数单片机应用系统中采用单主结构形式。在单主系统中，I^2C 总线只存在主方式，只存在单片机对 I^2C 总线器件节点的读（主接收）、写（主发送）操作。因此，当所选择的单片机本身带有 I^2C 总线接口时可以直接利用硬件 I^2C 总线接口；当所选择的单片机本身不带有 I^2C 总线接口时，则可以利用单片机的普通 I/O 来模拟实现 I^2C 总线接口，其中一个引脚用于模拟 SDA 信号线的时序，另一个引脚用于模拟 SCL 信号线的时序。这使得 I^2C 总线的使用不受单片机必须带有 I^2C 总线接口的限制。

下面给出模拟 I^2C 总线典型信号的程序，包括启动、停止、发送应答位、发送非应答位、读字节子程序和写字节子程序等。用户只要理解通用读写子程序就能方便地编制应用程序。

1）引脚定义

在模拟主方式下的 I^{2}C 总线时序时，选用 P3.0、P3.1 作为时钟线 SCL 和数据线 SDA，

```
SDAK BIT P3.0
SCLK BIT P3.1
```

2）启动（START）：产生 I^{2}C 总线数据传输起始信号。

```
START: SETB SDAK      ;开始 SCL 高电平,SDA 由高电平变为低电平表示开始
       NOP
       SETB SCLK
       NOP
       NOP
       CLR SDAK
       NOP
       NOP
       NOP
       CLR SCLK
       NOP
       RET
```

3）停止（STOP）：产生 I^{2}C 总线数据传输停止信号。

```
STOP:CLR SDAK        ;SCL 处于高电平时,SDA 从低电平变为高电平表示"停止"
     SETB SCLK
     NOP
     NOP
     NOP
     SETB SDAK
     NOP
     NOP
     NOP
     RET
```

4）发送应答位（TACK）：向 I^{2}C 总线发送应答位信号。

```
TACK: CLR SDAK                ;应答信号
      NOP
      NOP
      SETB SCLK               ;脉冲信号
      NOP
      NOP
      CLR SCLK
      NOP
      NOP
      RET
```

5）发送非应答位（NOTACK）：向 I^2C 总线发送非应答位信号。

```
NOTACK:SETB SDAK
       NOP
       NOP
       NOP
       SETB SCLK
       NOP
       NOP
       NOP
       CLR SCLK
       NOP
       RET
```

6）写一个字节数据子程序。该子程序是向 I^2C 总线发送一个字节数据的操作。调用前将待发送的数据字节存放在 A 中。

```
WRBYT: MOV R7,#8
WRBYT1:RLC A
       MOV SDAK,C
       SETB SCLK        ;SCLK 置为高电平
       NOP
       NOP
       NOP
       NOP
       CLR SCLK         ;SCLK 置为低电平
       DJNZ R7,WRBYT1
       RET
```

7）读一个字节。该子程序是用来从 I^2C 总线接收一个字节数据，将接收到的数据字节存放在 R6 中。

```
RDBYT: MOV R7,#8        ;8 位数据
RDBYT1:SETB SDAK
       SETB SCLK        ;产生脉冲
       MOV C,SDAK       ;读数据
       MOV A,R6         ;读取暂存的数据
       RLC A            ;读入数据给累加器 A
       MOV R6,A         ;暂存数据至 R6
       CLR SCLK
       DJNZ R7,RDBYT1
       RET
```

9.3.3 AT24C××芯片介绍

1. AT24C××芯片引脚介绍

AT24C××器件是 ATMEL 公司生产的 I^2C 总线接口的 E^2PROM 芯片，主要应用在通用存

储器 IC 卡中，AT24C××芯片主要有 1KB 的 AT24C01、2 KB 的 AT24C02、4 KB 的 AT24C04、8 KB 的 AT24C08、16 KB 的 AT24C16，AT24C××芯片的 2 种标准引脚封装如图 9-13 所示。

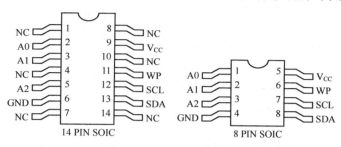

图 9-13　AT24C××引脚图

其各引脚功能说明如下：

片外地址线（A0～A2）：共 8 种地址编排，即一个单总线系统中可同时接入 8 片 AT24C01/02 芯片。如果单总线系统中只需接入 1 片 AT24C01/02 芯片，可将 A0～A2 同时接地，该 AT24C××芯片的片外地址为 000B。

AT24C04 用 A2 和 A1 作为片外寻址线，单个总线系统可寻址 4 个 4KB 器件，A0 引脚不用；AT24C08 仅用 A2 作为片外寻址线，单总线系统最多可寻址 2 个 8KB 器件，A0 和 A1 引脚不用。

串行数据（SDA）：双向数据线。

串行时钟（SCL）：双向线。串行时钟上升沿时，数据输入每个 E²PROM 器件，串行时钟下降沿时，数据从 E²PROM 器件中输出。

写保护（WP）：写保护控制端，接"0"，允许写入，接"1"禁止写入。

NC：空引脚。

V_{cc}：电源引脚。

GND：接地引脚。

2. AT24C××命令字格式

I^2C 总线数据的传输是以字节为单位的，在时钟配合下一位一位地进行传送。主器件发送"启动"信号后，再发送一个 8 位的含有芯片地址的控制字对从器件进行片选。一次数据传送总是由主器件产生的结束信号而终止的。8 位片选地址字由 3 部分组成：第一部分是 8 位控制字的高四位，固定为 1010 是 I^2C 总线器件特征编码；第 2 部分是最低位 D0，是读/写选择位 $R/\overline{W}$，决定微处理器对 E^2PROM 进行读/写操作，$R/\overline{W}=1$，表示读操作；$R/\overline{W}=0$，表示写操作；剩下的三位为第 3 部分即 A0、A1、A2，这 3 位根据芯片容量的不同，其定义也不相同。表 9-11 为 AT24C××芯片的地址安排。

表 9-11　AT24C××芯片的地址安排

型　号	容　量	地　址	可扩展数目
24C01（A）	128 B	1 0 10 A2 A1 A0 $R/\overline{W}$	8
24C02	256 B	1 0 10 A2 A1 A0 $R/\overline{W}$	8
24C04	512 B	1 0 10 A2 A1 P0 $R/\overline{W}$	4

型 号	容 量	地 址	可扩展数目
24C08	1 KB	1 0 10 A2 P1 P0 R/$\overline{W}$	2
24C016	2 KB	1 0 1 0 P2 P1 P0R/$\overline{W}$	1
24C032	4 KB	1 0 10 A2 A1 A0 R/$\overline{W}$	8
24C064	8 KB	1 0 10 A2 A1 A0 R/$\overline{W}$	8

3. 操作模式及对应的子程序

（1）字节写操作

在主器件单片机送出起始位后，接着发送写控制字节，指示从器件被寻址。当主器件接收到来自从器件的应答信号后，将发送待写入的字节地址到 AT24C02 的地址指针。主器件再次接收到来自 AT24C02 的应答信号 ACK 后，将发送数据字节写入存储器的指定地址中。当主器件再次收到应答信号后，产生停止位结束的一个字节。其格式如图 9-14 所示。

起始位	写控制字节	ACK	字节地址	ACK	数据字节	ACK	停止位

图 9-14 字节写操作格式

AT24C02 允许多个字节顺序写入，在以上格式中，可以连续送入多个字节数据，再送停止位。

下面是写 AT24C02 数据的子程序。

```
WR24C02:ACALL START        ;开始信号
        MOV A,#0A0H        ;命令 10100000B ,写操作
        ACALL WRBYT        ;写入数据
        ACALL TACK
        MOV A,#0           ;操作地址
        ACALL WRBYT        ;写入操作地址
        ACALL TACK
        MOV a,b            ;读取暂存数据
        ACALL WRBYT        ;写入数据
        ACALL TACK
        ACALL STOP         ;停止信号
        ACALL DLY5M        ; DLY5M 为延时子程序
        ACALL DLY5M
        ACALL DLY5M
        ACALL DLY5M
        RET
```

（2）字节读操作

字节读操作需要在读之前，先用写操作指定字节地址，主器件在收到应答信号 ACK 后，再发送读控制字节，从器件 AT24C02 发出应答信号 ACK 后发出 8 位数据，当主器件发出 $\overline{ACK}$ 信号后（即主器件不产生确认位）发出一个停止位，结束读操作。格式如图 9-15 所示。

起始位	写控制字节	ACK	字节地址	ACK	起始位	读控制字节	ACK	数据字节	$\overline{ACK}$	停止位

图 9-15　字节读操作格式

在以上格式中，每当从器件 AT24C02 发出一个数据后，主器件发送确认信号 ACK，就可以控制 AT24C02 发送下一个数据。直到主器件发出 $\overline{ACK}$ 信号为止。

下面是读 AT24C02 数据的子程序。

```
RD24C02: ACALL START          ;开始
         MOV A,#0A0H          ;10100000,写操作
         ACALL WRBYT          ;写命令
         ACALL TACK
         MOV A,#0             ;写入操作地址
         ACALL WRBYT
         ACALL TACK
         ACALL START
         MOV A,#0A1H          ;10100001,读操作
         ACALL WRBYT          ;写命令字
         ACALL TACK
         ACALL RDBYT          ;读数据
         ACALL NOTACK
         ACALL STOP           ;停止
         ACALL DLY5M
         RET
```

9.3.4　AT24C02 芯片的应用

【例 9-3】 使用 AT89S51 单片机和 AT24C02 芯片扩展存储器，单片机读入 P2 口按键的输入状态，并写入 AT24C02 芯片后，再将写入的数据从 AT24C02 芯片读出来，输出到 P1口通过发光二极管显示。

解：分析 AT89S51 单片机没有 I^2C 接口，用 P3.0 和 P3.1 分别代替 SDA 和 SCL 信号线，用软件实现 I^2C 总线协议。设计电路如图 9-16 所示。

主程序设计如下：

```
;下面程序里所用到的子程序在 9.3.2 节和 9.3.3 节中。
    SDAK BIT P3.0
    SCLK BIT P3.1
    ORG 0000H
    AJMP STAR
;**********************************************************
;主程序
;**********************************************************
STAR:   ACALL DLY5M
        ACALL DLY5M
ST1:    ACALL RD24C02    ;读 24C02
        MOV A,R6
```

```
            ANL A,#0FH
            MOV P1,A                    ;输出数值到 P1 口低 4 位
            MOV P2,#0FFH                ;P2 口锁存器置 1
            MOV A,P2                    ;读 P2 口
            ANL A,#0FH                  ;屏蔽高 4 位
            MOV B,A                     ;数据暂存到 B 寄存器
            ACALL WR24C02              ;写 24C02
            ACALL DLY5M                ;延时
            ACALL DLY5M
            ACALL DLY5M
            SJMP ST1                    ;循环
DLY5M：     MOV R4,#10                  ;延时
DLY5M1：    MOV R3,#248
            DJNZ R3,$
            DJNZ R4,DLY5M1
            RET
            END
```

v9-5

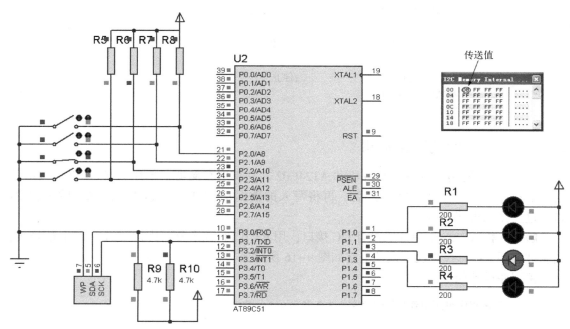

图 9-16　使用 AT24C02 扩展存储器电路图

9.4　键盘/显示串行接口芯片 HD7279A 的应用

v9-6

1. HD7279A 的简介

HD7279A 是一片具有串行接口的，可同时驱动 8 位共阴极数码管（或 64 只独立 LED）的智能显示驱动芯片，该芯片同时还可连接多达 64 键的键盘矩阵，无须外围元件，单片即可完成 LED 显示、键盘接口的全部功能，HD7279A 内部含有译码器，可直接接受 BCD 码或

十六进制码，并同时具有 2 种译码方式。但是 HD7279A 不适用于应用在需要 2 个或 2 个以上键同时按下的场合。

HD7279A 芯片占用口线少，外围电路简单，具有较高的性能价格比，已在键盘/显示器接口的设计中获得广泛应用。

HD7279A 芯片为 28 引脚标准双列直插型（DIP）封装，单一的+5V 供电。其引脚如图 9-17 所示，各引脚功能如下：

V_{DD}：正电源（+5 V）。

NC：悬空。

V_{SS}：地。

$\overline{CS}$：片选信号，低电平有效。此引脚为低电平时，可向芯片发送指令及读取键盘数据。

CLK：同步时钟输入端；向芯片发送数据及读取键盘数据时，此引脚电平上升沿表示数据有效。

DATA：串行数据输入/输出端。当芯片接收指令时，此引脚为输入端；当读取键盘数据时，此引脚在"读"指令最后一个时钟的下降沿变为输出端。

KEY：按键信号输出端。平时为高电半，当检测到有效按键时，此引脚变为低电平。

SG~SA：LED 的段 g~段 a 驱动输出端。

DP：小数点驱动输出端。

DIG0~DIG7：数字 0~数字 7 的驱动输出端。

CLKO：振荡输出端。

RC：RC 振荡器连接端。

$\overline{RESET}$：复位端，低电平有效。

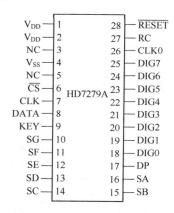

图 9-17　HD7279A 的引脚图

2. 控制指令

HD7279A 的控制命令分为二大类，包括纯命令和带有数据的命令。

（1）纯命令

所有纯命令都是单字节命令，见表 9-12。

表 9-12　HD7279A 的所有纯命令

命令代码	功　　能
A0H	所有 LED 显示右移 1 位，最左位为空（无显示），不改变消隐和闪烁属性
A1H	所有 LED 显示左移 1 位，最右位为空（无显示），不改变消隐和闪烁属性
A2H	与右移类似，但原来最右 1 位移至最左 1 位，不改变消隐和闪烁属性
A3H	与左移类似，但原来最左 1 位移至最右 1 位，不改变消隐和闪烁属性
A4H	消除显示、消隐、闪烁等属性
BFH	点亮全部 LED，并处于闪烁状态，可用于自检

（2）带有数据的指令

带有数据的命令均由双字节组成，第一字节为命令，有的带有地址，第二字节为操作的内容。

1) 按方式 0 译码显示命令。

表 9-13 命令中 a2、al、a0 表示 LED 数码管的位地址，表示显示数据是送给哪一位 LED 的，Ll 表示 LED 最低位，L8 表示 LED 最高位，具体位地址的译码见表 9-14。命令中的 d3、d2、dl、d0 为显示数据，收到这些数据后，HD7279A 按表 9-15 所示的规则译码和显示。dp 为小数点显示控制位，dp=l 时，小数点显示；dp＝0 时，小数点不显示。

表 9-13　方式 0 译码显示命令

第　一　字　节								第　二　字　节							
D7	D6	D5	D4	D3	D2	D1	D0	D7	D6	D5	D4	D3	D2	D1	D0
1	0	0	0	0	a2	a1	a0	dp	×	×	×	d3	d2	d1	d0

表 9-14　位地址译码表

a2	a1	a0	显示的位	a2	a1	a0	显示的位
0	0	0	L1	1	0	0	L5
0	0	1	L2	1	0	1	L6
0	1	0	L3	1	1	0	L7
0	1	1	L4	1	1	1	L8

表 9-15　方式 0 译码显示表

d3~d0	7 段显示	d3~d0	7 段显示	d3~d0	7 段显示	d3~d0	7 段显示
0H	0	4H	4	8H	8	CH	H
1H	1	5H	5	9H	9	DH	L
2H	2	6H	6	AH	-	EH	P
3H	3	7H	7	BH	E	FH	无显示

2) 按方式 1 译码显示命令。

表 9-16 所示方式 1 译码显示命令，与方式 0 译码显示命令基本相同，所不同的是译码方式，该命令的译码方式见表 9-17。

表 9-16　方式 1 译码显示命令

第　一　字　节								第　二　字　节							
D7	D6	D5	D4	D3	D2	D1	D0	D7	D6	D5	D4	D3	D2	D1	D0
1	0	0	0	1	a2	a1	a0	dp	×	×	×	d3	d2	d1	d0

表 9-17　方式 1 译码显示表

d3~d0	7 段显示	d3~d0	7 段显示	d3~d0	7 段显示	d3~d0	7 段显示
0H	0	4H	4	8H	8	CH	C
1H	1	5H	5	9H	9	DH	D
2H	2	6H	6	AH	A	EH	E
3H	3	7H	7	BH	B	FH	F

3）不译码显示命令。

表 9-18 中不译码显示命令的第一个字节与前两个命令是相同的，不同的是第二个字节，dp 和 A~G 分别代表 LED 的小数点和对应的段，当取值为 1 时，该段点亮，否则不亮。

表 9-18　不译码显示命令

第 一 字 节								第 二 字 节							
D7	D6	D5	D4	D3	D2	D1	D0	D7	D6	D5	D4	D3	D2	D1	D0
1	0	0	1	0	a2	a1	a0	dp	A	B	C	D	E	F	G

4）闪烁控制 88H。

表 9-19 中闪烁控制命令控制各个数码管的闪烁属性。dl~ d8 分别对应数码管 1~8，0=闪烁，1=不闪烁。开机后，缺省的状态为各位均不闪烁。

表 9-19　闪烁控制命令

第 一 字 节								第 二 字 节							
D7	D6	D5	D4	D3	D2	D1	D0	D7	D6	D5	D4	D3	D2	D1	D0
1	0	0	0	1	0	0	0	d8	d7	d6	d5	d4	d3	d2	d1

5）消隐控制 98H。

表 9-20 中消隐控制命令控制各个数码管的消隐属性，dl~ d8 分别对应数码管 1~8，1=显示，0=消隐。当某一位被赋予了消隐属性后，HD7279A 在扫描时将跳过该位，因此在这种情况下无论对该位写入何值，均不会被显示，但写入的值将被保留，在将该位重新设为显示状态后，最后一次写入的数据将被显示出来、当无须用到全部 8 个数码管显示的时候，将不用的位设为消隐属性，可以提高显示的亮度。但是如果消隐控制指令中 dl~ d8 全部为 0，HD7279A 保持原来的消隐状态不变。

表 9-20　消隐控制命令

第 一 字 节								第 二 字 节							
D7	D6	D5	D4	D3	D2	D1	D0	D7	D6	D5	D4	D3	D2	D1	D0
1	0	0	1	1	0	0	0	d8	d7	d6	d5	d4	d3	d2	d1

6）段点亮命令 E0H。

表 9-21 为段点亮命令，作用为点亮数码管中的某一指定段，或 LED 矩阵中某一指定的 LED。指令中，D0~D5 为段地址，范围从 00H~3FH，具体分配为：第 1 个数码管的 G 段地址为 00H，F 段为 01H，……A 段为 06H，小数点 dp 为 07H，第 2 个数码管的 G 段为 08H，F 段为 09H，……，依此类推直至第 8 个数码管的小数点 dp 地址为 3FH。

表 9-21　段点亮命令

第 一 字 节								第 二 字 节							
D7	D6	D5	D4	D3	D2	D1	D0	D7	D6	D5	D4	D3	D2	D1	D0
1	1	1	0	0	0	0	0	×	×	d6	d5	d4	d3	d2	d1

7）段关闭指令 C0H。

表 9-22 命令为段关闭命令，作用为关闭数码管中的某一段，该指令与段点亮命令相同。

表 9-22　段关闭命令

第 一 字 节								第 二 字 节							
D7	D6	D5	D4	D3	D2	D1	D0	D7	D6	D5	D4	D3	D2	D1	D0
1	1	0	0	0	0	0	0	×	×	d6	d5	d4	d3	d2	d1

8）读键盘数据指令 15H。

该指令从 HD7279A 读出当前的按键代码。与其他指令不同，此命令的前一个字节 15H，表示单片机写到 HD7279 的读键命令。而第二个字节为 HD7279A 返回的按键代码，其范围是 00H~3FH。

3. 命令时序

（1）纯命令时序

单片机发出 8 个 CLK 脉冲，向 HD7279A 发出 8 位命令，DATA 引脚最后为高阻态，如图 9-18 所示。

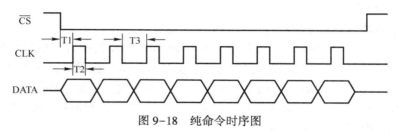

图 9-18　纯命令时序图

（2）带数据命令时序

单片机发出 16 个 CLK 脉冲，前 8 个向 HD7279A 发送 8 位命令；后 8 个向 HD7279A 传送 8 位显示数据，DATA 引脚最后为高阻态，如图 9-19 所示。

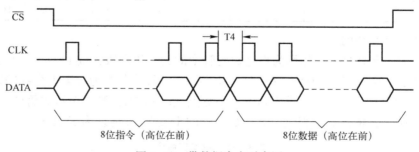

图 9-19　带数据命令时序图

（3）读键盘命令时序

单片机发出 16 个 CLK 脉冲，前 8 个向 HD7279A 发送 8 位命令；发送完之后 DATA 引脚为高阻态；后 8 个 CLK 由 HD7279A 向单片机返回 8 位按键值，DATA 引脚为输出状态。最后一个 CLK 脉冲的下降沿将 DATA 引脚恢复为高阻态，如图 9-20 所示。

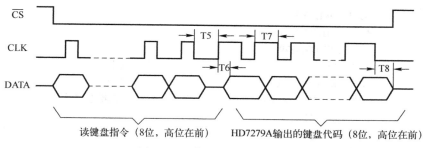

图 9-20 读键盘命令时序图

4. HD7279 的应用

图 9-21 所示为 AT89S51 单片机与 HD7279A 的接口电路，外接振荡元件为典型值，晶振频率为 12 MHz。上电后，HD7279A 经过 15~18 ms 的时间才进入工作状态。

单片机判断键盘矩阵中是否有按键按下，是通过 KEY 引脚电平来判断的。在使用中断方式时可将 KEY 引脚接至单片机的外部中断输入端，同时应将外中断触发方式设置成跳沿触发；若设置成电平触发方式，则在按键按下较长时间时，会引发多次中断误申请。是否有键按下也可以采用查询方式。

HD7279A 控制显示器时，应连接共阴极显示器。对于不使用的按键和显示器，可以不连接。如果不用键盘，则图 9-21 中连接到键盘的 8 只 10 kΩ 电阻和 8 只 100 kΩ 下拉电阻均可以省去。如果使用了键盘，则电路中的 8 只 100 kΩ 下拉电阻均不得省略。除非不接入数码管，否则串入 DP 及 SA~SG 连线的 8 只 200 Ω 电阻均不能省去。

因为采用循环扫描的工作方式，如果采用普通的数码管，亮度有可能不够，采用高亮或超高亮的型号，可以解决这个问题。数码管的尺寸不宜选得过大，一般字符高度不宜超过 1 in（1 in = 25.4 mm），如使用大型的数码管，应使用适当的驱动电路。

根据图 9-21，编写程序实现当有按键按下时，单片机读取该按键的代码并将其显示在 LED 数码管上，参考程序如下：

```
DU7279      DATA      020H
XIE7279     DATA      021H
HDCS        BIT       Pl. 0          ;HD7279A 的 CS 连接于 P1.0
HDCLK       BIT       Pl. 1          ;HD7279A 的 CLK 连接于 P1.1
HDDATA      BIT       Pl. 2          ;HD7279A 的 DATA 连接于 P1.2
HDKEY       BIT       Pl. 3          ;HD7279A 的 KEY 连接于 P1.3
ORG         000H
JMP         START
ORG         100H
START:      MOV   SP, #60H           ;定义堆栈
            MOV   P1,#011111001B     ;CS=1,KEY=1,CLK=0,DATA=0
            ACALL DELY25             ;延时 25 μs
            MOV   XIE7279, #A4H      ;发复位指令
            ACALL WRITE7279
            MOV   XIE7279, #98H      ;由于只用到两位所以其余位设置为消隐
            CALL  WRITE7279
```

```
                    ACALL DELAY3
                    MOV    XIE7279, #03H
                    ACALL WRITE7279
                    SETB   CS                      ;恢复 CS 为高电平
MAIN：              JB     KEY, MAIN               ;检测是否有键按下
                    MOV    XIE7279,#15H            ;有键按下,发送读键盘指令
                    ACALL WRITE7279
                    ACALL READ7279
                    SETB   CS                      ;设 CS 为高电平
                    MOV    A, DU7279
                    MOV    R7 ,A
                    MOV    XIE7279,#0C8H           ;下载数据,方式 1 译码,选择 L1 位
                    ACALL WRITE7279                ;发送指令到 HD7279A
                    MOV    A,R7
                    ANL    A,#0FH                  ;屏蔽掉高 4 位
                    MOV    XIE7279,A               ;发送数据
                    ACALL WRITE7279
                    SETB   HDCS
                    MOV    XIE7279,#0C9H           ;下载数据,方式 1 译码,选择 L2 位
                    ACALL WRITE7279                ;发送指令到 HD7279A
                    MOV    A,R7
                    SWAP   A                       ;要显示高位
                    ANL    A,#0FH                  ;屏蔽掉高 4 位
                    MOV    XIE7279,A               ;发送数据
                    ACALL WRITE7279
                    SETB   HDCS
WAIT1：             JNB    KEY,WAIT1               ;等待按键放开
                    JMP    MAIN

;************************************
;向 7279 写一个字节
;************************************
WRITE7279:MOV       R6,#8                          ;发送 8 位
                    CLR    HDCS                    ; CS 为低电平
                    ACALL DELAY4                   ;长延时 50 μs
LOOP1：             MOV    C,XIE7279.7             ;输出
                    MOV    HDDATA,C
                    SETB   HDCLK                   ; CLK 为高电平
                    MOV    A, XIE7279              ;待发送数据左移
                    RL     A
                    MOV    XIE7279, A
                    ACALL DELAY3                   ;短延时
                    CLR    HDCLK                   ;置 CLK 为低电平
                    ACALL DELAY3                   ;短延时
                    DJNZ   R6,LOOP1
                    CLR    HDDATA                  ;发送完毕,DAT 为低电平
                    RET
```

```
;************************************
;从 HD7279 读一个字节
;************************************
READ7279: MOV    R6,#8
          SETB   HDDATA            ;设 P1.2 (DATA)口为高电平
          ACALL DELAY4             ;长延时
LOOP2:    SETB   HDCLK             ;置 CLK 为高电平
          ACALL DELAY3             ;短延时
          MOV    A , DU7279        ;数据左移
          RL     A
          MOV    DU7279 , A
          MOV    C , HDDATA        ;读一位数据
          MOV    DU7279 , C
          CLR    HDCLK             ; CLK 为低电平
          ACALL DELAY3
          DJNZ   R6 , LOOP2
          CLR    HDDATA            ; DAT 为低电平
          RET
```

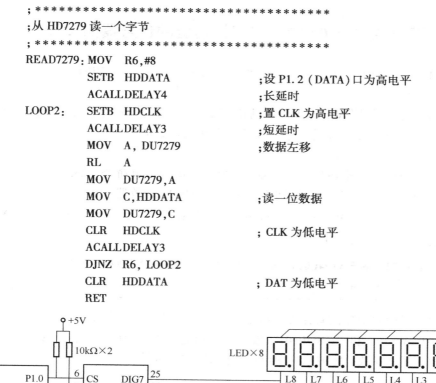

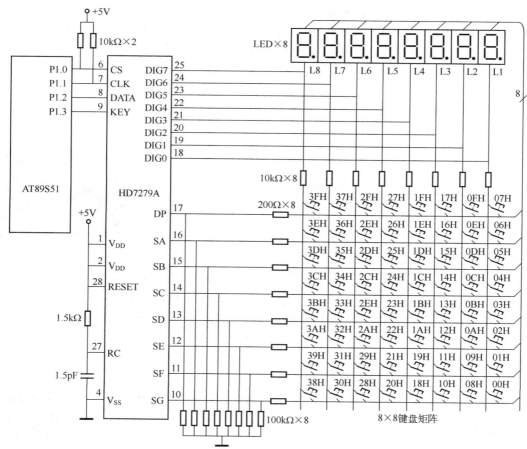

图 9-21 AT89S51 单片机与 HD7279A 的接口电路图

9.5 案例：基于 AT24C02 的具有记忆功能的计数器的设计

【任务目的】熟悉 AT24C02 芯片，掌握软件驱动程序设计。用 PROTEUS 设计、仿真 AT24C02 扩展存储器。

【任务描述】该任务使用 AT89S51 单片机和 AT24C02 芯片扩展存储器，当按压 K1 键一次，数码管显示加 1，每次开机后数码管显示上次关机的计数值。

1. 硬件设计

双击桌面上 ISIS 图标，打开 ISIS 7 Professional 窗口。单击菜单命令 "File" → "New Design"，新建一个 DEFAULT 模板，保存文件名为 "AT24C02 计数器 . DSN"。在器件选择按钮 P L DEVICES 中单击 "P" 按钮，或执行菜单命令 "Library" → "Pick Device/ Symbol"，添加表 9-23 所示的元件。

表 9-23 基于 AT24C02 的具有记忆功能的计数器的设计所用的元件

单片机 AT89C51	按钮 BUTTON	芯片 AT24C02	电阻 RES	上拉电阻 PULLUP

在 ISIS 原理图编辑窗口中放置元件，再单击工具箱中的 "元件终端" 图标 ⊟，在对象选择器中单击 "POWER" 和 "GROUND" 放置电源和地。放置元件后进行布线。左键双击各元件，设置相应元件参数，完成原理图设计，如图 9-22 所示。

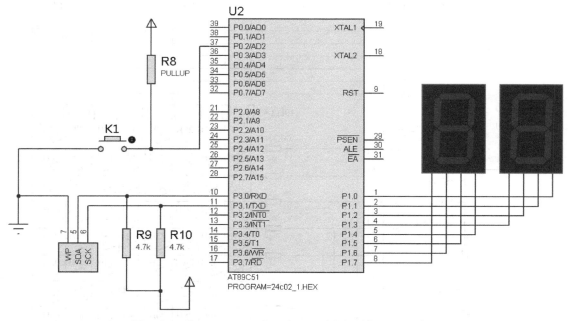

图 9-22 基于 AT24C02 的具有记忆功能的计数器的电路图

2. 程序设计

```
STAR:ACALL DLY5M
     ACALL DLY5M
```

v9-7

```
ST1： ACALL RD24C02          ;读 24C02
      MOV B,R6              ;上次的值暂存
      MOV P1,A             ;将 A 的值送到 P1 口显示
      JB P0.2,$            ;无键按下原地跳转
      ACALL DLY5M
      JNB P0.2,$           ;按键是否放下
      INC B                ;数值加 1
      ACALL WR24C02        ;写 24C02
      ACALL DLY5M          ;延时
      ACALL DLY5M
      ACALL DLY5M
      SJMP ST1             ;循环
```

思考题与习题

v9-8

1. 单总线有什么显著的特点？

2. I^2C 总线有什么特点？

3. 说明 SPI 串行总线的特点。

4. I^2C 总线的起始信号和终止信号是如何定义的？

5. I^2C 总线的数据传输方向如何控制？

6. I^2C 总线在数据传送时，应答是如何进行的？

7. SPI 串行总线由几条线组成，每条线的作用是什么？

第 10 章　AT89S51 单片机与 A/D 及 D/A 转换器接口技术

【知识目标】

1. 熟悉 ADC0809、DA0832 芯片。
2. 掌握 A/D、D/A 接口的硬件接口电路设计。
3. 掌握 A/D、D/A 接口的软件驱动程序设计。
4. 熟悉 TLC5615、TLC2543 芯片。
5. 理解串行 A/D，D/A 转换器的硬件电路设计及驱动程序的设计。

【技能目标】

1. 掌握并行 A/D、D/A 接口电路的仿真与调试。
2. 掌握串行 A/D，D/A 转换器的仿真与调试。

10.1　A/D 转换器及接口技术

A/D 转换器（ADC）的作用就是把模拟量转换成数字量，便于计算机进行处理。

10.1.1　A/D 转换器概述

1. A/D 转换器的分类

目前应用较为广泛的 A/D 转换器主要有以下几种类型：逐次比较型、双积分型、量化反馈型和并行型。

逐次比较型 A/D 转换器，在精度、速度和价格上都适中，是最常见的 A/D 转换器件。双积分 A/D 转换器，具有精度高、抗干扰性好、价格低廉等优点，但转换速度慢，近年来在单片机应用领域中也得到广泛应用。

2. A/D 转换器的主要技术指标

（1）分辨率 A/D 转换器的分辨率表示输出数字量变化一个相邻数码所需输入模拟电压的变化量。习惯上用输出二进制位数或满量程与 2^n 之比表示。其中 n 为 A/D 转换器的位数。例如 AD574 转换器，分辨率为 12 位，即该转换器的输出数据可以用 2^{12} 个二进制数进行量化，其分辨率为 1LSB，如用百分数表示，则分辨率为

$$1/2^{12} \times 100\% = 0.0244\%$$

如果满量程为 10 V，则 AD574 能够分辨输入电压变化的最小值为 2.4 mV。

量化误差是量化过程所引起的误差，是由有限位数的数字量对模拟量进行量化而引起的。量化误差理论上规定为一个单位分辨率的 $\pm 1/2$LSB（最低一位数字量的变化）。量化误差与分辨率密切相关，提高分辨率（即增加数字量的位数），可以减小量化误差。

（2）转换时间和转换速率　A/D 转换器完成一次转换所需要的时间称为转换时间，转换时间的倒数为转换速率。不同类型的转换器转换速度相差甚远。其中并行比较 A/D 转换器转换速度最高，8 位二进制输出的单片集成 A/D 转换器转换时间可达 50 ns 以内。逐次比较型 A/D 转换器次之，它们多数转换时间在 $10\sim50\,\mu s$ 之间，也有达几百纳秒的。间接 A/D 转换器的速度最慢，如双积 A/D 转换器的转换时间大都在几十毫秒至几百毫秒之间。

（3）转换精度　A/D 转换器的转换精度定义为一个实际 A/D 转换器和一个理想 A/D 转换器在量化值上的差值。可用绝对误差或相对误差表示。

3. A/D 转换器的选择

A/D 转换器按照输出代码的有效位数分为 4 位、8 位、10 位、12 位、14 位、16 位和 BCD 码输出等多种，按照转换速度可分为超高速（转换时间≤1 ns）、高速（转换时间≤1 μs）、中速（转换时间≤1 ms）、低速（转换时间≤1 s）等几种不同的转换速度的芯片。在设计数据采集系统、测控系统和智能仪器仪表时，重要问题就是如何选择合适的 A/D 转换器以满足应用系统设计的要求。

（1）A/D 转换器位数的确定

A/D 转换器位数的确定与整个测量控制系统所要测量控制的范围和精度有关，但又不能唯一确定系统的精度。估算时，A/D 转换器的位数至少要比总精度要求的最低分辨率高一位。实际选取的 A/D 转换器的位数应与其他环节所能达到的精度相适应。只要不低于它们就行，选得太高既没有意义，而且价格还要高得多。

（2）A/D 转换器速率的确定

逐次比较型的 A/D 转换器的转换时间可从 $1\sim100\,\mu s$，属于中速 A/D 转换器，常用于工业多通道单片机控制系统和声频数字转换系统等。

（3）采样保持器的确定

原则上直流和变化非常缓慢的信号可不用采样保持器。其他情况都要加采样保持器。

（4）基准电压

基准电压源是提供给 A/D 转换器在转换时所需要的参考电压，这是保证转换精度的基本条件。在要求较高精度时，基准电压要单独用高精度稳压电源供给。

10.1.2　典型 A/D 转换器芯片 ADC0809 及应用

ADC0809 是典型的 8 位 8 通道逐次比较型 A/D 转换器，可实现 8 路模拟信号的分时采集，片内有 8 路模拟选通开关，转换时间为 100 μs 左右。

1. 信号引脚

ADC0809 芯片为 28 引脚双列直插式封装，其功能引脚图如图 10-1 所示。ADC0809 芯片信号引脚的功能如下：

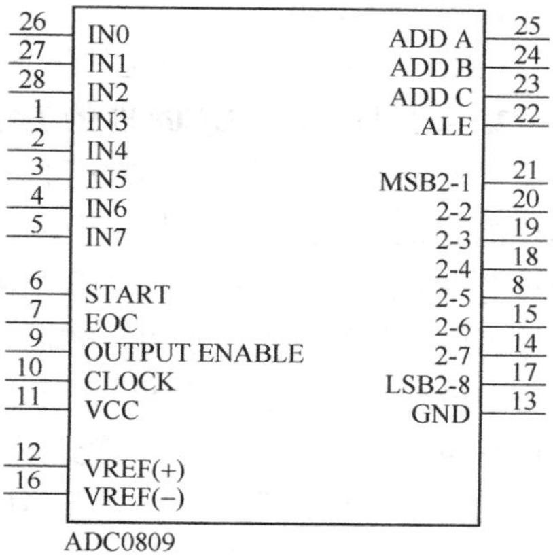

IN0～IN7：8 路模拟量输入通道。ADC0809 芯片对输入的模拟量的要求主要有：信号单极性，电压范围 0～5 V，若信号过小还需要放大。

ADDA、ADDB、ADDC：地址线，模拟通道的选

图 10-1　ADC0809 功能引脚图

择信号。具体的地址状态与通道对应关系见表 10-1。

表 10-1　通道选择表

ADD C	ADD B	ADD A	选择的通道
0	0	0	IN0
0	0	1	IN1
0	1	0	IN2
0	1	1	IN3
1	0	0	IN4
1	0	1	IN5
1	1	0	IN6
1	1	1	IN7

ALE：地址锁存允许信号。当 ALE 上跳沿，ADDA、ADDB、ADDC 地址状态送入地址锁存器中。

START：转换启动信号。当 START 上跳沿，所有内部寄存器清零；当 START 下跳沿时，开始进行 A/D 转换；在 A/D 转换期间，START 应保持低电平。

MSB2-1~LSB2-8：数据输出线。为三态缓冲输出形式，可以和单片机的数据线直接相连。LSB2-8 为最低位，MSB2-1 为最高位。

OUTPUT ENABLE：输出允许信号。用于控制三态输出锁存器向单片机输出转换得到的数据。OUTPUT ENABLE=0，输出数据线呈高阻；OUTPUT ENABLE=1，输出转换得到的数据。

CLOCK：外部时钟输入端。时钟频率越高，A/D 转换的速度越快。当 AT89S51 单片机无读/写片外 RAM 操作时，ALE 端信号固定为 CPU 时钟频率的 1/6，此时 CLOCK 可直接与 ALE 相连。

EOC：转换结束信号。EOC=0，正在进行转换；EOC=1 转换结束。该信号既可以作为查询的状态标志，也可以作为中断请求信号。

VCC：+5 V 电源。

VREF：参考电源。典型的值为 VREF(+)=+5 V，VREF(-)=0 V。

2. 单片机控制 ADC0809 的工作过程

首先用指令选择 ADC0809 和一个模拟输入通道，当执行命令"MOVX @ DPTR，A"时单片机的 $\overline{WR}$ 信号有效，从而产生一个启动信号，给 ADC0809 的 START 引脚送入脉冲，开始对选中通道进行转换。当转换结束后，ADC0809 发出转换结束 EOC（高电平）信号，该信号可供单片机查询，也可反相后作为向单片机发出的中断请求信号。当执行指令"MOVX A，@ DPTR"，单片机发出读控制 $\overline{RD}$ 信号，OUTPUT ENABLE 端有高电平，且把经过 ADC0809 转换完毕的数字量读到累加器 A 中。

由上述可见，用单片机控制 ADC0809 时，可采用查询和中断控制两种方式。查询方式是在单片机把启动信号送到 ADC0809 之后，执行其他程序的同时对 ADC0809 的 EOC 引脚的状态进行查询，以检查 A/D 转换是否已经结束，如果查询到转换已经结束，则读入转换完毕的数据，否则执行其他程序。

中断控制方式是在启动信号送到 ADC0809 之后，单片机执行其他程序。当 ADC0809 转换结束并向单片机发出中断请求信号时，单片机响应此中断请求，进入中断服务程序，读入转换数据。

3. 应用举例

【例 10-1】 ADC0809 与 AT89S51 单片机接口电路如图 10-2 所示，分别采用三种不同方式对图中 8 路模拟信号轮流采样，并依次把转换后的数据存放在以 DATA 为首地址的 8 个内部数据存储区。

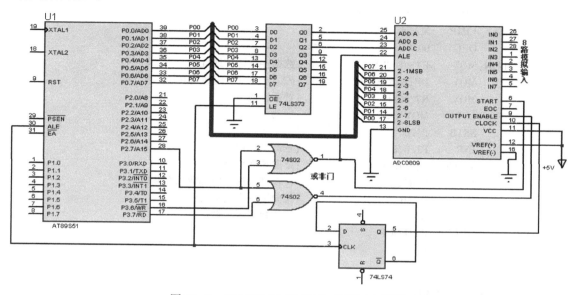

图 10-2　AT89S51 和 ADC0809 的接口电路图

查询方式时，转换结束信号 EOC 引脚接 P1.0；中断方式时，EOC 经反相器接 AT89S51单片机的外部中断引脚$\overline{INT0}$（假定 8 个通道只采样一次）。

解：

1. 延时传送方式参考程序

```
        ORG     0000H
        LJMP    MAIN
        ORG     0030H
MAIN:MOV    R1,#DATA           ;数据存储区首地址
        MOV     DPTR,#7FF8H       ;P2.7=0,且指向通道 0
        MOV     R7,#08H            ;置通道数
        LOOP：  MOVX @ DPTR,A      ;启动 A/D 转换
        MOV     R6,#1AH            ;延时初始值
DLAY:NOP
        NOP
        NOP
        NOP
        DJNZ    R6, DLAY
        MOVX    A,@ DPTR           ;读取转换结果
```

215

```
        MOV    @R1,A              ;转换结果送入内部数据存储区
        INC    DPTR               ;指向下一个通道
        INC    R1                 ;修改数据区指针
        DJNZ   R7,LOOP
        SJMP   $
        END
```

2. 查询方式参考程序

```
        ORG    0000H
        LJMP   MAIN
        ORG    0030H
MAIN:MOV    R1,#DATA           ;数据存储区首地址
     MOV    DPTR,#7FF8H        ;P2.7=0,且指向通道0
     MOV    R7,#08H            ;置通道数
     LOOP： MOVX @DPTR,A       ;启动 A/D 转换
     SETB   P1.0
     JNB    P1.0,$             ;查询 P1.0 状态
     MOVX   A,@DPTR            ;读取转换结果
     MOV    @R1,A              ;转换结果送入内部数据存储区
     INC    DPTR               ;指向下一个通道
     INC    R1                 ;修改数据区指针
     DJNZ   R7,LOOP
     SJMP   $
     END
```

3. 中断方式参考程序

```
        ORG    0000H
        LJMP   MAIN
        ORG    0003H
        LJMP   EXINT0
        ORG    0030H
MAIN:MOV    R1,#DATA           ;数据存储区首地址
     MOV    DPTR,#7FF8H        ;P2.7=0,且指向通道0
     MOV    R7,#08H            ;置通道数
     SETB   IT0                ;边沿触发方式
     SETB   EX0                ;开外部中断0
     SETB   EA                 ;开总中断
     MOVX   @DPTR,A            ;启动 A/D 转换
     SJMP   $
```

中断服务程序:

```
        ORG    0010H
EXINT0：MOVX A,@DPTR           ;读取转换结果
        MOV    @R1,A              ;转换结果送入内部数据存储区
        INC    DPTR               ;指向下一个通道
        INC    R1                 ;修改数据区指针
```

```
        MOVX    @DPTR,A         ;启动下一次转换
        DJNZ    R7,LOOP         ;8 路没有采集完,中断返回
        CLR     EX0             ;采集完成,关外部中断
LOOP:   RETI
        END
```

【例 10-2】利用 AT89S51 单片机接口电路,采用延时方式对 ADC0809 的 IN0 路模拟信号进行采样,并把转换后的数据存放在 30H 中,并显示。设计该电路并编写程序。

解:

1. 硬件电路设计

硬件电路仿真图如图 10-3 所示。

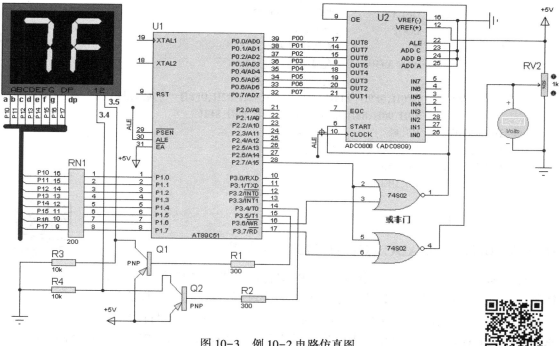

图 10-3   例 10-2 电路仿真图

v10-1

2. 程序设计

```
        ORG     0000H
        LJMP    MAIN
        ORG     0030H
MAIN:   MOV     DPTR,#7FF8H
LOOP:   SETB    P3.4            ;关显示器
        SETB    P3.5
        MOVX    @DPTR,A         ;启动 0808
        MOV     R6,#34H         ;0808 编程方式为延时,12MHz,延时 104μs
        DJNZ    R6,$
        MOVX    A,@DPTR         ;读 A/D 转换数
        MOV     30H,A           ;暂存 RAM 30H 单元
        ANL     A,#0FH          ;屏蔽高 4 位,显示低 4 位
```

```
          LCALL   SEG7              ;查出显示码
          SETB    P3.4              ;关显示高位
          CLR     P3.5              ;开显示低位
          MOV     P1,A              ;显示低位
          LCALL   DELAY             ;延时 1 ms
          MOV     A,30H             ;将转换数重新存入累加器
          ANL     A,#0F0H           ;屏蔽低 4 位,显示高 4 位
          SWAP    A                 ;累加器 A 的高低四位互换
          LCALL   SEG7              ;查出显示码
          SETB    P3.5              ;关显示低位
          CLR     P3.4              ;开显示高位
          MOV     P1,A              ;显示高位
          LCALL   DELAY             ;调转到延时程序
          SJMP    LOOP              ;重复显示
SEG7:     INC     A                 ;查表位置调整
          MOVC    A,@ A+PC          ;查显示码
          RET                       ;返回
          DB      0C0H,0F9H,0A4H,0B0H,99H,92H,82H,0F8H      ;共阳段码
          DB      80H,90H,88H,83H,0C6H,0A1H,86H,8EH
DELAY:MOV  R5,#2                    ;显示延时
DEL1:     MOV     R6,#249
DEL2:     DJNZ    R6,DEL2
          DJNZ    R5,DEL1
          RET
          END
```

10.1.3 串行 12 位 ADC 芯片 TLC2543 及应用

TLC2543 是美国 TI 公司推出的采用 SPI 串行接口技术的 12 位串行模数转   v10-2
换器,使用开关电容逐次逼近技术完成 A/D 转换过程。具有 11 个模拟输入通道和 3 路内置
自测试方式,采样率为 66 kbit/s,可编程输出数据长度。由于是串行输入结构,能够节省 51
系列单片机 I/O 资源;且价格适中,分辨率较高,因此在仪器仪表中有较为广泛的应用。

1. 信号引脚

TLC2543 的引脚排列如图 10-4 所示。

AIN0~AIN10:模拟输入端。

$\overline{CS}$:片选端。

DATAINPUT:串行数据输入端。

DATAOUT:A/D 转换结果的三态串行输出端,$\overline{CS}$为高
时处于高阻抗状态,$\overline{CS}$为低时处于转换结果输出。

I/O CLOCK:控制输入输出的时钟,由外部输入。

EOC:转换结束端。

REF+:正基准电压端,基准电压的正端加到 REF+。

REF-:负基准电压端。

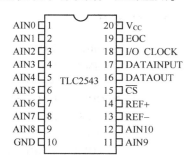

图 10-4 TLC2543 芯片的引脚

V_{CC}：电源。

GND：地。

2. 控制字

每次 A/D 转换，单片机都必须给 TLC2543 芯片写入控制字，以确定被转换的信号来自的通道，转换结果的位数，输出的顺序等信息。控制字写入的顺序是高位在前，TLC2543 芯片控制字的定义见表 10-2。

表 10-2   TLC2543 芯片控制字的定义

通 道 选 择				数据长度选择位		输出数据的顺序	输出数据的极性
D7	D6	D5	D4	D3	D2	D1	D0

D7~D4：选择输入通道，二进制数 0000B~1111B 是 11 路模拟量 AIN0~AIN11 的地址。当其值为 1100B~1101B 时，选择片内检测电压；当其为 1110B 时，为软件选择的断电模式，此时，A/D 转换器的工作电流只有 25 μA。

D3、D2：输出数据的长度的选择位，01 表示输出数据长度为 8 位；11 表示输出数据长度为 16 位；X0 表示输出数据长度为 12 位，X 可以为 1 或 0。

D1：输出数据的顺序选择位，0 表示高位在前，1 表示低位在前。

D0：输出数据的极性选择位，当其为 0 时，为无符号二进制数；当其为 1 时，为有符号二进制数。

3. 工作时序

TLC2543 芯片的工作时序分为 I/O 周期和实际转换周期。

（1）I/O 周期

器件进入 I/O 周期后同时进行写控制字和读取 A/D 输出结果的两种操作。

1）写控制字的操作。工作时序如图 10-5 所示，TLC2543 在 I/O CLOCK 的前 8 个脉冲的上升沿，以 MSB 前导方式从 DATAINPUT 端输入 8 位控制字到输入寄存器。当输入前 4 位后即可选通 1 路到采样保持器，该电路从第 4 个 I/O CLOCK 脉冲的下降沿开始，对所选的信号进行采样，直到最后一个 I/O CLOCK 脉冲的下降沿。I/O 脉冲的时钟个数与输出数据长度（位数）有关，当工作于 12 位或 16 位时，在前 8 个脉冲之后，DATAINPUT 无效。

2）读取数据操作。当 $\overline{CS}$ 保持为低时，第 1 个数据出现在 EOC 的上升沿，若转换由 $\overline{CS}$ 控制，则第 1 个输出数据发生在 $\overline{CS}$ 的下降沿。这个数据是前 1 次转换的结果，在第 1 个输出数据位之后的每个后续位均由后续的 I/O CLOCK 脉冲下降沿输出。

根据时序编写 TLC2543 输入控制字和读取数据的子程序。

```
TLC2543:MOV     R3,#0       ;清空存储单元
        MOV     R2,#0
        CLR     IOCLK       ; IOCLK 置低电平
        CLR     CS          ;CS 置低电平
        MOV     R5,#00H      ;控制字放在 R5 中,要采集 0 通道,数据长度 12 位,高位在前
        MOV     R1,#12       ;读取 12 次
; **********************************************************
;命令字写入和转换结果输出是同时进行的,在读出转换结果的同时也写入下一次的命令字
; **********************************************************
```

```
L2:     MOV     C,DATAOUT   ;读输出端,此处读取的是上一次的转换结果
        MOV     A,R3
        RLC     A
        MOV     R3,A        ;低位数据放在 R3 中
        MOV     A,R2        ;高位数据放在 R2 中
        RLC     A
        MOV     R2,A
L1:     MOV     A,R5        ;将 R5 中的控制字移入 DATSINPUT 一位,每次都要写入控制字
        RLC     A
        MOV     R5,A
        MOV     DATAIN,C
        SETB    IOCLK       ;IOCLK 置高电平
        NOP
        NOP
        NOP
        CLR     IOCLK       ;IOCLK 置低电平
        NOP
        NOP
        NOP
        DJNZ    R1,L2
        SETB    CS          ;采集结束后,将 CS 置高电平
        MOV     JG1,R2      ;采集结束把上一次的转换结果放在 JG1 和 JG2 两个单元
        MOV     JG2,R3
        RET
```

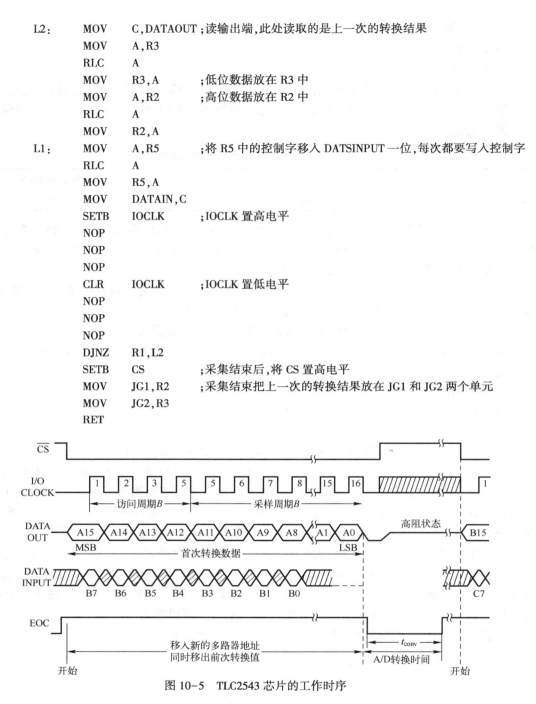

图 10-5　TLC2543 芯片的工作时序

（2）实际转换周期

在 I/O 周期的最后一个 I/O CLOCK 脉冲下降沿之后，EOC 变低，采样值保持不变，转换周期开始，片内转换器对采样值进行逐次逼近式 A/D 转换，其工作由与 I/O CLOCK 同步的内部时钟控制。转换结束后，EOC 变高，转换结果锁存在输出数据锁存器中，在下一个 I/O 周期输出。

4. 应用举例

【例10-3】 如图10-6所示为AT89S51单片机与TLC2543芯片接口电路原理图，要求在AIN0通道的数据采集，并将采集结果在数码管上显示。

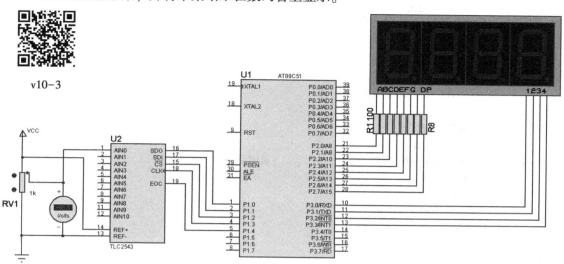

v10-3

图10-6　AT89S51单片机与TLC2543芯片接口电路原理图

解：TLC2543芯片采用SPI串行接口，由于单片机AT89S51没有SPI接口，采用模拟SPI的接口时序。TLC2543芯片的I/O CLOCK（CLK）、DATAINPUT（SDI）、DATAOUT（SDO）及$\overline{CS}$分别由单片机的P1.3、P1.1、P1.0和P1.2引脚来控制。EOC由单片机的P1.4引脚串行接收。

采集的数据为12位无符号数，采用高位在前输出数据。写入TLC2543芯片的命令字为00H。第1次写入的命令字是有实际意义的操作，但是第1次读出的转换结果是无意义的操作，应丢弃。

参考程序如下：

```
        IOCLK   BIT P1.3          ;IOCLK 与 P1.3 相连
        DATAIN  BIT P1.1          ;DATAINPUT 与 P1.1 相连
        DATAOUT BIT P1.0          ;DATAOUT 与 P1.0 相连
        CS      BIT P1.2          ;CS 与 P1.2 相连
        EOC BIT P1.4              ;EOC 与 P1.4 相连
        WEI1 BIT P3.0
        WEI2 BIT P3.1
        WEI3 BIT P3.2
        WEI4 BIT P3.3
        JG1 EQU 25H               ;存结果的高位
        JG2 EQU 24H               ;存结构的低位
        ORG 0000H
        AJMP MAIN
        ORG 0030H
MAIN:   MOV SP,#60H               ;堆栈指针初始化
        LCALL TLC2543             ;第一次读取的结果无效
```

```
HERE: LCALL TLC2543
      JNB EOC,$                        ;判断是否转换完毕
      LCALL DISP                       ;调用显示
      AJMP HERE                        ;返回
DISP:MOV A,JG1                         ;显示结果
      ANL A,#0F0H
      SWAP A
      MOV DPTR,#TAB
      MOVC A,@ A+DPTR
      CLR WEI4
      SETB WEI1
      MOV P2,A
      ACALL D5MS                       ;延时程序
      MOV A,JG1
      ANL A,#0FH
      MOV DPTR,#TAB
      MOVC A,@ A+DPTR
      CLR WEI1
      SETB WEI2
      MOV P2,A
      ACALL D5MS
      MOV A,JG2
      ANL A,#0F0H
      SWAP A
      MOV DPTR,#TAB
      MOVC A,@ A+DPTR
      CLR WEI2
      SETB   WEI3
      MOV P2,A
      ACALL D5MS
      MOV A,JG2
      ANL A,#0FH
      MOV DPTR,#TAB
      MOVC A,@ A+DPTR
      CLR WEI3
      SETB WEI4
      MOV P2,A
      ACALL D5MS
      RET
TAB:DB0C0H,0F9H,0A4H,0B0H,99H,92H,82H,0F8H,80H,90H,88H,83H,0C6H,0A1H,
    86H,8EH                            ;共阳极码
    END
```

10.2　D/A 转换器及接口技术

v10-4

在单片机的应用系统中，被测量对象如温度、压力、流量、速度等非电物理量，须经传

感器转换成连续变化的模拟电信号（电压或电流），这些模拟电信号必须转换成数字量后才能在单片机中用软件进行处理。单片机处理完毕的数字量，也常常需要转换为模拟信号。数字量转换成模拟量的器件称为 D/A 转换器（DAC）。

D/A 转换器由电阻网络组成，提供电流。如果要把电流转换为电压还要增加运放电路。因此 D/A 转换器分为电流输出型与电压输出型。

D/A 转换器的输出不仅与输入的二进制代码有关，而且与运放电路的形式、反馈电阻和参考电压有关，可以分为单极性输出和双极性输出两种。

根据转换时间的大小，可以将 D/A 转换器分为低速型、中速型和高速型。高速型 D/A 转换器的转换时间小于 $1\,\mu s$，低速型的转换时间大于 $100\,\mu s$，居中的则属于中速型。

10.2.1 D/A 转换器的主要技术指标

D/A 转换器的技术性能指标很多，如分辨率、转换时间、线性度、转换精度、温度系数等。

（1）分辨率

分辨率是输入数字量变化一个相邻数码所对应的输出模拟电压变化量。一个 n 位的 D/A 转换器的分辨率定义为满刻度电压与 2^n 的比值。满量程为 10 V 的 8 位 D/A 转换器（如 DAC0832）的分辨率为 $10\,V/2^8 \approx 39\,mV$。

分辨率越高，进行转换时对应数字输入信号最低位的模拟信号模拟量变化就越小，也就越灵敏。分辨率与 D/A 转换器的位数有着直接关系，位数越多，分辨率就越高；因此有时也用有效输入数字信号的位数来表示分辨率。

（2）转换时间（建立时间）

转换时间是反映 D/A 转换速率快慢的一个主要参数。其定义为：当输入数据从零变化到满量程时，其输出模拟信号达到满量程刻度值的 $\pm 1/2$ LSB 时所需要的时间。不同的 D/A 转换器，其建立时间也不同。通常电流输出的 D/A 转换器建立时间是很短的，电压输出的 D/A 转换器因内部带有相应的运算放大器，其建立时间往往比较长。

（3）转换精度

在 D/A 转换器转换范围内，输入数字量对应的模拟量的实际输出值与理论值的接近程度。例如：若满量程输出理论值为 10 V，实际值为 $9.99 \sim 10.01$ V，其转换精度为 ± 10 mV。

当不考虑其他 D/A 转换误差时，D/A 的转换精度即为其分辨率的大小，所以要获得高精度的 D/A 转换结果，首先要保证选择有足够分辨率的 D/A 转换器。但是 D/A 转换精度还与外接电路的配置有关，当外接电路的器件或电源误差较大时，会造成较大的 D/A 转换误差，当这些误差超过一定程度时，会使增加 D/A 转换位数失去意义。在 D/A 转换中，影响转换精度的主要误差因素有非线性误差、增益误差、失调误差微分非线性误差等。

10.2.2 典型 D/A 转换器芯片 DAC0832 及应用

1. DAC0832 的特性

美国国家半导体公司的 DAC0832 芯片是具有 2 个输入数据的 8 位 DAC，它能直接与 AT89S51 单片机连接，DAC0832 引脚如图 10-7 所示。其主要特性如下：

1）分辨率为 8 位，转换电流建立时间为 1 μs。

2）数据输入可双缓冲、单缓冲或直通方式。

3）逻辑电平输入与 TTL 兼容。

4）单一电源供电（+5～+15 V）。

5）低功耗，20 mW。

2. 内部结构

DAC0832 内部结构框图如图 10-7a 所示。数据输入通道由输入寄存器和 DAC 寄存器构成两级数据输入锁存，由 3 个与门电路组成控制逻辑，产生 $\overline{LE_1}$ 和 $\overline{LE_2}$ 信号，分别对输入寄存器和 DAC 寄存器进行控制。当 $\overline{LE_1}$（$\overline{LE_2}$）= 0 时，数据进入寄存器被锁存；当 $\overline{LE_1}$（$\overline{LE_2}$）= 1 时，锁存器的输出跟随输入，这样在使用时就可根据需要，对数据输入采用双缓冲方式，或单缓冲（一级缓冲一级直通）方式，或直通方式。

两级输入锁存，可使 D/A 转换器在转换前一个数据的同时，就可以将下一个待转换数据预先送到输入寄存器，以提高转换速度。此外，在使用多个 D/A 转换器分时输入数据的情况下，两级缓冲可以保证同时输出模拟电压。

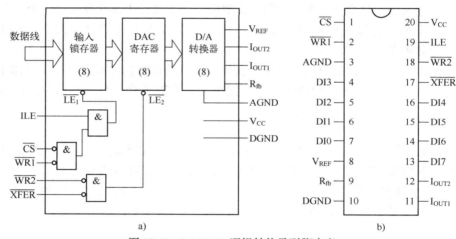

图 10-7 DAC0832 逻辑结构及引脚定义

3. 各引脚的功能

DI0～DI7：8 位数字信号输入端，用于接收单片机送来的待转换的数字量。

$\overline{CS}$：片选端，当 $\overline{CS}$ 为低电平时，本芯片被选中。

ILE：数据锁存允许控制端，高电平有效。

$\overline{WR1}$：第一级输入寄存器写选通控制，低电平有效，当 $\overline{CS}$ = 0、ILE = 1、$\overline{WR1}$ = 0 时，数据信号被锁存到第一级 8 位输入寄存器中。

$\overline{XFER}$：数据传送控制信号，低电平有效。

$\overline{WR2}$：DAC 寄存器写选通控制端，低电平有效。当 $\overline{XFER}$ = 0，$\overline{WR2}$ = 0 时，输入寄存器状态传入 8 位 DAC 寄存器中。

I_{OUT1}：D/A 转换器电流输出 1 端。输入数字量全为 1 时，I_{OUT1} 输出最大，全为 0 时，I_{OUT1} 输出最小。

I_{OUT2}：D/A 转换器电流输出 2 端，I_{OUT1} + I_{OUT2} = 常数。

R_{fb}：外部反馈信号输入端，内部已有反馈电阻 R_{fb}，根据需要也可外接反馈电阻。

V_{CC}：电源输入端，可在+5~+15 V 范围内。

DGND：数字信号地。

AGND：模拟信号地，最好与基准电压共地。

4. DAC0832 的应用

（1）DAC0832 的应用特性

① 有两级锁存控制功能，能够实现多通道 D/A 的同步转换输出。

② 内部无参考电压，需外接参考电压电路。

③ 为电流输出型 D/A 转换器，要获得模拟电压输出时，需要外加转换电路。

（2）工作方式

DAC0832 内部有输入寄存器和 DAC 寄存器，5 个控制端：ILE、$\overline{CS}$、$\overline{WR1}$、$\overline{WR2}$、$\overline{XFER}$，能够实现 3 种工作方式：直通方式、单缓冲方式和双缓冲方式。

① 直通方式

直通方式是指两个寄存器的有关控制信号都预先置为有效，两个寄存器都开通。只要数字量送到数据输入端，就立即进入 D/A 转换器进行转换输出。

② 单缓冲方式

单缓冲方式是指 DAC0832 内部的一个寄存器受到控制，将另一个寄存器的有关控制信号预置为有效，使之开通；或者将两个寄存器的控制信号连在一起，两个寄存器合为一个使用。在实际应用时，如果只有一路模拟量输出，或多路模拟量输出但预置为有效不要求多路输出同步的情况下，就可采用单缓冲方式。单缓冲方式的接口电路图如图 10-8 所示，两级寄存器的写信号都由单片机的$\overline{WR}$端控制，当地址线选择 DAC0832 后，只要输出$\overline{WR}$控制信号，DAC0832 就能进一步完成数字量的输入锁存和 D/A 转换。

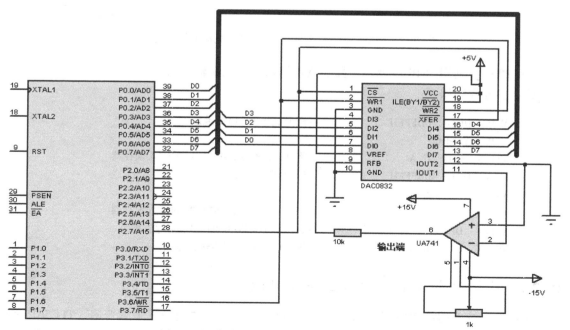

图 10-8　单缓冲方式下的 DAC0832 连接电路图

③ 双缓冲方式

对于多路的 D/A 转换，要求同步输出时，必须采用双缓冲同步方式。图 10-9 所示是一个两路模拟量同步输出的 D/A 转换电路，DAC0832 的数据线连接单片机的 P0 端口。允许锁存信号 ILE 接+5 V，两个写信号$\overline{WR1}$、$\overline{WR2}$都接到单片机的写信号线$\overline{WR}$上，数据传送控制信号$\overline{XFER}$接到单片机 P2.7 上，用于控制同步转换输出，$\overline{CS}$分别接单片机 P2.5 和 P2.6 上，实现输入锁存控制，DAC0832 输入锁存器的地址分别为 DFFFH 和 BFFFH，DAC 寄存器具有相同的地址 7FFFH。

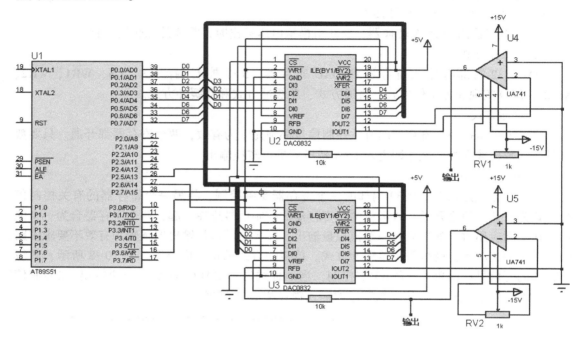

图 10-9　AT89S51 单片机与两片 DAC0832 接口连接电路图

【例 10-4】利用图 10-9 所示电路实现两路模拟量同步输出的程序。

解：参考程序如下：

MOV	DPTR,#0DFFFH	;送 DAC0832(1)的地址
MOV	A,#data1	
MOVX	@ DPTR,A	;将 data1 送 DAC0832(1)的输入锁存器
MOV	DPTR,#0BFFFH	;送 DAC0832(2)的地址
MOV	A,#data2	
MOVX	@ DPTR,A	;将 data2 送 DAC0832(2)的输入锁存器
MOVX	DPTR,#7FFFH	;送两片 DAC0832 的 DAC 寄存器地址
MOVX	@ DPTR,A	;进行两路数据同步转换输出

10.2.3　串行 10 位 DAC 芯片 TLC5615 及应用

随着 SPI 技术的快速发展，基于 SPI 串行接口的 DAC 的使用越来越普遍。TLC5615 是美国 TI 公司生产的 10 位串行 DAC 芯片，属于电压输出型芯片，并且带有上电复位功能。单片机通过 3 根串行总线就可以完成 10 位数据的串行输入，易于和工业标准的微处理器或单片机接口。另外 8 引脚的小型 D 封装允许在空间受限制的应用中实现模拟功能的数字控制。因此其在电池供电测试仪表、电池工作/远程工业控制、移动电话等场合得到了广泛的应用。

1. TLC5615 引脚

TLC5615 芯片的引脚如图 10-10 所示。

引脚功能如下：

DIN：串行数据输入端。

SCLK：串行时钟输入端。

$\overline{\text{CS}}$：片选端，低电平有效。

DOUT：用于级联时的串行数据输出端。

AGND：模拟地。

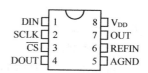

图 10-10 TLC5615 芯片
的引脚图

REFIN：基准电压输入端，$2\,\text{V} \sim (V_{DD}-2\,\text{V})$。

OUT：DAC 模拟电压输出端。

V_{DD}：正电源端，$4.5 \sim 5.5\,\text{V}$，通常取 $5\,\text{V}$。

2. 内部结构和工作方式

TLC5615 芯片的内部功能框图如图 10-11 所示。它主要包括以下几部分。

1）10 位 DAC 电路。

2）一个 16 位移位寄存器，接收串行移入的二进制数，并且有一个级联的数据输出端 DOUT。

3）并行输入输出的 10 位 DAC 寄存器，为 10 位 DAC 电路提供待转换的二进制数据。

4）电压跟随器为参考电压端 REFIN 提供很高的输入阻抗，大约 $10\,\text{M}\Omega$。

5）×2 电路提供最大值为 2 倍于 REFIN 的输出。

6）上电复位电路和控制电路。

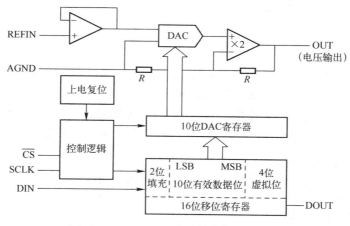

图 10-11 TLC5615 芯片的内部功能框图

TLC5615 有两种工作方式：第一种工作方式是 12 位数据序列，根据图 10-11 所示可以看出，16 位移位寄存器分为高 4 位虚拟位、10 位有效位以及低两位填充位。在单片 TLC5615 工作时，只需要向 16 位移位寄存器按先后输入 10 位有效位和低 2 位填充位，2 位

227

填充位数据任意。第二种方式为级联方式，即 16 位数据列，可以将本片的 DOUT 接到下一片的 DIN，需要向 16 位移位寄存器按先后输入高 4 位虚拟位、10 位有效位和低 2 位填充位，由于增加了高 4 位虚拟位，所以需要 16 个时钟脉冲。

无论哪一种工作方式，输出电压为：

$$V_{OUT} = 2 \times V_{REFIN} \times \frac{N}{1024}$$

式中，N 为输入的二进制数（公式中需转换为十进制数进行计算）；V_{REFIN} 为参考电压。

3. 工作时序

TLC5615 工作时序如图 10-12 所示。可以看出，只有当片选 $\overline{CS}$ 为低电平时，串行输入数据才能被移入 16 位移位寄存器。当 $\overline{CS}$ 为低电平时，在每一个 SCLK 时钟的上升沿将 DIN 的一位数据移入 16 位移寄存器。注意，二进制最高有效位被导前移入。接着，$\overline{CS}$ 的上升沿将 16 位移位寄存器的 10 位有效数据锁存 10 位 DAC 寄存器，供 DAC 电路进行转换；当片选 $\overline{CS}$ 为高电平时，串行输入数据不能被移入 16 位移位寄存器。注意，$\overline{CS}$ 的上升和下降都必须发生在 SCLK 为低电平期间。

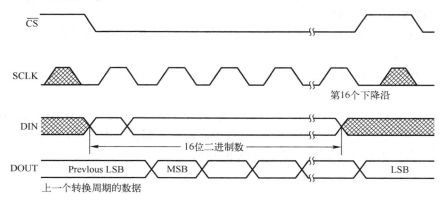

图 10-12　TLC5615 工作时序

4. TLC5615 的应用

【例 10-5】单片机控制串行 DACTLC5615 进行 D/A 转换的接口电路原理图如图 10-13 所示。调节电位器 RV1，使 TLC5615 芯片的输出电压可在 0~5 V 内调节。

解：根据时序，当 $\overline{CS}$ 为低电平时，在每一个 SCLK 时钟的上升沿将 DIN 的 1 位数据移入 16 位移寄存器，采用第一种工作方式，移入 12 位数据。参考程序如下：

```
        SCLK BIT P1. 2          ;SCLK 与 P1.2 相连
        DIN BIT P1. 0           ;DIN 与 P1.0 相连
        CS BIT P1. 1            ;CS 与 P1.1 相连
        ORG    0000H
        LJMP MAIN
        ORG    0030H
MAIN:MOV A,#255                 ;要写入的数据,高位导前输入
        MOV R7,#8               ;写入 8 位数据
        ACALL WRITE             ;写入数据
        MOV R7,#4               ;写入 4 位数据
```

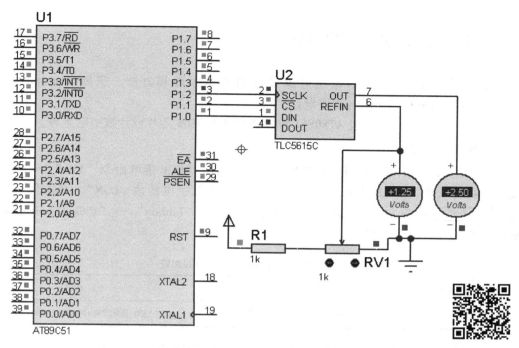

图 10-13　AT89S51 控制 TLC5615 进行 D/A 转换的电路　　　　v10-5

```
        MOV A,#0F0H                ;写入的数据
        ACALL WRITE
        SETB   CS                  ;CS 置高电平
        CLR    SCLK
        LCALL DELAYMS              ;延时
        SJMPMAIN
        WRITE:CLR   CS             ;CS 置低电平
        CLR    SCLK                ;SCLK 置低电平
    L3:RLC A
        MOV DIN,C                  ;移入 1 位数据
        SETB   SCLK                ;SCLK 置高电平
        CLR    SCLK                ;SCLK 置低电平
        DJNZ R7,L3
        RET
DELAYMS:SETB RS1
    DELAY1:MOV R7,#00H
        MOV R6,#00H
        DJNZ R6,$
        DJNZ R7,DELAY1
        CLR RS1
        RET
    END
```

在此例中使用了第一种方式，如果使用第二种方式，程序的设计请读者自己思考。

10.3 案例：数字电压表设计

【任务目的】 了解输入/输出通道设计的基本原理和方法。掌握 ADC0809 芯片与 AT89S51 单片机的接口电路与程序设计。

【任务描述】 该任务使用 AT89S51 单片机和 ADC0809 芯片设计数字电压表。

1. 硬件电路设计

双击桌面上 图标，打开 ISIS 7 Professional 窗口。单击菜单命令"File"→"New Design"，新建一个 DEFAULT 模板，保存文件名为"数字电压表.DSN"。在器件选择按钮 `P L DEVICES` 中单击"P"按钮，或执行菜单命令"Library"→"Pick Device/Symbol"，添加如表 10-3 所示的元件。

表 10-3　波形发生器所用的元件

单片机 AT89C51	A/D 转换器 ADC0808	与门 74LS02	电阻 RES
滑动变阻器 POT-HG	电阻排 R×8	D 触发器 74LS74	4 位 LED 显示 7SEG-MPX4-CA-BLUE

由于在 Proteus 中 ADC0809 没有仿真模型，而 ADC0808 与 ADC0809 功能基本相同，仅是转换时间长一些，因此在该任务中使用 ADC0808。

在小工具栏中单击虚拟仪器按钮 ，然后在对象选择器中选择 DC VOLTMETER（直流电压表），如图 10-14 所示。

在 ISIS 原理图编辑窗口中放置元件，再单击工具箱中的"元件终端"图标 ，在对象选择器中单击"POWER"和"GROUND"放置电源和地。放置元件后进行布线。左键双击各元件，设置相应元件参数，完成电路设计。如图 10-15 所示。

图 10-14　直流电压表

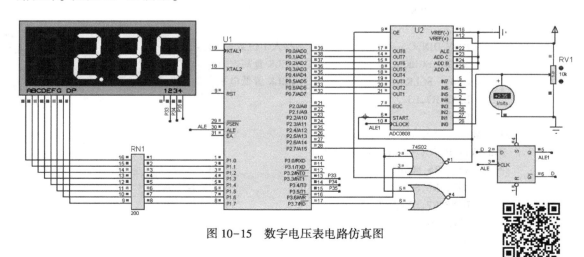

图 10-15　数字电压表电路仿真图

v10-6

230

2. 程序设计

参考程序如下：

```
            ORG 0000H
            LJMP    MAIN
            ORG  0030H
MAIN: MOV   DPTR, #07FFFH
LOOP: CLR   P3.3                    ;关显示位
            CLR   P3.4
            CLR   P3.5
            MOVX  @DPTR,A           ;启动0809,与A中内容无关
            MOV   R6,#34H           ;编程方式为延时
            DJNZ  R6,$
            MOVX  A,@DPTR           ;读A/D转换数
            MOV   30H,A             ;暂存RAM30H单元
            MOV   R2,#00H           ;a * 500
            MOV   R3,A
            MOV   R6,#01H
            MOV   R7,#0F4H
            ACALL   MULD
            MOV   R7,#0FFH          ;a * 500/255
            ACALL   DV31
            MOV A,R4                ;调整为BCD码
            MOV   R6,A
            MOV   A,R5
            MOV   R7,A
            ACALL   HB2
            MOV 42H,R4              ;百位存入42H单元
            MOV   A,R5
            ANL   A,#0F0H
            SWAP  A
            MOV 43H,A               ;十位存入43H单元
            MOV   A,R5
            ANL   A,#0FH
            MOV 44H,A               ;各位存入44H单元
            MOV   A,44H
            LCALL SEG7              ;查显示码
            CLR P3.3                ;关百位
            CLR   P3.4              ;关十位
            SETB  P3.5              ;开各位
            MOV   P1,A              ;显示个位
            LCALL   DELAY           ;调延时
            MOV   A,43H             ;取十位
            LCALL   SEG7
            CLR   P3.3
            CLR   P3.5
```

```
        SETB   P3. 4                        ;开十位
        MOV   P1,A                          ;显示十位
        LCALL   DELAY                       ;延时
        MOV   A,42H
        LCALL   SEG7
        CLR   P3. 4
        CLR   P3. 5
        SETB   P3. 3                        ;开百位
        ANL   A,#7FH
        MOV   P1,A                          ;显示百位
        LCALL   DELAY                       ;调延时程序
        SJMP   LOOP                         ;循环
SEG7:INC A                                  ;调整查表位置
        MOVC   A,@ A+PC                     ;查显示码
        RET
        DB 0C0H,0F9H,0A4H,0B0H,99H          ;共阳段码
        DB92H,82H,0F8H,80H,90H
DELAY：MOV 40H,#10                          ;延时程序
   DEL1:MOV   41H,#249
   DEL2:DJNZ   41H,DEL2
        DJNZ   40H,DEL1
        RET
;*****************************************************************
;双字节二进制无符号数乘法
;被乘数在 R2、R3 中,乘数在 R6、R7 中。
;乘积在 R2、R3、R4、R5 中。
;*****************************************************************
MULD:MOV   A,R3                            ;计算 R3 乘 R7
        MOV   B,R7
        MUL   AB
        MOV   R4,B                          ;暂存部分积
        MOV   R5,A
        MOV   A,R3                          ;计算 R3 乘 R6
        MOV   B,R6
        MUL   AB
        ADD   A,R4                          ;累加部分积
        MOV   R4,A
        CLR   A
        ADDC   A,B
        MOV   R3,A
        RET
;*****************************************************************
    ;三字节二进制无符号数除以单字节二进制数
    ;被除数在 R3、R4、R5 中,除数在 R7 中。
    ;OV=0 时,双字节商在 R4、R5 中,OV=1 时溢出。
    ;*****************************************************************
```

232

```
        DV31:CLRC
              MOV    A,R3
              SUBB   A,R7
              JC  DV30
              SETB   OV                    ;商溢出
              RET
        DV30:MOVR2,#10H                     ;求 R3R4R5/R7→R4R5
        DM23:CLRC
              MOV    A,R5
              RLC    A
              MOVR5,A
              MOVA,R4
              RLCA
              MOVR4,A
              MOVA,R3
              RLCA
              MOVR3,A
              MOVF0,C
              CLRC
              SUBBA,R7
              ANLC,/F0
              JC  DM24
              MOV    R3,A
              INCR5
DM24:DJNZR2,DM23
        CLR OV
        RET                                 ;商在 R4R5 中
```

; **
;双字节十六进制整数转换成双字节 BCD 码整数
;待转换的双字节十六进制整数在 R6、R7 中。
;转换后的三字节 BCD 码整数在 R3、R4、R5 中。

; **

```
        HB2:CLR    A                       ;BCD 码初始化
              MOV    R3,A
              MOV    R4,A
              MOV    R5,A
              MOV    R2,#10H                ;转换双字节十六进制整数
        HB3:MOV    A,R7                     ;从高端移出待转换数的一位到 CY 中
              RLC    A
              MOV    R7,A
              MOV    A,R6
              RLC    A
              MOV    R6,A
              MOV    A,R5                   ;BCD 码带进位自身相加,相当于乘2
              ADDCA,R5
              DA     A                      ;十进制调整
```

233

```
        MOVR5,A
        MOVA,R4
        ADDCA,R4
        DA A
        MOV   R4,A
        MOVA,R3
        ADDCA,R3
        MOVR3,A          ;双字节十六进制数的万位数不超过6,不用调整
        DJNZR2,HB3       ;处理完16 bit
        RET
        END
```

v10-7

3. 加载目标代码、设置时钟频率

将数字电压表程序生成目标代码文件"数字电压表.hex",加载到图10-15中单片机"Program File"属性栏中,并设置时钟频率为12 MHz。

4. 仿真

单击图标▶|⏭|⏸|⏹中的▶按键,启动仿真。3位数码管显示当前的电压值。

10.4 案例:波形发生器

【任务目的】了解输入/输出通道设计的基本原理和方法。掌握 DAC0832 芯片与 AT89S51 单片机的接口电路与程序设计。

【任务描述】该任务使用 AT89S51 单片机和 DAC0832 芯片设计方波、三角波和锯齿波发生器,分别按下各个按钮输出相应波形。

1. 硬件电路设计

双击桌面上SS图标,打开 ISIS 7 Professional 窗口。单击菜单命令"File"→"New Design",新建一个 DEFAULT 模板,保存文件名为"波形发生器.DSN"。在器件选择按钮 P L DEVICES 中单击"P"按钮,或执行菜单命令"Library"→"Pick Device/Symbol",添加如表 10-4 所示的元件。

表 10-4　波形发生器所用的元件

单片机 AT89C51	瓷片电容 CAP 30 pF	晶振 CRYSTAL 12 MHz	电阻 RES	滑动变阻器 POT
按钮 BUTTON	电解电容 CAP-ELEC	D/A 转换器 DAC0832	运算放大器 UA741	

在小工具栏中单击虚拟仪器按钮⛭,然后在对象选择器中选择"OSCILLOSCOPE"(示波器),如图 10-16 所示。

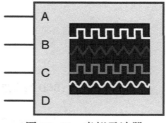

图 10-16　虚拟示波器

在 ISIS 原理图编辑窗口中放置元件，再单击工具箱中的"元件终端"图标 ，在对象选择器中单击"POWER"和"GROUND"放置电源和地。放置元件后进行布线。左键双击各元件，设置相应元件参数，完成电路设计。如图 10-17 所示，波形图如图 10-18 所示。

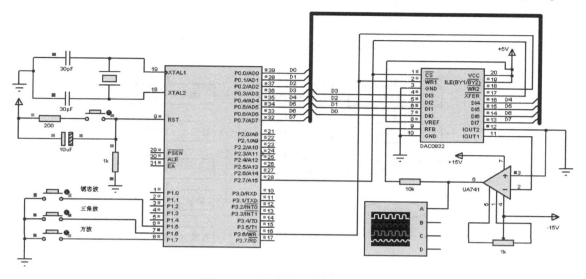

图 10-17 波形发生器电路仿真图

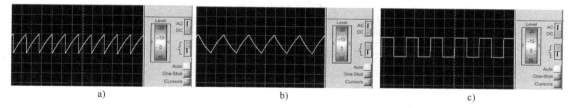

a)   b)   c)

图 10-18 波形发生器产生波形图

a) 锯齿波 b) 三角波 c) 方波

2. 程序设计

1）程序流程图，如图 10-19 所示。

2）参考程序如下：

v10-8

```
        ORG   0000H
        AJMP  START
        ORG   0100H
START： MOV   DPTR,#7FFEH
JUDGE： JNB   P1.5,STW
        JNB   P1.6,TRIANGLE
        JNB   P1.7,SQUARE
        SJMP  START
;三角波程序
TRIANGLE： MOV  A,#00H
      UP：MOVX  @DPTR,A
```

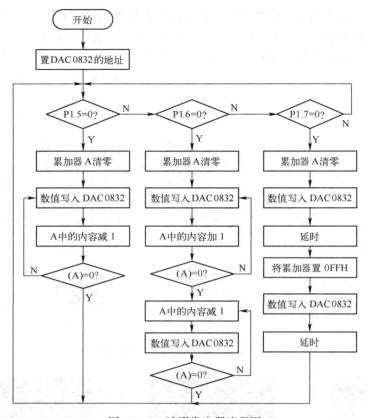

图 10-19 波形发生器流程图

```
        INC   A
        JNZ   UP
DOWN:DEC   A
        MOVX  @DPTR,A
        JNZ   DOWN
        SJMP    JUDGE
;锯齿波程序
    STW: MOV A,#00H
   LOOP: MOVX  @DPTR,A              ;数值→DAC0832
        DEC A
        JNZ LOOP
        SJMP    JUDGE
;方波程序
  SQUARE:MOV   A,#00H
        MOVX  @DPTR,A              ;置上限电平
        LCALL   DELAY              ;调用高电平延时程序
        MOV   A,#0FFH
        MOVX  @DPTR,A              ;置下限电平
        LCALL   DELAY              ;调用低电平延时程序
        AJMP   JUDGE
```

```
;延时程序
    DELAY：MOV   R6,#03H
DELAY1：MOV   R5,#200
        DJNZ   R5,$
        DJNZ   R6,DELAY1
        RET
        END
```

3. 加载目标代码、设置时钟频率

将波形发生器程序生成目标代码文件"波形发生器. hex"，加载到图 10-17 中单片机 "Program File"属性栏中，并设置时钟频率为 12 MHz。

4. 仿真

单击图标 ▶ ⏭ ⏸ ⏹ 中的 ▶ 按键，启动仿真。分别按下各个按钮，输出方波、锯齿波、三角波。

思考题与习题

一、填空题

1. 使用双缓冲方式的 D/A 转换器，可以实现多路模拟信号的_____输出。

2. A/D 转换器芯片 ADC0809 判断转换是否结束的信号 EOC，其既可以作为_____状态标志，又可以作为_____信号。

3. 判断 AD0809 转换是否结束有_____方式、_____方式和_____方式。

4. 通过控制 DAC0832 五个控制端，能实现三种工作方式有_____方式、_____方式和_____方式。

二、简答题

1. A/D 转换器的作用是什么？D/A 转换器的作用是什么？

2. A/D 转换器的主要性能指标有哪些？

3. 对于 8 位、12 位、16 位 A/D 转换器，当满刻度输入电压为 5V 时，其分辨率各为多少？

4. 判断 A/D 是否转换结束一般可采用几种方式？每种方式有何特点？

5. 什么是 D/A 转换器？D/A 转换器的转换时间是如何规定的呢？

6. D/A 转换器的主要性能指标都有哪些？设某 DAC 为二进制 12 位，满量程输出电压为 5 V，试问它的分辨率是多少？

7. 某 8 位 D/A 转换器，输出电压为 0~5 V，当输入数字量为 30 H 时，其对应的输出电压是多少？

8. AT89S51 与 DAC0832 接口时，有几种连接方式？各有什么特点？各适合在什么场合使用？

9. 用 TLC5615 生成周期为 2 ms 的等宽方波。

三、设计题

1. 在一个由 AT89S51 单片机与一片 ADC0809 组成的数据采集系统中，ADC0809 的 8 个输入通道的地址为 7FF8H~7FFFH，试画出有关接口电路图，并编写程序，要求：每隔 1 分钟轮流采集一次，共采样 20 次，其采样值存入片外 RAM 2000H 单元开始存储区中。

2. 说明图 10-20 中 AD0809 的 IN0、IN1、IN2、IN3、IN4、IN5、IN6、IN7 等 8 个通道的地址，DAC0832 的地址，6264 的地址范围。

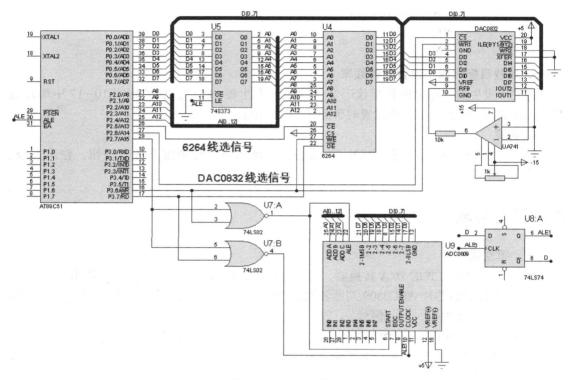

图 10-20　练习题图

第11章　单片机的应用设计

【知识目标】

1. 了解单片机系统的各种常见的应用设计。
2. 熟悉以单片机为核心的应用系统的软、硬件设计过程。

【技能目标】

1. 熟悉 DS1302 数字时钟电路系统的软件、硬件设计并仿真调试。
2. 熟悉步进电动机控制系统的软件、硬件设计并仿真调试。
3. 熟悉直流电动机控制系统的硬件设计、软件设计并仿真调试。

11.1　基于日历/时钟芯片 DS1302 的电子钟的设计

在单片机应用系统中，有时需要实时的日历/时钟作为控制系统的时间基准。DS1302 是最为常用的日历/时钟芯片，本节主要介绍其功能、工作原理和与单片机的硬件接口电路和软件驱动程序的设计。

11.1.1　DS1302 的工作原理

1. DS1302 时钟芯片简介

时钟/日历芯片 DS1302 是美国 DALLAS 公司推出的 SPI 总线涓流充电时钟芯片，具有如下特性。

1）实时时钟具有计算 2100 年之前的秒、分、时、日、月、年、星期的能力，可自动调整每月的天数和闰年的天数；同时时钟操作可选择 24 小时或 12 小时格式。

2）31 B 的静态 RAM。

3）与单片机之间能简单地采用同步串行的方式进行通信，仅需三个引脚控制。

4）工作电压 2.0~5.5 V，工作时的功率小于 1 mW。

5）读/写时钟或 RAM 数据时有两种传送方式单字节传送和多字节传送字符组方式。

DS1302 引脚如图 11-1 所示。各引脚功能如下。

1）V_{CC2}：主电源引脚，接系统电源。

2）X1、X2：晶振引脚，接 32 kHz、768 kHz 晶振。

3）GND：地。

4）$\overline{RST}$：芯片复位引脚，1 表示芯片的读/写使能，0 表示芯片复位并被禁止读/写。

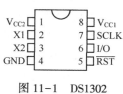

图 11-1　DS1302 的引脚

5）I/O：数据输入/输出引脚。

6）SCLK：同步串行时钟输入引脚。

7）V_{CC1}：备份电源引脚，通常接 2.7~3.5 V 电源。

2. 读写数据

单片机与 DS1302 之间无数据传输时，SCLK 保持低电平，此时如果$\overline{RST}$从低电平变为高电平时，即启动数据传输，SCLK 的上升沿将数据写入 DS1302，而在 SCLK 的下降沿从 DS1302 读数据。$\overline{RST}$为低时，则禁止数据传输，写时序如图 11-2 所示，读时序如图 11-3 所示。数据传输时，低位在前，高位在后。

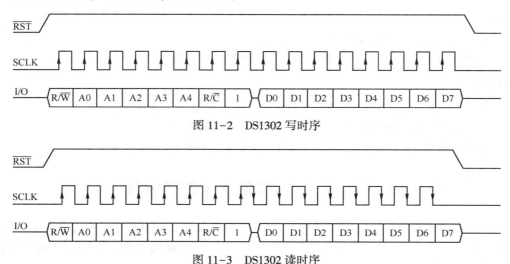

图 11-2 DS1302 写时序

图 11-3 DS1302 读时序

3. DS1302 的命令字节格式

单片机对 DS1302 的读/写操作必须由单片机先向 DS1302 传送一个命令字发起，DSl302 的命令字格式见表 11-1。最高位 D7 位必须为逻辑 1，如果为 0，则禁止写入 DS1302。D6 位为逻辑 0，指定读/写操作为时钟/日历数据，D6 位为逻辑 1，指定读/写 RAM 数据。D5~D1 位（A4~A1）指定进行读/写单元的地址。最低有效位 D0 位为逻辑 0，指定进行写操作；为逻辑 1，指定读操作。命令字节总是从最低有效位 D0 开始输入，命令字节中的每 1 位是在 SCLK 的上升沿送出的。

表 11-1 DS1302 的命令字格式

D7	D6	D5	D4	D3	D2	D1	D0
1	RAM/$\overline{CLK}$	A4	A3	A2	A1	A0	RD/$\overline{W}$

4. DSl302 内部寄存器

DSl302 内部寄存器地址如图 11-4 所示，通过向寄存器写入命令字实现对 DS1302 的操作。其中各个特殊位符号的意义如下：

RD/$\overline{W}$：0 表示写入寄存器，1 表示读寄存器。

A/P：0 表示上午模式（AM），1 表示下午模式（PM）。

12/24：12/24 小时方式选择位。

WP：0 表示允许写入，1 表示禁止写入。

TCS：涓流充电选择，TCS = 1010，允许使用涓流充电寄存器；TCS = 其他，禁止涓流充电。

DS：二极管选择位，选择 V_{CC1} 和 V_{CC2} 之间的二极管数目，DS=01，选择一个二极管；DS=10，选择两个二极管；00 或 11 表示涓流充电被禁止。

RS：选择涓流充电器内部在 V_{CC1} 和 V_{CC2} 之间的连接电阻。RS=00，不选择任何电阻；RS=01，选择 2 kΩ；RS=10，选择 4 kΩ；RS=11，选择 8 kΩ。

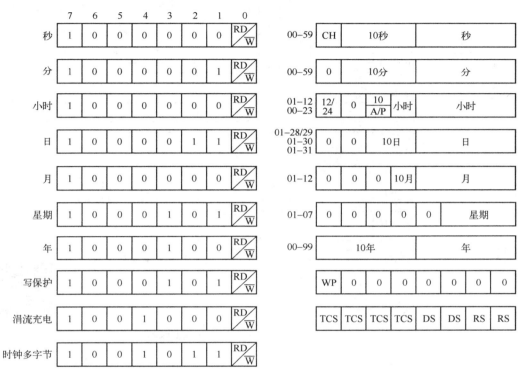

图 11-4　DS1302 内部寄存器地址

11.1.2　硬件电路及驱动程序的设计

【例 11-1】应用 DS1302 制作一个日历/时钟，显示采用 LCD1602，第一行显示年、月、日，格式为：yy-mm-dd，第二行显示时、分、秒，格式为：hh:mm:ss。

解：本例的电路原理图如图 11-5 所示。

如图 11-5 所示，LCD1602 的 RS 引脚接单片机 P2.0，RW 引脚接单片机 P2.1，E 引脚接单片机 P2.2，D7~D0 与单片机的 P0 口连接；DS1302 的 $\overline{\text{RST}}$ 引脚连接单片机 P3.0，SCLK 连接单片机 P3.1，I/O 连接单片机 P3.2。

参考程序如下：

```
;端口位定义
    BF BIT P0.7
    EN BIT P2.2
    RS BIT P2.0
    RW BIT P2.1
```

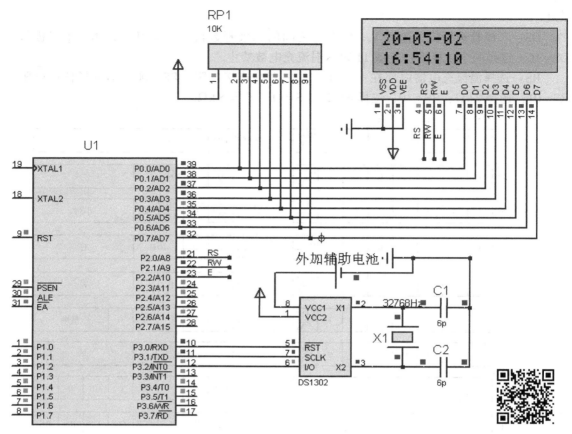

图 11-5　LCD 显示的时钟/日历原理电路图

v11-1

```
    SCLK BIT    P3.1
    IO    BIT    P3.2
    RST BIT    P3.0
    IO_LCD1602 EQU P0
;内存数据定义
    GESHU EQU    30H                         ;日期
;8 个字符 YY(31H 32H)-(33H)MM(34H 35H)-(36H)DD(37H 38H)
    YEAR_SHI    DATA    31H
    YEAR_GE     DATA    32H
    MONTH_SHI DATA     34H
    MONTH_GE    DATA35H
    DATE_SHI    DATA37H
    DATE_GE     DATA 38H
    GESHU1      EQU     3BH                   ;时间
;8 个字符   HH(3CH3DH):(3EH)MM(3FH40H):(41H)SS(42H 43H)
    HOUR_SHI      DATA   3CH
    HOUR_GE    DATA   3DH
    MINUTE_SHI    DATA   3FH
    MINUTE_GE    DATA   40H
```

242

```
          SECOND_SHI    DATA   42H
          SECOND_GE DATA    43H
          DS1302_ADDR DATA    44H
          DS1302_DATA    DATA    45H
          SECOND        DATA   46H
          MINUTE         DATA   47H
          HOUR           DATA   48H
          YEAR DATA    49H
          MONTH         DATA 4AH
          DATE DATA    4BH
          ORG 0000H
          AJMP MAIN
          ORG 0030H
MAIN：LCALL INIT_LCD1602              ;初始化 LCD1602
       LCALL DS1302_INITAL              ;DS1302 初始化
MAIN1：LCALL DS1302                     ;读取日期和时间
       LCALL DISP1602                    ;显示
       LJMP MAIN1
DISP1602：MOV 33H,#2DH                    ;-
       MOV 36H,#2DH                       ;-
       MOV 3EH,#3AH                       ;:
       MOV 41H,#3AH                       ;:
       MOV GESHU,#8                        ;日期字符数
       MOV GESHU1,#8                       ;时间字符数
       MOV SP,#70H
       MOV R7,#80H                          ;第一行显示日期
       LCALL W_CMD
       MOV R0,#YEAR_SHI                     ;置日期首地址
DISP16021：MOV A,@ R0
       MOV R7,A
       LCALL W_DAT                           ;写入数据
       INC R0
       DJNZ GESHU,DISP16021
       MOV R7,#0C0H                          ;第二行显示时间
       LCALL W_CMD
       MOV R0,#HOUR_SHI                      ;置时间首地址
DISP16022：MOV A,@ R0
       MOV R7,A
       LCALL W_DAT                           ;写入数据
       INC R0
       DJNZ GESHU1,DISP16022
       RET
INIT_LCD1602：MOV R7,#38H               ;8 位两行显示,5*7 点阵字符
       LCALL W_CMD                          ;写入
       MOV R7,#0CH                           ;开整体显示,光标关,无黑块
       LCALL W_CMD                          ;写入
```

```
            MOV R7,#06H                      ;光标右移
            LCALL W_CMD
            MOV R7,#01H                      ;清屏
            LCALL W_CMD
            RET
;1602 写命令函数
W_CMD:LCALL WAIT                             ;检查是否忙
            CLR EN
            MOV IO_LCD1602,R7
            CLR RS
            CLR RW
            SETB EN
            CLR EN
            RET
;1602 写数据函数
W_DAT：LCALL WAIT
            CLR EN
            MOV IO_LCD1602,R7
            SETB RS
            CLR RW
            SETB EN
            CLR EN
            RET
WAIT：SETB BF                                ;检查忙标志函数
WAIT1:CLR RS
            SETB RW
            CLR EN
            SETB EN
            JB BF,WAIT1
            CLR EN
            RET
DS1302:LCALL    DS1302_INITAL               ;DS1302 初始化
            LCALL        DS1302_TIME         ;读时间
            LCALL        DS1302_DATE         ;读日期
            RET
DS1302_INITAL：
            MOV          DS1302_ADDR,#8EH    ;允许写 1302
            MOV          DS1302_DATA,#00H
            LCALL        DS1302_WRITE
            MOV          DS1302_ADDR,#81H    ;从 1302 读秒
            LCALL    DS1302_READ
            ANL     A,#7FH                   ;启动 1302 振荡器
            MOV          DS1302_ADDR,#80H
            MOV          DS1302_DATA,A
            LCALL        DS1302_WRITE
            RET
```

```
DS1302_TIME：
        MOV         DS1302_ADDR,#85H        ;读"时"
        LCALL       DS1302_READ
        MOV         HOUR,DS1302_DATA
        MOV         DS1302_ADDR,#83H        ;读"分"
        LCALL       DS1302_READ
        MOV         MINUTE,DS1302_DATA
        MOV         DS1302_ADDR,#81H        ;读"秒"
        LCALL       DS1302_READ
        MOV         SECOND,DS1302_DATA
        MOV         R0,HOUR                 ;"时"分离
        LCALL       DIVIDE
        MOV         HOUR_GE,R1
        MOV         HOUR_SHI,R2
        MOV         R0,MINUTE               ;"分"分离
        LCALL       DIVIDE
        MOV         MINUTE_GE,R1
        MOV         MINUTE_SHI,R2
        MOV         R0,SECOND               ;"秒"分离
        LCALL       DIVIDE
        MOV         SECOND_GE,R1
        MOV         SECOND_SHI,R2
        RET
DS1302_DATE：
        MOV         DS1302_ADDR,#87H        ;读"日"
        LCALL       DS1302_READ
        MOV         DATE,DS1302_DATA
        MOV         DS1302_ADDR,#89H        ;读"月"
        LCALL       DS1302_READ
        MOV         MONTH,DS1302_DATA
        MOV         DS1302_ADDR,#8DH        ;读"年"
        LCALL       DS1302_READ
        MOV         YEAR,DS1302_DATA
        MOV         R0,DATE                 ;"日"分离
        LCALL       DIVIDE
        MOV         DATE_GE,R1
        MOV         DATE_SHI,R2
        MOV         R0,MONTH                ;"月"分离
        LCALL       DIVIDE
        MOV         MONTH_GE,R1
        MOV         MONTH_SHI,R2
        MOV         R0,YEAR                 ;"年"分离
        LCALL       DIVIDE
        MOV         YEAR_GE,R1
        MOV         YEAR_SHI,R2
        RET
```

```
;入口参数 R0,出口参数十位 ASCII 码存入 R2、个位 ASCII 码存入 R1
DIVIDE：MOV        A,R0                        ;分离子程序
        ANL        A,#0FH
        ORL A,#30H
        MOV        R1,A
        MOV        A,R0
        SWAP       A
        ANL        A,#0FH
        ORL A,#30H
        MOV        R2,A
        RET
;＊＊＊＊＊＊＊＊＊＊＊＊                      ;1302 写子程序
;输入参数 DS1302_ADDR
;输出参数 无
DS1302_WRITE：
    CLR RST                                    ;复位引脚为低电平所有数据传送终止
    NOP
    CLR SCLK                                   ;清时钟总线
    NOP
    SETB RST                                   ;复位引脚为高电平逻辑控制有效
    NOP
    MOV A,DS1302_ADDR                          ;准备发送命令字节
    MOV R4,#08H                                ;传送位数为 8
DS1302_WRITE1_BYTE0：
    RRC A                                      ;将最低位传送给进位位 C
    MOV IO,C                                   ;位传送至数据总线
    NOP
    SETB SCLK                                  ;时钟上升沿发送数据有效
    NOP
    CLR SCLK                                   ;清时钟总线
    DJNZ R4,DS1302_WRITE1_BYTE0               ;位传送未完毕则继续
    NOP
;准备发送数据
    MOV A,DS1302_DATA                          ;传送数据过程与传送命令相同
    MOV R4,#08H
DS1302_WRITE1_BYTE1：
    RRC A
    MOV IO,C
    NOP
    SETB SCLK
    NOP
    CLR SCLK
    DJNZ R4,DS1302_WRITE1_BYTE1
    NOP
    CLR RST                                    ;逻辑操作完毕清 RST
    RET
```

```
;*********** 1302 读子程序
;输入参数 DS1302_ADDR
;输出参数  DS1302_DATA
DS1302_READ:
    CLR RST                          ;复位引脚为低电平所有数据传送终止
    NOP
    CLR SCLK                         ;清时钟总线
    NOP
    SETB RST                         ;复位引脚为高电平逻辑控制有效
    MOV A,DS1302_ADDR
    MOV R4,#08H                      ;传送位数为 8
DS1302_READ_BYTE0:
    RRC A                            ;将最低位传送给进位位 C
    MOV IO,C                         ;位传送至数据总线
    NOP
    SETB SCLK                        ;时钟上升沿发送数据有效
    NOP
    CLR SCLK                         ;清时钟
    DJNZ R4,DS1302_READ_BYTE0        ;位传送未完毕则继续
    NOP
    ;准备接收数据
    CLR A                            ;清累加器
    CLR C                            ;清进位位 C
    MOV R4,#08H                      ;接收位数为 8
DS1302_READ_BYTE1：
    NOP
    MOV C,IO                         ;数据总线上的数据传送给 C
    RRC A                            ;从最低位接收数据
    SETB SCLK                        ;时钟总线置高
    NOP
    CLR SCLK                         ;时钟下降沿接收数据有效
    DJNZ R4,DS1302_READ_BYTE1        ;位接收未完毕则继续
    MOV DS1302_DATA,A                ;接收到的完整数据字节放入接收内存缓冲区
    NOP
    CLR RST                          ;操作完毕清 RST
    RET
    END
```

v11-2

11.2　步进电动机控制系统的设计

步进电动机是将脉冲信号转变为角位移或线位移的开环控制元件。在非超载的情况下，电动机的转速、停止的位置只取决于脉冲信号的频率和脉冲数，而不受负载变化的影响。当步进驱动器接收到一个脉冲信号，它就驱动步进电动机按设定的方向转动一个固定的角度，它的旋转是以固定的角度一步一步运行的。可以通过控制脉冲个数来控制

角位移量,从而达到准确定位的目的;同时可以通过控制脉冲频率来控制电动机转动的速度和加速度,从而达到调速的目的。步进电动机在数控机床、医疗器械、仪器仪表、机器人等控制领域有较为广泛的应用。

11.2.1 工作原理

步进电动机的驱动是由单片机通过对每组线圈中电流的顺序切换来使电动机作步进式旋转,切换是通过单片机输出信号来实现的。调节脉冲信号频率就可改变步进电动机的转速;改变各相脉冲的先后顺序,就可以改变电动机的旋转方向。

步进电动机驱动方式可以采用双四拍(AB→BC→CD→DA→AB)方式,也可以采用单四拍(A→B→C→D→A)方式。为了使步进电动机旋转平稳,还可以采用单、双八拍(A→AB→B→BC→C→CD→D→DA→A)。各种工作方式的时序如图11-6所示。

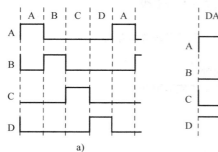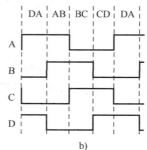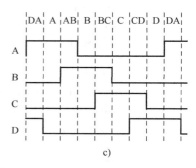

图 11-6　各种工作方式时序图

a) 单四拍方式　b) 双四拍方式　c) 单、双八拍工作方式

11.2.2 ULN2003AN 简介

ULN2003AN 是一种具有高电压、大电流的达林顿晶体管阵列单元集成芯片,最高输入电压为30 V,最高输出电压为50 V,额定输出电流为500 mA。内部逻辑图如图11-7所示,内部具有7个达林顿对,相当于内部具有7个反相器,输入信号经过反相器取反后输出,输出低电压时数值和电源负端基本相等,输出高电压时数值和电源正端基本相等。

ULN2003AN 引脚排列如图11-8所示,具体功能如下。

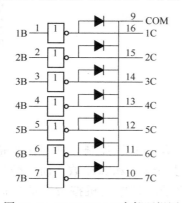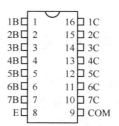

图 11-7　ULN2003AN 内部逻辑图　　　图 11-8　ULN2003AN 引脚图

1) 1B~7B：输入引脚，最大输入电压为 30 V。

2) 1C~7C：输出引脚，最大输出电压为 50 V，额定输出电流为 500 mA。

3) E：电源负端，一般接电源地。

4) COM：电源正端，最高可接 50 V 的电压。

11.2.3 硬件电路及驱动程序的设计

【例 11-2】应用单片机实现对步进电动机正转和反转控制，要求，按下"正转"按键时步进电动机正转，按下"反转"按键时，步进电动机反转，松开按键时，电动机停止转动，设计电路并编写程序。

解：原理图如图 11-9 所示。

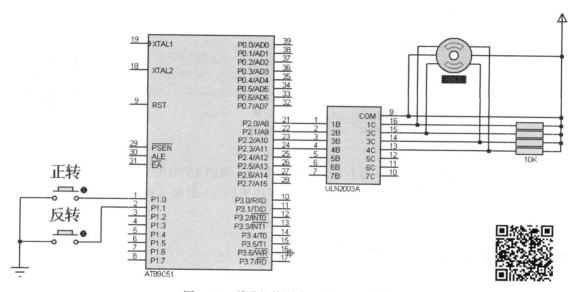

图 11-9 单片机控制步进电动机原理图 v11-3

参考程序如下：

```
            ZHENG  BIT P1.0          ;正转按钮
            FAN    BIT P1.1          ;反转按钮
            ORG 0000H
            AJMP MAIN
            ORG 0030H
MAIN:SETB ZHENG
            SETB FAN
            JB ZHENG,NEG
            JB FAN,POS
            AJMP MAIN
NEG:JB FAN,MAIN
            MOV DPTR,#TABF           ;反转
            SJMPLOOP
POS:MOV DPTR,#TABZH
```

```
LOOP:MOV R5,#4                            ;双四拍方式
LOOP1:MOV A,#0
      MOVC A,@ A+DPTR
      CPL A                               ;ULN2003 具有反向功能
      MOV P2,A
      INC DPTR
      LCALL DELAY                         ;延时
      DJNZ R5,LOOP1
      LJMP MAIN
DELAY:SETB RS1
      MOV R5,#1
DELAY2:MOV R7,#200
DELAY1:MOV R6,#250
      DJNZ R6,$
      DJNZ R7,DELAY1
      DJNZ R5,DELAY2
      CLR RS1
      RET
TABZH:DB 09H,0CH,06H,03H                  ;正转
TABF:DB 03H,06H,0CH,09H                   ;反转
   END
```

v11-4

  程序设计时，注意 P1 口作为 I/O 口时要先置 1，同时 ULN2003 具有反向功能，所以在程序中要先取反，另外可以通过调整延时子程序中的 R5 的值，调节步进电动机转速的快慢。

11.3 直流电动机控制系统的设计

11.3.1 直流电动机的工作原理

  直流电动机是把直流电能转换为机械能，作为机电执行元部件，直流电动机内部有一个闭合的主磁路。主磁通在主磁路中流动，同时与两个电路交链，其一是从产生磁通的励磁回路，另一个是用来传递功率的电枢回路。如图 11-10 所示是直流电动机工作原理图，当电刷 A，B 接在电压为 U 的直流电源上时，若电刷 A 是正电位，B 是负电位，在 N 极范围内的导体 ab 中的电流是从 a 流向 b，在 S 极范围内的导体 cd 中的电流是从 c 流向 d。载流导体在磁场中要受到电磁力的作用，因此 ab 和 cd 两导体都受到电磁力的作用。根据左手定则，ab 边的受力方向向左，cd 边的受力方向是向右的，这样线圈上就受到电磁力的作用按照逆时针方向转动。当线圈转到磁极的中性面上时，线圈中的电流等于零，电磁力等于零，但是由于惯性的作用，线圈继续转动。线圈转过半周之后由于换相片和电刷的作用，转到 N 极下的 cd 边中电流方向也变了，是从 d 流向 c，在 S 极下的 ab 边中的电流则是从 b 流向 a，电磁力方向不变，线圈仍然按逆时针方法转动。

  在实际的电动机中，不只有一个线圈，而是有许多线圈牢固地嵌在转子铁心槽中，当导体通过电流在磁场中因受力而转动时，就带动整个转子旋转。

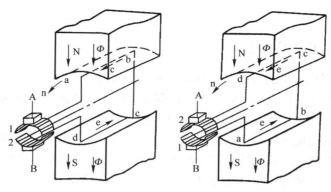

图 11-10　直流电动机工作原理图

11.3.2　L298 简介

L298 芯片是一种高压、大电流双全桥式驱动器，其设计是为接受标准 TTL 逻辑电平信号和驱动电感负载的，例如继电器、圆筒形线圈、直流电动机和步进电动机。特别是其输入端可以与单片机直接相联，从而很方便地受单片机控制。L298 有 15 引脚 Multiwatt15 直插封装和 PowerSO20 贴片封装，引脚排列如图 11-11 所示，具体功能如下。

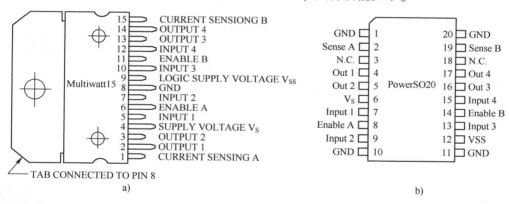

图 11-11　L298 引脚图

a）Multiwatt15　b）PowerSO20

1）V_s：负载供电电压，该引脚与地之间连接一个 100 nF 无感电容。

2）V_{ss}：逻辑供电电压，该引脚与地之间连接一个 100 nF 电容。

3）CURRENT SENSING A：连接采样电阻到地，以控制 A 桥负载电流。

4）CURRENT SENSING B：连接采样电阻到地，以控制 B 桥负载电流。

5）Output3、Output4：B 桥输出。

6）Output1、Output2：A 桥输出。

7）Input3、Input4：B 桥信号输入，兼容 TTL 逻辑电平。

8）Input1、Input2：A 桥信号输入，兼容 TTL 逻辑电平。

9）Enable A：A 桥使能输入，高电平有效，低电平禁止。

10）Enable B：B 桥使能输入，高电平有效，低电平禁止。

11）GND：地。

11.3.3 硬件电路及程序设计

【例 11-3】应用单片机的 I/O 口控制直流电动机的起停、转速和方向。

解：用单片机控制直流电动机时，需要加驱动电路，为直流电动机提供足够大的驱动电流。常用的驱动电路有：晶体管电流放大驱动电路、电动机专用驱动模块（如 L298）和达林顿驱动器等。通常直流电动机由单片机的 I/O 口控制，当需要调节直流电动机转速时，使单片机的相应 I/O 口输出不同占空比的 PWM 波形即可。PWM 是脉冲宽度调制的缩写，它是按照一定规律改变脉冲序列的脉冲宽度，以调节输出量和波形的一种调制方式，是控制系统中常用信号，控制时需要调节高电平持续时间在一个周期时间内的百分比（占空比）。控制电动机的转速时，占空比越大，速度越快。本例中应用 L298 电动机专用模块驱动直流电动机，原理图如图 11-12 所示。

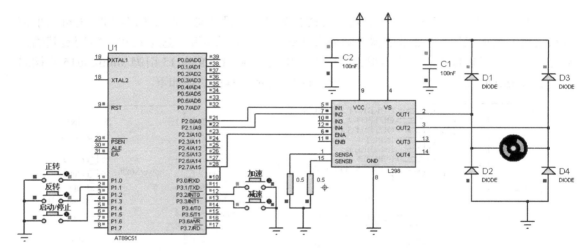

图 11-12 例 11-3 原理图

参考程序如下：

```
        IN1 BIT P2. 0
        IN2 BIT P2. 1
        ENA BIT P3. 0
        POS BIT 00H             ;正转
        NEG BIT 01H             ;反转
        YAN EQU 30H
        GD EQU 31H
        DD EQU 32H
          ORG 0000H
          AJMP MAIN
          ORG 0003H             ;加速
          AJMP INT0_PLUS
          ORG 0013H             ;减速
          AJMP INT1_MINUS
```

v11-5

```
            ORG 0030H
    MAIN:CLR ENA                              ;L298 使能禁止
        MOV GD,#30H                           ;初始化转速的值
        MOV DD,#14H
        CLR POS                               ;正转标志
        CLR NEG                               ;反转标志
        SETB IT0                              ;设置中断触发方式为脉冲触发
        SETB IT1                              ;设置中断触发方式为脉冲触发
        SETB EX0                              ;开外部中断 0
        SETB EX1                              ;开外部中断 1
        SETB EA                               ;开总中断
    MAIN1:ACALL KEY
        ACALL ZHENG
        ACALL FAN
        SJMP MAIN1
; ********** 检测是否有键按下子程序
KEY:MOV P1,#0FFH                              ;置 P1 口为输入状态
    MOV A,P1                                  ;读键值
    CPL A                                     ;取反
    ANL A,#07H                                ;屏蔽高五位
    JZ KEY_RET                                ;无键闭合,则返回
    MOV YAN,#120
    LCALL DELAY                               ;延时 12ms,去抖动
    JNB ACC.2,KEY_L1
    CPL ENA
KEY_L1:JNB ACC.0,KEY_F
    JB ACC.1,KEY_RET                          ;ACC.1=0,ACC.1=0 正转
    SETB POS
    CLR NEG
    SJMP KEY_RET
KEY_F:JNB ACC.1,KEY_RET                       ;ACC.0=0,ACC.1=1 反转
    SETB NEG
    CLR POS
KEY_RET:RET
; ********** 正转子程序
ZHENG:JNB POS,ZHENG_RET
    SETB IN1
    CLR IN2
    MOV YAN,GD
    LCALL DELAY
    CLR IN1
    MOV YAN,DD
    LCALL DELAY
ZHENG_RET:RET
; ********** 反转子程序
FAN:JNB NEG,FAN_RET
```

```
        CLR IN1
        SETB IN2
        MOV YAN,GD
        LCALL DELAY
        CLR IN2
        MOV YAN,DD
        LCALL DELAY
FAN_RET:RET
;**********外部中断0
INT0_PLUS:MOV A,GD
        CJNE A,#0F8H,JIA1              ;加速
        SJMP JIA2
JIA1:ADD A,#8
        MOV GD,A
JIA2:RETI
;***********外部中断1
INT1_MINUS:MOV A,GD
        CJNE A,#0,INT1_1              ;减速
        SJMP INT1_2
INT1_1:CLR C
        SUBB A,#8
        MOV GD,A
INT1_2:RETI
;********** 延时程序 入口参数 YAN,晶振 12 MHz,延时 YAN * 100 μs
DELAY:SETB RS1
        MOV R7,YAN
DELAY1:MOV R6,#48
        DJNZ R6,$
        NOP
        DJNZ R7,DELAY1
        CLR RS1
        RET
        END
```

v11-6

思考题与习题

1. 单片机应用系统开发流程是什么？
2. 画出 AT89S51 单片机的最小系统电路图。
3. 单片机的功能是什么？
4. 设计数字电路温度计。要求：测温范围-30~100℃；精度偏差小于 0.5℃；使用 LED 显示；可以设定温度的上下限报警功能。
5. 设计电子万年历。要求：显示年月日分秒及星期信息；具备调整日期和时间功能。

第12章 单片机C语言应用设计

【知识目标】

1. 了解单片机C语言基本知识。
2. 理解C51对单片机硬件的访问方法。
3. 理解C51函数的定义与调用。

【技能目标】

1. 掌握C51程序的设计及调试。
2. 熟悉C51的结构化程序设计。

12.1 概述

C语言作为一门兼容性较好的高级语言，在硬件开发中得到广泛的应用，如各种单片机、DSP、ARM等。C语言程序本身不依赖于机器硬件系统，仅做简单的修改就可将程序从不同的系统移植过来直接使用。C语言提供了很多数学函数并支持浮点运算，开发效率高，可极大地缩短开发时间，增加程序可读性和可维护性。应用C51语言编写程序具有以下优势

1) 对单片机的指令系统不要求有太深入的了解，就可以用C语言编程操作单片机。
2) 寄存器分配和寻址方式由编译器管理，编程时不必考虑存储器的寻址。
3) 可使用C51语言库文件的许多标准函数。
4) 通过C语言的模块化编程技术，可以将已编制好的程序加到新的程序中。
5) 程序有规范的结构，可分成不同的函数，可使程序结构化。
6) C51语言编译器几乎适用于所有的目标系统，已完成的软件项目可以很容易地转移到其他微处理器和环境中。

12.2 C51入门

12.2.1 标识符和关键字

（1）标识符

标识符是用来标识源程序中某个对象的名字的，这些对象可以是语句、数据类型、函数、变量、数组等。

标识符的命名应符合以下规则：

1) 有效字符。只能由字母、数字和下划线组成，且以字母或下划线开头。

2）有效长度。在 C51 编译器中，支持 32 个字符，如果超长，则超长部分被舍弃。

3）C51 的关键字不能用作变量名。

标识符在命名时，应当简单，含义清晰，尽量为每个标识符取一个有意义的名字，这样有助于阅读理解程序。

C51 区分大小写，例如 Delay 与 DELAY 是两个不同的标识符。

（2）关键字

关键字则是 C51 编译器已定义保留的特殊标识符，它们具有固定名称和含义，在程序编写中不允许标识符与关键字相同。C51 采用了 ANSI C 标准规定了 32 个关键字。

12.2.2　C51 数据类型

C51 数据类型可分为基本类型、构造类型、指针类型和空类型 4 类，具体分类情况如图 12-1 所示。具体数据类型见表 12-1。

表 12-1　C51 编译器支持的数据类型

数 据 类 型	名　　称	长　　度	值　　域
unsigned char	无符号字符型	单字节	0~255
signed char	有符号字符型	单字节	−128~+127
unsigned int	无符号整型	双字节	0~65535
signed int	有符号整型	双字节	−32768~+32767
unsigned long	无符号长整型	4 字节	0~4294967295
signed long	有符号长整型	4 字节	−2147483648~+2147483647
float	浮点型	4 字节	−3.402823E+38~+3.402823E+38
*	指针型	1~3 字节	对象的地址

（1）char 字符类型

char 类型的长度是 1 B，通常用于定义处理字符数据的变量或常量。分为无符号字符类型 unsigned char 和有符号字符类型 signed char，默认值为 signed char 类型。unsigned char 常用于处理 ASCII 字符或用于处理小于或等于 255 的整型数。

（2）int 整型

int 整型长度为 2 B，用于存放一个双字节数据。分为有符号整型数 signed int 和无符号整型数 unsigned int，默认值为 signed int 类型。

（3）long 长整型

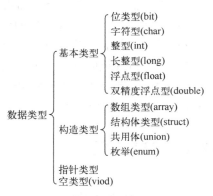

图 12-1　数据类型分类

long 长整型长度为 4 B，用于存放一个 4 字节数据。分有符号长整型 signed long 和无符号长整型 unsigned long，默认值为 signed long 类型。

（4）float 浮点型

float 浮点型用于表示包含小数点的数据类型，占用 4 B。AT89S51 单片机是 8 位机，编程时，尽量不要用浮点型数据，这样会降低程序的运行速度和增加程序的长度。

（5）＊指针型

指针型本身就是一个变量，在这个变量中存放的是指向另一个数据的地址。这个指针变量要占据一定的内存单元，在 C51 中，它的长度一般为 1~3 B。

12.2.3　C51 特殊功能寄存器及位变量的定义

兼容 ANSI 标准的数据类型可通过指针访问，但扩展的 bit、sbit、sfr、sfr16 数据类型专用于访问 AT89S51 单片机的特殊功能寄存器，故不能通过指针进行访问。

1. 位类型 bit

所有的位类型变量放在 AT89S51 单片机内部数据存储区的位寻址区，因为该区域只有 16 个字节，所以最多只能声明 128 个位变量。可位寻址的特殊功能寄存器的位变量定义用关键字 sbit。

2. 特殊功能寄存器 sfr

AT89S51 单片机有 26 个特殊功能寄存器，它们在片内 RAM 安排了绝对地址。地址范围为 0x80~0xFF，可以对字节和字访问。C51 编译器没有预先定义 sfr 名称，但是在包含的文件中有 sfr 的声明。可以用 sfr 与 sfr16 两种说明符。特殊功能寄存器用 sfr 声明，地址范围为 0~255。而 sfr16 用来定义 16 位的特殊功能寄存器（如 DPTR），地址范围为 0~65535。

【例 12-1】 下面是 sbit 和 sfr 的应用示例。

```
sfr     PSW = 0xD0;        //声明 PSW 为特殊功能寄存器,地址为 D0H
sbit    CY = PSW^7;        //指定 PSW.7 为 CY
sfr     TMOD = 0x89;       //声明 TMOD 为定时器/计数器的模式寄存器,地址为 89H
```

在 sbit 声明中，"^" 号右边的表达式定义特殊位在寄存器中的位置，值必须是 0~7。

说明：sfr 之后的寄存器名称必须大写，定义之后可以直接对这些寄存器赋值。

12.2.4　C51 数组

数组是同类数据的一个有序结合，用数组名来标识。数组中的数据，称为数组元素。数组中各元素的顺序用下标表示，下标为 n 的元素可以表示为数组名 [n]。改变[ ]中的下标可以访问数组中的所有元素。

数组有一维、二维、三维和多维数组之分。C51 中常用的有一维数组、二维数组和字符数组。

（1）一维数组

具有一个下标的数组元素组成的数组称为一维数组，一维数组的形式如下：

类型说明符 数组名[元素个数];

其中，数组名是一个标识符，元素个数是一个常量表达式，不能是含有变量的表达式。

（2）二维数组

具有两个或两个以上下标的数组称为二维数组或多维数组。定义二维数组的一般形式如下：

类型说明符 数组名[行数] [列数];

（3）字符数组

若一个数组的元素是字符型的，则该数组就是一个字符数组。

例如：int　a[5];//定义了一个名为 int 的数组,数组包含 5 个整形元素
　　　char c[5]={'L','N','P','U','\0'};//字符串数组
　　　int b[3]={1,2,3};//给全部元素赋值,b[0]=1,b[1]=2,b[2]=3

12.2.5　C51 指针

指针是 C51 中广泛使用的一种数据类型。运用指针编程是 C51 最主要的方法之一。利用指针变量可以表示各种数据结构；能很方便地使用数组和字符串；并能像汇编语言一样处理内存地址，从而编出精练而高效的程序。

在 C51 中，定义了一种特殊的变量，这种变量是用来存放内存地址的。假设程序中定义了一个整型变量 a，其值为 6，C51 编译器将地址为 1000 和 1001 的 2 B 内存单元分配给了变量 a。现在，再定义一个这样的变量 ap，它也有自己的地址（2010）。若将变量 a 的内存地址（1000）存放到变量 ap 中，这时要访问变量 a 所代表的存储单元，可以先找到变量 ap 的地址（2010），从中取出 a 的地址（1000），然后再去访问以 1000 为首地址的存储单元。这种通过变量 ap 间接得到变量 a 的地址，然后再存取变量 a 值的方式称为"间接存取"方式，ap 称为指向变量 a 的指针变量，如图 12-2 所示。

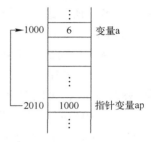

图 12-2　指针变量

（1）指针变量的定义

C 语言规定。所有的变量在使用之前必须定义，以确定其类型。指针变量也不例外，由于它是用来专门存放地址的，因此必须将它定义为"指针类型"。

指针定义的一般形式为：

　　　类型识别符　＊指针变量名

例如：int　＊ap；

（2）指针变量的引用

当进行完变量、指针变量定义之后，如果对这些语句进行编译，那么 C 编译器就会给每一个变量和指针变量在内存中安排相应的内存单元。然而，这些单元的地址除非使用特殊的调试程序，否则是看不到的。

例如：int a,b,c;　　　//定义整型变量 a,b,c
　　　int ＊ap;　　　//定义指针变量 ap
　　　int ＊bp;　　　//定义指针变量 bp
　　　int ＊cp;　　　//定义指针变量 cp

如果 C 编译器将地址为 1000 和 1001 的 2 B 内存单元指定给变量 a 使用；将地址为 1002 和 1003 的 2 B 内存单元指定给变量 b 使用；将地址为 1004 和 1005 的 2 B 内存单元指定给变量 c 使用。同理指针变量 ap 的地址为 2010；指针变量 bp 的地址为 2012；指针变量 cp 的地址为 2014，具体情形如图 12-3 所示。

下面使用赋值语句对变量 a，b，c 进行赋值。

　　　a=6;
　　　b=8;

c=10；

到现在为止，仍然没有对指针变量 ap、bp 和 cp 赋值，所以它们所对应的内存地址单元仍然为空白。为了使空白的指针变量指向某一个具体的变量，就必须执行指针变量的引用操作。

指针变量的引用是通过取地址运算符"&"来实现的。使用取地址运算符"&"和赋值运算符"="就可以使一个指针变量指向一个变量。例如：

ap＝&a；
bp＝&b；
cp＝&c；

在赋值运算操作后，指针 ap 就指向了变量 a，即指针变量 ap 所对应的内存地址单元中就装入了变量 a 所对应的内存单元的地址 1000；指针变量 bp 就指向了变量 b，即指针变量 bp 所对应的内存地址单元中就装入了变量 b 所对应的内存单元的地址 1002；而指针变量 cp 就指向了变量 c，即指针变量 cp 所对应的内存地址单元中装入了变量 c 所对应的内存单元的地址 1004。具体情形如图 12-4 所示。

图 12-3 变量的地址定位

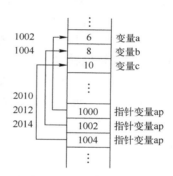

图 12-4 赋值后的指针变量

在完成了变量、指针变量的定义以及指针变量的引用之后，就可以通过指针和指针变量来对内存进行间接访问。这时就要用到指针运算符（又称间接运算符）"＊"。若使用指针变量 ap 进行间接访问，则用 x＝＊ap；形式进行访问。

12.2.6　C51 运算符和表达式

（1）赋值运算符

赋值运算符为："="赋值"。

将"="右边的值赋给"="左边的变量。

（2）算术运算符

C51 算术运算符有 5 种：+（加法运算符或正号）、-（减法运算符或负号）、＊（乘法运算符）、/（除法运算符）、%（模（求余）运算符）。

优先级：先乘除后加减，先括号内，再括号外。

结合性：自左至右。

除法运算时，如果两个整数相除，其结果为整数，舍去小数部分；如果是两个浮点数相除，其结果为浮点数。取余运算要求两个运算对象均为整形数。

（3）关系运算符

C51 关系运算符有 6 种：<（小于）、>（大于）、<=（小于等于）、>=（大于等于）、==（相等）、!=（不相等）。

优先级：前四个级别高，后两个级别低。

结合性：自左至右。

关系表达式的结果是逻辑值"真"或"假"，C51 中以"1"代表真，"0"代表假。

（4）逻辑运算符

C51 逻辑运算符有 3 种：!（逻辑非）、&&（逻辑与）、‖（逻辑或）。

优先级：逻辑非"!"最高，逻辑与和逻辑或级别低。

结合性："&&"和"‖"自左至右方向，"!"自右至左方向。

运算符的两边为关系表达式。逻辑表达式和关系表达式的值相同，以"0"代表假，以"1"代表真。

（5）按位操作运算符

C51 按位操作运算符有 6 种：&（按位与）、|（按位或）、^（按位异或）、~（按位取反）、<<（位左移）、>>（位右移）。

优先级：从高到低依次是："~"（按位取反）→ "<<"（左移）→ ">>"（右移）→ "&"（按位与）→ "^"（按位异或）→ "|"（按位或）。

移位操作为补零移位，移出的位被丢弃，并补以相应位数的"0"。位运算只能对整型数据和字符型数据运算，不能对实型数据运算。

（6）自增、自减运算符

++　自增 1

--　自减 1

自增、自减运算符可以在变量的前面或后面使用。例如，++i 或--i（意为在使用 i 之前，先使 i 值加 1 或减 1）。又如，i++或 i--（意为在使用变量 i 之后，再使 i 值加 1 或减 1）。

（7）复合赋值运算符

复合赋值运算符就是在赋值运算符"="的前面加上其他运算符。C51 提供了以下的复合赋值运算符：+=（加法赋值）、-=（减法赋值）、*=（乘法赋值）、/=（除法赋值）、%=（取模赋值）、<<=（左移位赋值）、>>=（右移位赋值）、&=（逻辑与赋值）、|=（逻辑或赋值）、^=（逻辑异或赋值）、~=（逻辑非赋值）。

采用复合赋值运算符的目的是为了简化程序，提高 C51 程序的编译效率。

（8）指针与地址运算符

C51 提供了两个专门的运算符：*取内容；& 取地址。

12.3　C51 的函数

在程序设计过程中，对于较大的程序一般采用模块化结构。通常将其分为若干个子程序模块，每个子程序模块完成一种特定的功能。在 C51 中，子程序模块是用函数来实现的。C51 程序由一个主函数和若干个子函数组成，每个子函数完成一定的功能。一个程序中只能有一个主函数，主函数不能被调用。程序执行时从主函数开始，到主函数最后一条语句结束。子函数可以被主函数调用，也可以被其他子函数或其本身调用，形成函数嵌套。

12.3.1　C51 函数概述

从 C51 程序的结构上划分，C51 函数分为主函数 main( ) 和普通函数两种。而普通函数又分为两种：一种是标准库函数；一种是用户自定义函数。

（1）标准库函数

标准库函数是由 C51 编译器提供的，供使用者在设计应用程序时使用。在调用库函数时，用户在源程序 include 命令中应该包含头文件名。例如，调用左移位函数_crol_时，要求程序在调用输出库函数前包含以下的 include 命令：

　　　　　#include<intrins. h>

include 命令必须以#号开头，系统提供的头文件以 ".h" 作为文件的后缀，文件名用一对尖括号括起来。注意：include 命令不是 C51 语句，因此不能在最后加分号。

（2）用户自定义函数

所谓用户自定义函数是用户根据自己的需要编写的函数。从函数定义的形式上划分，用户自定义函数分为 3 种形式：无参函数、有参函数和空函数。

1）无参函数

此种函数在被调用时，无参数输入，一般用来执行指定的一组操作。无参函数的定义形式为：

```
类型标识符函数名( )
{
类型说明
函数体语句
}
```

类型标识符是指函数值的类型，若不写类型说明符，则默认为 int 类型。若函数类型标识符为 void，则表示不需要带回函数值。{ } 中的内容称为函数体，在函数体中也有类型说明，这是对函数体内部所用到的变量的类型说明。例如：

```
void    Delay ( )                //延时 1 s 程序
{
uint i,j;
for( i = 1000;i>0;i--)
for( j =115;j>0;j--);        //此处分号不可少
}
```

这里，Delay 为函数名，是一个无参函数。当这个函数被调用时，延时 1 s 时间。void 表示这个函数执行完后不带回任何数据。

2）有参函数

在调用此种函数时，必须输入实际参数，以传递给函数内部的形式参数，在函数结束时返回结果，供调用它的函数使用。有参函数的定义方式为：

类型标识符函数名(形式参数表)
　　形式参数类型说明
|
类型说明
函数体语句
|

有参函数比无参函数多了形式参数表，各参数之间用逗号间隔。在进行函数调用时，主调函数将赋予这些形式参数实际的值。

【例 12-2】 单片机控制 P0 口 8 只 LED 灯以间隔 1 s 亮灭闪烁。

解： 参考程序如下：

```
# include< reg51. h>
voidDelay_ms( unsigned int xms)          //被调函数定义,xms 是形式参数
{
unsignedint i,j;
for( i= xms;i>0;i--)                      //i= xms,即延时 xms,xms 由实际参数传入一个值
for( j= 115;j>0;j--);                     //此处分号不可少
)
void main( )
{
while(1)
{
P0= 0xff;
Delay_ms( 1000);                         //主调函数
P0=0:
Delay_ms( 1000);                         //主调函数
}
}
```

Delay_ms(unsigned int xms) 函数括号中的变量 xms 是这个函数的形式参数，其类型为 unsigned int。当这个函数被调用时，主调函数 Delay_ms(1000)将实际参数 1000 传递给形式参数 xms 从而达到延时 1s 的效果。Delay_ms 函数前面的 void 表示这个函数执行完后不带回任何数据。

上面的例子是没有带返回值的，下面的例子是带有返回值。

```
int min( int a,int b)
{    if( a<b) return a;
     else return b;
}
```

该例中 return 语句是把 a 或 b 的值作为函数的值返回给主调函数。

3）空函数

此种函数体内无语句，是空白的。调用此种空函数时，什么工作也不做，不起任何作用。定义形式为：

```
        返回值类型说明符 函数名()
        {}
```

12.3.2　函数的参数及返回值

（1）函数的参数

定义一个函数时，位于函数名后面圆括号中的变量名为形式参数（简称形参），而在调用函数时，函数名后面括号中的表达式为实际参数（简称实参）。使用的过程中注意以下几点：

1）进行函数调用时，主调用函数将实际参数的值传递给被调用函数中的形式参数。为了完成正确的参数传递，实际参数的类型必须与形式参数的类型一致。

2）函数调用中发生的数据传送是单向的。即只能把实参的值传送给形参，而不能把形参的值反向地传送给实参。

（2）函数的返回值

函数的返回值是指函数被调用之后，执行函数体中的程序段所取得的并返回给主调函数的值。函数的返回值只能通过 return 语句返回主调函数。一般形式为：

```
        return 表达式;
```

或者为：

```
        return(表达式);
```

该语句的功能是计算表达式的值，并返回给主调函数。在函数中允许有多个 return 语句，但每次调用只能有一个 return 语句被执行，因此只能返回一个函数值。

函数体内可以没有 return 语句，程序的流程就一直执行到函数末尾，然后返回到函数。因此，此类函数定义时要定义为 void 类型。

12.3.3　函数的调用

函数调用的一般形式为：

```
        函数名(实际参数表);
```

对于有参函数，若包含多个实际参数，则应将各参数之间用逗号分隔开。主调用函数的数目与被调用函数的形式参数的数目应该相等。实际参数与形式参数按实际顺序一一对应传递数据。

如果调用的是无参函数，则实际参数表可以省略，但函数名后面必须有一对空括号。

主调函数对被调函数的调用有以下 3 种方式。

1）函数调用语句把被调用函数的函数名作为主调函数的一个语句，例如：

```
        delay();
```

此时，并不要求函数返回结果数值，只要求函数完成某种操作。

2）函数结果作为表达式的一个运算对象，例如：

```
        result=2*min(a,b);
```

被调函数以一个运算对象出现在表达式中。这要求被调函数带有 return 语句，以便返回一个明确的数值参加表达式的运算。被调函数 min 为表达式的一部分，它的返回值乘 2 再赋给变量 result。

3）函数参数即被调函数作为另一个函数的实际参数，例如：

```
k=min(a,mm(c,d));
```

其中，mm(c,d)是一次函数调用，它的值作为另一个函数的 min() 的实际参数之一。

12.3.4　文件包含

文件包含是指一个程序文件将另一个指定文件的全部内容包含进来，在前面的例子中已经多次使用过文件包含命令# include <stdio. h>，就是将 C51 编译器提供的输入输出库函数的说明文件 stdio. h 包含到自己的程序中去。文件包含命令的一般格式为：

```
# include<文件名>
```

或#include "文件名"

文件包含命令# include 的功能是用指定文件的全部内容替换该预处理行。在进行较大规模程序设计时，文件包含命令十分有用。为了适应模块化编程的需要，可以将组成 C 语言程序的各个功能函数分散到多个程序文件中，分别由若干人员完成编程，最后再用# include 命令将它们嵌入到一个总的程序文件中去。需要注意以下 3 个方面。

1）一个#include 命令只能指定一个被包含文件，如果程序中需要包含多个文件则需要使用多个包含命令。

2）文件包含命令# include 通常放在 C 语言程序的开头，被包含的文件一般是一些公用的宏定义和外部变量说明，当它们出错或由于某种原因而要修改其内容时。只需对相应的包含文件进行修改，而不必对使用它们的各个程序文件都修改，这样有利于程序的维护和更新。

3）当程序中需要调用 C51 编译器提供的各种库函数的时候，必须在程序的开头使用#include 命令将相应函数的说明文件包含进来。

12.3.5　库函数

C51 的强大功能及其高效率之一在于提供了丰富的可直接调用的库函数。使用库函数可以使程序代码简单、结构清晰、易于调试和维护。

下面介绍在程序设计中几类重要的库函数。

1）特殊功能寄存器包含文件 reg51. h 或 reg52. h。reg51. h 中包含了所有的 51 单片机的 sfr 及其位定义。reg52. h 中包含了所有的 52 单片机的 sfr 及其位定义，一般系统都包含 reg51. h 或 reg52. h。

2）字符串处理库函数的原型声明包含在头文件 String. h 中，字符串函数通常接收指针串作为输入值。一个字符串应包括两个或多个字符，字符串的结尾以空字符表示。

3）输入/输出流函数位于 stadio. h 文件中。库中函数默认 51 系列单片机的串口来作为数据的输入/输出。

4）数学计算库函数的原型声明包含在头文件 MATH. H 中。

12.4 中断服务函数与寄存器组定义

为了在 C 语言源程序中直接编写中断服务函数的需要，C51 编译器增加了一个扩展关键字 interrupt。关键字 interrupt 是函数定义时的一个选项，加上这个选项即可以将一个函数定义成中断服务函数。

定义中断服务函数的一般形式为：

函数类型 函数名(形式参数表) interrupt n [using n]

关键字 interrupt 后面的 n 为中断号，取值范围为 0~31，编译器从 8n+3 处产生中断向量。AT89S51 单片机的常用中断源和中断向量见表 12-2。using 后面的 n 是一个 0~3 的常整数，分别选中 4 个不同的工作寄存器组。如果不用该选项，则由编译器选择一个寄存器组作绝对寄存器组访问。注意，关键字 using 和 interrupt 的后面都不允许跟一个带运算符的表达式。

表 12-2　常用中断源和中断向量

中断号 n	中 断 源	中断向量 8n+3
0	外部中断 0	0003H
1	定时器 T0 溢出中断	000BH
2	外部中断 1	0013H
3	定时器 T1 溢出中断	001BH
4	串行口中断	0023H

12.5 C51 程序设计举例

本节重点介绍对 AT89S51 单片机片内各功能部件及硬件接口的 C51 例程。

12.5.1 中断程序的编写

【例 12-3】将单脉冲接到外中断 0 ($\overline{\text{INT0}}$) 引脚，利用 P1.0 作为输出，如图 5-6 所示。编写程序，每按动一次按钮，产生一个外中断信号，使发光二极管闪烁一次。

解：外部中断 0 设置为边沿触发方式。程序启动后，P1.0 连接的指示灯不亮，每按动一次按钮后，产生一个外部中断 0 的中断请求，在中断程序中完成指示灯的闪烁。

```
#include<reg51.h>              //包含 reg51.h 文件
sbit P10=P1^0;                 //定义位变量 P1.0
void Delay(unsignedint i)      //延时函数，
{
    unsigned int j;
    for(;i>0;i--)
    for (j=0;j<333;j++);       //此处的;不可省略
}
```

v12-1

265

```
void main()                          //主函数
{
    EA = 1;                          //开总中断
    EX0 = 1;                         //开外部中断0
    IT0 = 1;                         //脉冲触发
    P10 = 0;                         //P10输出的发光二极管灭
    while(1);                        //原地等待
}
void int0() interrupt 0 using 0
{
    P10 = 1;                         //P10输出的发光二极管亮
    Delay(200);                      //延时200 ms
    P10 = 0;                         //P10输出的发光二极管灭
    Delay(200);                      //延时200 ms
}
```

12.5.2 定时器程序的编写

【例12-4】已知某单片机振荡频率 $f_{OSC}=6\,MHz$，使用定时器产生周期为4 ms的等宽方波，由P1.0端输出。(1) 使用定时器0以工作方式0，采用查询方式。

解:

(1) 使用定时器0，工作方式0，查询方式

1）计算计数初值TH0、TL0

要产生4 ms的等宽方波，只要使用P1.0端交替输出各为2 ms的高、低电平即可。定时时间为2 ms，设计数初值为 x，由下式可得：

$$(2^{13}-x)\times 12/(6\times 10^6) = 2000\times 10^{-6}$$

解得 $x=7192$，转化为二进制为：11100000 11000。将其低5位装入TL1，TL1=18H；高8位装入TH1，TH1=0E0H。

2）TMOD寄存器初始化

定时器0定时功能，$C/\overline{T}=0$；无须 $\overline{INT0}$ 控制，GATE=0；工作方式为M1M0=00，定时器1不用，有关位均设为0。因此，TMOD寄存器的内容为00H。

3）TR及IE的使用

因为查询方式，要关闭中断，IE为0。启动计数时，TR0要置1。

4）参考程序

```
#include<reg51.h>                    //包含reg51.h文件
sbit P10=P1^0;                       //定义位变量P1.0
void main()                          //主函数
{
    TMOD = 0;                        //T0方式0
    TH0 = 0xE0;                      //初值
    TL0 = 0x18;
    IE = 0;                          //查询方式,关中断
    TR0 = 1;                         //启动定时
```

```
        while(1)
        {
        while(! TF0);                    //查询 TF0 状态
        TF0 = 0;                          //清 TF0
        P10 = ~ P10;                      //取反
        TH0 = 0xE0;                       //重新装载初值
        TL0 = 0x18;
        }
    }
```

12.5.3 串行口应用程序的编写

【**例 12-5**】甲机读入 P1 口指拨开关的数据载入 SBUF，然后经由 TXD 将此数据传给乙机，当乙机接收的数据存入 SBUF 时，再由 SBUF 载入累加器，并输出至 P1 端与其相对应的 LED 灯。

解：硬件电路如图 12-5 所示。

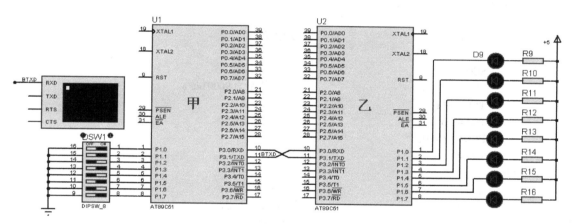

图 12-5 两个单片机单工传送数据电路图

甲机发送程序如下：

v12-3

```
#include<reg51. h>                    //包含 reg51. h 文件
#defineuchar unsigned char
#defineuint unsigned int
void main()                           //主函数
{
    uchar temp;
    SCON = 0x40;
    TMOD = 0x20;                       //波特率设定
    TH1 = 0xfd;                        //9600 bit/s
    TL1 = 0xfd;
    PCON = 0x00;
    TR1 = 1;
```

```
            temp = 0xff;
next:
            P1 = P1 | 0xff;
            if(P1! = temp)                      //状态是否变化
            {
            temp = P1;
            SBUF = temp;                         //发送数据
            while(TI = = 0);                     //是否发送完毕
            TI = 0;                              //清中断标志
            }
            goto next;
        }
```

乙机发送程序如下：

```
        #include<reg51. h>                       //包含 reg51. h 文件
        #defineuchar unsigned char
        #defineuint unsigned int

        void main( )                             //主函数
        {
            SCON = 0x50;
            TMOD = 0x20;                          //波特率为 9600 bit/s
            TL1 = 0xfd;
            TH1 = 0xfd;
            PCON = 0x00;
            TR1 = 1;
loop:
            while(RI = = 0);                      //等待接收
            RI = 0;                               //清中断标志
            P1 = SBUF;                            //读取数据
            goto loop;

        }
```

12.5.4 独立式键盘查询方式

【例 12-6】 独立式键盘如图 12-6 所示，试编写键盘扫描程序，当有键按下时，将按键编号通过连接在 P2 口的数码管显示出来。

解：独立式键盘扫描程序需要逐位查询每个 I/O 引脚的输入状态，如果某一个 I/O 引脚的输入为低电平，说明与这个 I/O 引脚连接的按键已经被按下，转向该按键的功能程序。

参考程序如下：

```
        #include<reg51. h>                              //包含 reg51. h 文件
        #defineuchar unsigned char
        #defineuint unsigned int
        uchar code Val[ ] = {0xc0,0xf9,0xa4,0xb0,0x99,0x92,0x82,0xf8};        //0~7 共 8 个共阳极代码
```

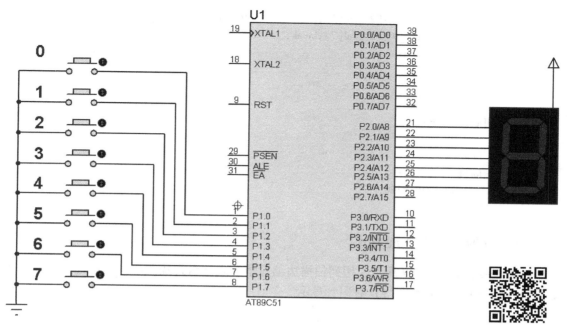

图 12-6　独立式键盘按键电路

v12-4

```
voidDelayMS (uint x);                    //声明
void main()                              //主函数
{
    uchar Key_State = 0;
    P1 = 0xff;                           //作为通用 I/O 口,读前先置 1
    while(1)
    {
        while(Key_State == 0)            //判断是否有键按下
        {
            Key_State = P1;              //读取按键状态
            Key_State = ~ Key_State;
        }
        DelayMS(10);                     //软件延时去抖动
        do                               //读取键值
        {
            Key_State = P1;
            Key_State = ~ Key_State;
        } while(Key_State == 0);
        switch (Key_State)
        {
            case 0x01:P2 = Val[0];break;   //0 号键
            case 0x02:P2 = Val[1];break;   //1 号键
            case 0x04:P2 = Val[2];break;   //2 号键
            case 0x08:P2 = Val[3];break;   //3 号键
            case 0x10:P2 = Val[4];break;   //4 号键
            case 0x20:P2 = Val[5];break;   //5 号键
```

```
            case 0x40:P2=Val[6];break;                    //6 号键
            case 0x80:P2=Val[7];break;                    //7 号键
            default:break;
        }
    }
}
voidDelayMS(uint x)                                        //延时函数
{
    uint j,k;
    for(k=0;k<x;k++)
        for(j=0;j<120;j++);
}
```

12.5.5　行列式键盘查询方式

【例12-7】 如图12-7所示，用列扫描法编写矩阵式键盘扫描程序，当有键按下时，将键值送入到与P1口连接的LED数码管显示。

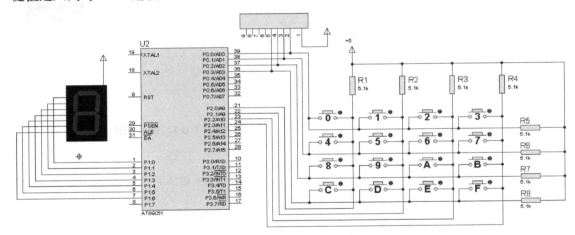

图 12-7　例 12-7 原理图

解： 参考程序代码如下：

```
#include<reg51.h>                                          //包含 reg51.h 文件
#defineuchar unsigned char
#defineuint unsigned int
uchar code Table[ ]={0xc0,0xf9,0xa4,0xb0,0x99,0x92,0x82,0xf8,0x80,0x90,0x88,0x83,0xc6,
0xa1,0x86,0x8e};                                           //0~F 共 16 个共阳极代码
void Delay (uint i)
{
    while(i--);
}
uchar KeyScan( )
{
    uint Row,Col,KeyNum,j,temp=0;                          //Row:行号;Col:列号;KeyNum:键值
```

```
        P0 = 0xff;                              //P0 口低四位拉高
        for (j = 0;j <= 3;j++)                  //扫描四行
        {
            P2 = 0xfe<<j;
            temp = P0;                          //读 P0 口
            temp = ~ temp&0x0f;                 //屏蔽高四位
            if(temp! = 0x00)                    //不为 0 说明有键按下
            {
                Delay(5);                       //延时去抖动
                temp = P0;                      //再次读 P0 口,行线
                temp = ~ temp&0x0f;             //屏蔽高四位
                if(temp! = 0x00)               //确认有键按下
                {
                    Col = j;                    //置列号
                    switch(temp)                //通过行号,判断哪个键被按下
                    {
                        case 0x01:Row = 0;break;   //0 行
                        case 0x02:Row = 1;break;   //1 行
                        case 0x04:Row = 2;break;   //2 行
                        case 0x08:Row = 3;break;   //3 行
                        default:break;
                    }
                    break;
                }
            }
        }
        KeyNum = Row * 4+Col;                    //计算键值
        returnKeyNum;                           //返回键值

}
void main()                                      //主函数
{
    uchar KeyNum = 0;
    while(1)
    {
        KeyNum = KeyScan();                     //键盘扫描程序
        P1 = Table[KeyNum];                     //送 P1 口显示键码
    }
}
```

12.5.6 ADC0809 应用程序的编写

【例 12 - 8】 AT89S51 单片机控制 ADC0809 进行 A/D 转换,电路如图 12 - 8 所示(Proteus 原件库中没有 ADC0809,可用库中与其兼容的 ADC0808 替代),单片机循环检测采集 8 路输入数据,并显示结果。

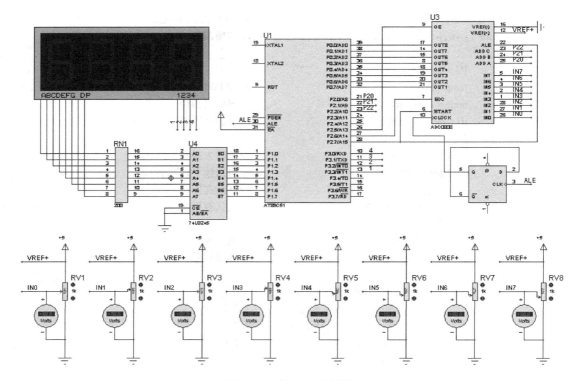

图 12-8 例 12-8 原理图

解：这里 ADC0808 EOC 引脚与单片机的 P2.6 引脚相连接，采用查询方式。ADC0808 采用的基准电压为+5 V，转换所得结果 addata 的二进制数代表的电压绝对值为 addata÷256×5 V，本题中显示小数点后两位，不考虑小数点的存在，其计算的数值约为：addata×1.96 V。参考程序如下：

v12-6

```
#include<reg51.h>                        //包含 reg51.h 文件
#defineuchar unsigned char
#defineuint unsigned int
uchar code Table[16]={0xc0,0xf9,0xa4,0xb0,0x99,0x92,0x82,0xf8,0x80,0x90,0x88,0x83,0xc6,
0xa1,0x86,0x8e};                         //0~F 共 16 个共阳极代码
uchar b[4],c=0x01;
sbit start=P2^7;
sbit OE=P2^5;
sbit EOC=P2^6;
void Delay1ms(uint count)                //延时函数
{
    uint i,j;
    for(i=0;i<count;i++)
        for(j=0;j<120;j++);
}
voiddisp()                               //显示函数
{
```

```
        uint r;
        for(r=0;r<4;r++)
        {
            P3=(c<<r);                    //位控
            P1=b[r];                      //段控
            if(r==2)                      //加小数点
            P1=P1&0x07f;
            Delay1ms(1);
        }
    }
    void main()                           //主函数
    {
        uint addata,i;
        uchar in;
        while(1)
        {
            for(in=0;in<8;in++)           //检测8路
            {
                P2=0xff;
                P2=P2&0x0f8;
                P2=P2|in;
                start=0;
                start=1;                  //启动 ADC0808 A/D 转换
                start=0;
                while(EOC==0)
                {
                    OE=1;
                }
                addata=P0;
                addata=addata*1.96;       //转换为可读的电压值
                OE=0;
                b[0]=Table[addata%10];     //显示到数码管
                b[1]=Table[addata/10%10];
                b[2]=Table[addata/100%10];
                b[3]=Table[in+1];
                for(i=0;i<=200;i++)
                {
                    disp();
                    Delay1ms(10);
                }
            }
        }
    }
```

本题中使用的是查询方式，如果采用中断方式，该如何实现呢？请读者考虑。

12.5.7 DAC0832 应用程序的编写

【例12-9】利用 DAC0832 作波形发生器，根据图 12-9 所示的原理图接线，产生锯齿波。

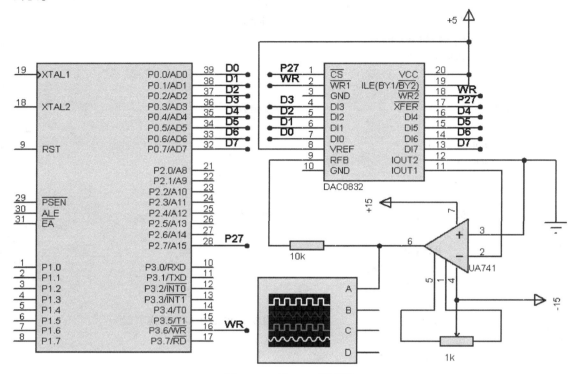

图 12-9 例 12-9 原理图

解：图 12-9 中，DAC0832 工作于单缓冲方式，其中输入寄存器受控，而 DAC 寄存器直通。单片机 P2.7 引脚与 DAC0832 的 $\overline{CS}$ 引脚相连接，单片机的 P2 口除了 P2.7 引脚之外都设置为高电平，则图中 DAC0832 芯片地址为 7FFFH，产生锯齿波的参考程序如下。

v12-7

```
#include<reg51.h>              //包含 reg51.h 文件
#include<absacc.h>             //包含头文件 absacc.h
#defineuchar unsigned char
#define DAC0832 XBYTE[0x7FFF]  //DAC0832 地址
void main()                    //主函数
{
    uchar i;
    while(1)
    {
        for(i=0;i<255;i++)
        DAC0832=i;             //输出
    }
}
```

思考题与习题

1. 说明 C51 在标准的 C 基础上有哪些扩充？

2. C51 中的 AT89S51 单片机的特殊功能寄存器如何定义？试举例说明。

3. 使用 C51 设计一个开关控制电路，用两个开关控制 3 个 LED，当 K1、K2 都打开时，3 个 LED L1、L2、L3 都熄灭；当仅有 K1 闭合时，L1 点亮；当仅有 K2 闭合时，L2 点亮；当 K1 和 K2 全闭合时，3 个 LED 全亮。

附　　录

附录 A　Proteus 常用元器件

元 件 符 号	元器件名称	元器件中文注释
	RES	通用电阻符号
	RESPACK-8	带公共端的 8 电阻排
	RX8	8 电阻排
	PULLUP	上拉电阻
	POT-HG	可变电阻
	POT-LIN	三引线可变电阻
	VARISTOR	变阻器
	CAP	通用电容符号
	CAP-ELEC	通用电解电容
	CAP-VAR	可变电容
	INDUCTOR	通用电感
	NPN	通用 NPN 型双极性晶体管
	PNP	通用 PNP 型双极性晶体管
	PMOSFET	通用 P 型金属氧化物半导体场效应晶体管
	TRIAC	通用三端双向晶闸管开关元件
	CRYSTAL	石英晶体
	RELAY	继电器
	BUZZER	直流蜂鸣器
	SPEAKER	扬声器模型
	LED-GREEN	绿色发光二极管
	LED-RED	红色发光二极管
	LED-BLUE	蓝色发光二极管
	7SEG-DIGITAL	数字式七段数码管
	7SEG-BCD	七段 BCD 码显示器
	7SEG-COM-AN-GRN	七段有公共端的共阳绿色数码管

元 件 符 号	元器件名称	元器件中文注释
	7SEG-COM-CAT- BLUE	七段有公共端的共阴蓝色数码管
	7SEG-MPX4-CA-BLUE	4 位七段共阴蓝色数码管
	DIODE-SC	稳压管
	DIODE-TUN	通用沟道二极管
	BUTTON	按钮
	DISPW-4	4 独立开关组
	SWITCH	带锁存开关
	7805	5 V，1 A 稳压器
	555	555 电路
	AT89C51	AT89C51 单片机
	LM016L	16 * 2 字符液晶
	74LS74	双 D 触发器
	74LS112	双 JK 触发器
	ULN2003	达林顿晶体管阵列
	74LS138	3-8 译码器
	DS1302	时钟芯片
	24C02C	I^{2}C 存储器
	74HC74	D 触发器
	74HC112	JK 触发器
	AND	二输入与门
	OR	二输入或门
	XOR	二输入异或门
	NAND	二输入与非门
	NOR	二输入或非门
	NOT	非门
	74LS00	4-2 输入与非门
	74LS20	2-4 输入与非门
	74LS04	6 非门
	LAMP	动态灯泡模型
	TRAFFIC LIGHTS	动态交通灯模型

元 件 符 号	元器件名称	元器件中文注释
	PIN	单脚终端接插件
	FUSE	动态熔丝模型
	CLOCK	动态数字方波源
	VOLTMETER	电压表
	MOTOR	直流电动机模型
	MOTOR-STEPPER	动态单极性步进电动机模型
	MOTOR SERVO	伺服电动机
	TRSAT2P2S	变压器
	CONN-DIL14	排座
	LDR	光敏电阻
	DS18B20	温度传感器
	BRIDGE	桥式整流电路
	L298	双全桥驱动器

附录 B Proteus 常用快捷键

快 捷 键	功　能	快 捷 键	功　能
Ctrl+0	打开设计	〈Ctrl+Z〉	撤销
Ctrl+S	保存设计	〈Ctrl+Y〉	恢复
R	刷新	〈E〉	查找并编辑元件
G	背景栅格	〈Ctrl+B〉	放在后面
O	原点	〈Ctrl+F〉	放在前面
X	X轴指针	〈Ctrl+N〉	实时标注
F1	栅格尺寸为10	〈W〉	自动布线
F2	栅格尺寸为50	〈T〉	搜索并标注
F3	栅格尺寸为100	〈A〉	属性分配工具
F4	栅格尺寸为500	〈Ctrl+A〉	网络表导入 ARES
F5	选择显示中心	〈Page-Up〉	前一个原理图
F6	缩小	〈Page-Down〉	下一个原理图
F7	放大	〈Alt+X〉	设计浏览
F8	显示全部	〈Ctrl+A〉	增加跟踪曲线
Space	仿真图形	〈Ctrl+F12〉	断点运行
Ctrl+V	查看日记	〈F10〉	单步运行
Ctrl+F12	运行/停止调试	〈F11〉	跟踪
Pause	暂停运行	〈Ctrl+F11〉	单步跳出
Shift+ Pause	停止运行	〈Ctrl+F10〉	重置弹出窗口
F12	运行	〈P〉	选择元件/符号

附录 C 美国标准信息交换代码（ASCII 码）

低位 LSD		高位 MSD 0	1	2	3	4	5	6	7
		000	001	010	011	100	101	110	111
0	0000	NUL	DLE	SP	0	@	P	`	p
1	0001	SOH	DC1	!	1	A	Q	a	q
2	0010	STX	DC2	"	2	B	R	b	r
3	0011	ETX	DC3	#	3	C	S	c	s
4	0100	EOT	DC4	$	4	D	T	d	t
5	0101	ENQ	NAK	%	5	E	U	e	u
6	0110	ACK	SYN	&	6	F	V	f	v
7	0111	BEL	ETB	'	7	G	W	g	w
8	1000	BS	CAN	(	8	H	X	h	x
9	1001	HT	EM	)	9	I	Y	i	y
A	1010	LF	SUB	*	:	J	Z	j	z
B	1011	VT	ESC	+	;	K	[	k	{
C	1100	FF	FS	,	<	L	\	l	|
D	1101	CR	GS	−	=	M	]	m	}
E	1110	SO	RS	.	>	N	^	n	~
F	1111	SI	US	/	?	O	_	o	DEL

附录 D 常用逻辑符号对照表

名 称	国标符号	曾用符号	国外常用符号	名 称	国标符号	曾用符号	国外常用符号
与门				基本 RS 触发器			
或门				同步 RS 触发器			
非门							
与非门				正边沿 D 触发器			
或非门							
异或门				负边沿 JK 触发器			
同或门							
集电极开路与非门				全加器			
三态门				半加器			
施密特与门				传输门			

279

参 考 文 献

[1] 倪志莲 . 单片机应用技术 [M]. 北京：北京理工大学出版社，2010.

[2] 张靖武，周灵彬 . 单片机原理、应用与 PROTEUS 仿真 [M]. 北京：电子工业出版社，2008.

[3] 张春芝，荆珂 . 单片机技术与应用 [M]. 北京：煤炭工业出版社，2007.

[4] 杨欣，张延强，张铠麟 . 实例解读 51 单片机完全学习与应用 [M]. 北京：电子工业出版社，2011.

[5] 孙育才，孙华芳 . MCS-51 系列单片机及其应用 [M]. 南京：东南大学出版社，2012.

[6] 陈蕾 . 单片机原理与接口技术 [M]. 北京：机械工业出版社，2012.

[7] 陈铁军，余旺新 . 单片机原理与应用技术 [M]. 成都：西南交通大学出版社，2014.

[8] 周润景，刘晓霞 . 基于 PROTEUS 的电路设计、仿真与制板 [M]. 北京：电子工业出版社，2013.

[9] 胡汉才 . 单片机原理及接口技术 [M].3 版 . 北京：清华大学出版社，2010.

[10] 刘建清 . 轻松玩转 51 单片机 C 语言 [M]. 北京：北京航空航天大学出版社，2011.

[11] 李广弟，朱月秀，王秀山 . 单片机基础（修订本）[M]. 北京：北京航空航天大学出版社，2001.

[12] 程国钢 .51 单片机应用开发案例手册 [M]. 北京：电子工业出版社，2011.

[13] 李晓林，牛昱光，阎高伟 . 单片机原理与接口技术 [M]. 北京：电子工业出版社，2014.

[14] 张毅刚 . 单片机原理及应用：C51 编程+Proteus 仿真 [M].2 版 . 北京：高等教育出版社，2012.

[15] 李学礼 . 基于 Proteus 的 8051 单片机实例教程 [M]. 北京：电子工业出版社，2008.

[16] 徐爱钧 . 单片机原理与应用——基于 Proteus 虚拟仿真技术 [M]. 北京：机械工业出版社，2010.

[17] 姜志海，黄玉清，刘连鑫 . 单片机原理及应用 [M].3 版 . 北京：电子工业出版社，2013.

[18] 张毅刚，彭喜元，彭宇 . 单片机原理及应用 [M].2 版 . 北京：高等教育出版社，2010.

[19] 蓝天，陈永，王婷，等 . 单片机原理及实用技术 [M]. 成都：西南交通大学出版社，2014.

[20] 龚运新，罗惠敏，彭建军 . 单片机接口 C 语言开发技术 [M]. 北京：清华大学出版社，2009.

[21] 郭天祥 .51 单片机 C 语言教程 [M]. 北京：电子工业出版社，2010.

[22] 荆珂，李芳 . 单片机原理及应用 [M]. 北京：机械工业出版社，2016.

[23] 周立功 . 项目驱动：单片机应用设计基础 [M]. 北京：北京航空航天大学出版社，2011.